우리에겐 과학이 필요하다

DIE SCHWERKRAFT IST KEIN BAUCHGEFÜHL BY FLORIAN AIGNER
© Christian Brandstätter Verlag 2020
Korean Translation © 2022 Galmaenamu
All rights reserverd.
The Korean language edition published by arrangement with
Brandstätter Verlag through MOMO Agency, Seoul.

이 책의 한국어판 저작권은 모모 에이전시를 통해
Brandstätter Verlag 사와의 독점 계약으로 "갈매나무"에 있습니다.
저작권법에 의해 한국 내에서 보호를 받는 저작물이므로 무단전재와 무단복제를 금합니다.

우리에겐 과학이 필요하다

플로리안 아이그너 지음
유영미 옮김

추천의 말

탈진실의 시대를 살아가는
우리에게 과학이 필요한 이유

설 연휴를 보내고 여느 때처럼 출근해 이메일을 확인하다가 낯선 제목에 잠시 눈길이 멈추었다. 갈매나무 출판사에서 곧 출간할 《우리에겐 과학이 필요하다》의 추천사를 부탁한다는 내용이었다. 나는 갈매나무와 어떤 인연도 없었고 개학 준비와 학내외 일정이 밀려 있던 터라 추천사를 쓰는 것이 여간 부담스러운 일이 아니었다. 정중하게 거절하리라 마음먹으면서도 호기심에 못 이겨 원고를 살짝 들여다보았다. 문제는 여기서 비롯되었다. 아무리 바빠도 이 책의 추천사를 쓰는 영광을 도저히 놓칠 수 없었던 것이다.

《우리에겐 과학이 필요하다》는 단편적인 과학 지식을 흥미 위주로 풀어서 소개하는 책이 아니다. 과학을 이해하는 방식과 과학적 사고 함양의 중요성을 편안하지만 진중하게 설파하고 있다. 그래서 나는 이 책이 정말 반갑다. 합리적으로 의심하고 비판적으로 판단하는 과학적 태도와 사고야말로 우리 사회를 더욱 공정하게 만들고, 우리의 삶을 바람직하게 이끌 최고의 자양분이기 때문이다.

조지 오웰은 "기만으로 가득한 시대에 진실을 말하는 것은 혁명적인 행동이다"라고 말한 바 있다. 허위와 위선에 관대해지는 '탈진실 post-truth'의 정서는 결코 우리 사회를 생산적인 방향으로 이끌지 못한다. 왜냐하면 객관적인 사실보다 개인적인 신념과 감정에 호소하는 방식이 큰 영향력을 발휘하기 때문이다. 합리적 증거가 무시되고 진실이 공격받는 상황에서 어떤 낙관적인 미래를 그려 볼 수 있을까.

이런 면에서 볼 때 우리 사회는 분명 위기다. 양극화된 사회정치적 환경과 미디어 체계의 급변을 틈타 이미 탈진실의 시대는 우리 곁에 와 있다. 진실을 회피하고 사실스러움에 이끌리며 대안적 사실로 둔갑한 가짜 정보에 휩쓸리고 있는 상황에서 벗어나려면, 책 제목이 일러주듯, 우리에겐 과학이 필요하다. 선진 국가로의 도약은 물론이고 미래 세대에 대한 책임을 생각할 때 더욱 그러하다.

《우리에겐 과학이 필요하다》는 직관이나 감이 아니라 과학적 사실에 의존하여 판단하는 일이 왜 중요한지 체계적으로 설명한다. 인지심리학자 대니얼 카너먼 Daniel Kahneman도 지적한 바 있듯, 대부분 판단이 내려지는 과정을 보면, 시간이 많이 들고 인지적 노력을 기울여야 하는 논리적 사고보다 빠르고 노력을 거의 요구하지 않는 직관적 사고가 먼저 작동한다. 도처에 위험이 도사렸던 구석기 인류에게는 신속한 대응을 이끄는 직관적 사고가 생존과 번식에 유리했을 것이다. 하지만 고도로 문명화된 사회에서 이러한 사고 습관은 오히려 오류와 편향의 위험을 높인다.

그렇기 때문에 과학을 통해 우리의 불완전한 사고 체계를 통제하고 보완하려는 노력을 아낄 수 없는 노릇이다. 과학적 태도와 사고가 결핍된 사회에서는 개인의 성장과 발전 역시 담보할 수 없다. 책 본문에서도 언급하는 더닝 크루거 효과, 즉 자신의 능력을 곧잘 과대평가하는 현상을 보면 잘 드러난다. 이는 진실이라고 믿고 싶은 사실이 실제 진실을 수용하는 과정에 영향을 미치는 의도적 합리화나 이미 자신이 믿고 있는 사실을 확증하는 방향으로 정보를 선택하거나 왜곡하는 확증 편향과도 연결된다.

그렇다고 해서 과학이 무조건 믿고 따를 수 있는 만병통치약인 것은 아니다. 책에서는 이 문제 역시 진지하게 다루고 있다. 과학은 완전한 진리를 다루는 것이 아니라 늘 논란이나 오류와 함께한다. 그리고 관찰이나 실험을 통해 확보한 증거를 바탕으로 비판하고 토론하면서 바로잡아간다. 역사학자 데이비드 우튼David Wootton도 지적했듯, 연금술의 몰락과 실패를 떠올릴 때 근대 과학의 성공 비결은 실험 자체가 아니라 실험 증거를 평가하고 비판하는 합리적 문화의 정착에 있는 것이다.

이 책이 이끄는 지적 세계로의 항해는 여기서 그치지 않는다. 과학 지식의 속성, 과학의 작동 방식, 과학이 지닌 비과학적 특징에 이르기까지 지적 즐거움을 향유한다는 것이 무엇인지 생생하게 알려 준다. 많은 과학자와 철학자가 소환되고 그들의 업적이 소개되지만 저자 특유의 입담을 따라 술술 읽어 내려갈 수 있다. 하지만 결코 가볍거나 허술하게 풀어내지는 않았다. 저자가 안내하는 지적 항해에 몸을 한

번 맡겨 보자. 수준 높은 과학 문해력을 구비한 교양인의 반열에 가까이 다가갈 수 있을 것이다. 크리스토퍼 콜럼버스Christopher Columbus가 말했듯, 해안이 보이지 않는 것을 견뎌낼 용기가 없다면 절대로 바다를 건널 수 없다.

과학은 세계를 이해하는 방식과 문제를 해결하는 도구를 제공한다. 전 세계적 코로나 쇼크 속에서 대전환 시대를 맞이하고 있는 지금, 우리는 그 어느 때보다도 과학을 필요로 하고 있다. 과학을 제쳐두고 미중 기술패권 경쟁, 기후 위기 같은 대외 문제와 인구 절벽, 지역 소멸 등의 대내 문제에 대응한다는 것을 상상할 수 있을까? 과학이 사회 혁신의 조타수를 잡고 선도형 체제 전환의 열쇠를 쥐고 있다는 사실은 그 누구도 부인할 수 없을 것이다. 더군다나 한 나라의 과학 수준은 절대로 과학자의 수준을 뛰어넘을 수 없고, 과학자의 수준은 과학으로 무장한 교양 시민의 수준과 별개일 수 없다. 이것이 바로 《우리에겐 과학이 필요하다》를 읽어야 할 충분한 이유이다.

전주홍 · 서울대학교 의과대학 생리학교실 교수, 《과학하는 마음》 저자

차례

추천의 말 · 4
프롤로그 · 14

제1장 과학을 믿을까, 직감을 믿을까?

아인슈타인은 어떻게 공간과 시간을 구부렸을까 · 25 | 답은 43! · 27 | 더닝 크루거 효과 · 31 | 팩트를 바탕으로 논쟁해야 한다 · 34

제2장 1 더하기 1은 2

다르게 생각할 수 없는 것 · 40 | 공리, 올바른 사고가 시작되는 곳 · 42 | 0에서 무한대까지 · 45 | 무한에 대한 분노 · 48 | 무한 호텔 · 52 | 수학을 위한 라마누잔의 직관 · 56 | 논리적 사고의 기술 · 63

제3장 이 문장은 거짓이다

버트런드 러셀, 그리고 인생의 업적을 무참히 내던져 버린 남자 · 70 | 쿠르트 괴델과 힐베르트 프로그램의 무산 · 75 | 논리학은 여전히 옳다 · 81

제4장 더러운 유리컵과 순수한 진실

빈 학파 · 90 | 무의미한 쓰레기 더미 위에서 · 92 | 우리는 착각한다, 남들도 함께 착각한다 · 94 | 르네 블롱들로와 신비한 N선 · 97 | 팩트에서 이론으로 · 102 | 비둘기 똥에서 노벨상으로 · 105 | 블랙홀과 우주의 대칭 · 108 | 모든 것이 수학은 아니다 · 111

제5장 모든 까마귀는 검다

일반화는 일반적으로 불가능하다 • 118 | 굿맨의 까마귀 수수께끼, 검정, 노랑 또는 검노? • 122 | 나의 체리는 얼마나 까마귀스러운가? 헴펠의 까마귀 역설 • 125 | 칼 포퍼, 틀릴 수도 있는 것이 과학이다 • 130 | 위험을 무릅쓸 용기를! • 134 | 웨이슨의 카드 테스트, 우리가 틀렸다고 가정하자 • 137 | 자신의 확신을 흔들기 • 141

제6장 맞지 않는다고 반드시 틀린 것은 아니다

뒤앙-콰인 논제, 우리는 생각을 묶음으로 점검한다 • 150 | 지구 평면설 • 154 | 러커토시 임레, 견고한 핵과 부드러운 껍질 • 157 | 아인슈타인이 행성 하나를 없애 버린 경위 • 160 | 이론이 노쇠해졌을 때 • 162

제7장 혁명 만세!

토머스 쿤, 패러다임의 혁명 • 171 | 새로운 시대, 새로운 개념 • 176 | 반박되고야 말았다! 그래, 그게 어때서? • 178 | 원을 도는 원 • 180 | 아이작 뉴턴의 놀라운 힘들 • 185 | 아인슈타인의 굽은 시공간 • 187 | 빠른 것과 느린 것 • 190 | 뉴턴과 양자 • 193 | 대체로 지구는 평평하다 • 195 | 플로지스톤, 불에 대한 오류 • 198 | 빠른 중성미자의 수수께끼 • 204

제8장 가능하면 단순하게

너무 정확해도 틀린다 • 214 | 세계 공식도 해결책이 아니다 • 216 | 오컴의 면도날과 바지 정령 • 221 | "과학은 아직 거기까지 못 미쳐요!" • 224 | 에른가르트와 기적 • 226 | 진실은 과학이 된다 • 233

제9장 진실을 도구로 거짓말을 하는 법

통계적 유의미, 우연이라 하기엔 석연치 않은 • 240 | 어떤 것이든 사람을 살리기도 죽이기도 한다 • 246 | 와인은 수명을 늘리고, 키 큰 사람은 위험하다? • 248

제10장 우리를 지탱하는 세심히 연결된 망

과학의 망, 서로 맞물리는 사실들 • 254 | 매듭이 많을수록 튼튼한 이론 • 259 | 칼 세이 건과 욕실의 유니콘 • 265 | 방법과 내용 • 267 | 공통점과 차이점 • 270

제11장 거인의 어깨 위에서
자기기만과 속임수 사이 • 279 | 함께하면 덜 어리석어진다 • 284 | 과학과 군집 지능 • 286 | 한 사람의 머리에 다 들어가지 않는 생각 • 287

제12장 똑똑한 사람도 헛소리를 한다
전문가 문제 • 294 | 바람직하지 않은 타협 • 296 | 과학은 각개전투가 아니다 • 299 | 노벨상병 • 305

제13장 감으로 하는 과학
지나치게 이성적인 것은 비이성적이다 • 313 | 사실과 진실은 다를 수도 있다 • 316 | 종교와 신화 • 318 | 과학은 무엇을 위해 존재하는가? • 323 | 우리 모두가 과학이다 • 328

감사의 말 • 332
옮긴이의 말 • 333
참고문헌 • 336

온 인류는 우정을 나누고 협동하고 생각을 공유하는
너른 망으로 연결되어 있다.

과학은 우리 모두가 함께 만들어 내는
세심하게 연결된 진리의 망이다.

프롤로그

불신과 혐오를 넘어설
지적 모험을 시작하며

우리는 무엇을 알 수 있을까요? 무엇을 믿어야 할까요? 요즘처럼 헷갈리는 세상에서 무엇을 신뢰할 수 있을까요? 과학의 세계를 여행하며 마주치는 중요한 생각들은 우리가 세상을 제대로 보도록, 세상에 쉽사리 속지 않도록 도와줍니다.

"과학이 하는 말은 옳아. 우리의 '감'은 종종 빗나간대도."

조금쯤 과학에 관심을 갖다 보면, 우리의 직감이 우리에게 감이 아닌 과학을 믿으라고 이야기할 겁니다! 하지만 감을 믿을 수 없다고 말하는 그 직감을 과연 믿을 수 있을까요?

우리는 과거 어느 때보다 세상에 대해 많은 것을 알고 있습니다. 그러나 동시에 요즘 세상에는 그 어느 때보다 말도 안 되는 이야기들이 판치고 있지요. 인류는 물질을 구성하는 가장 작은 입자와 드넓은 우주의 구조를 연구합니다. 인간을 달에 보냈고, 불치로 여겨졌던 질병들도 극복했습니다. 과학은 찬란하게 자신의 가치를 스스로 입증했지요. 그러나 기이하게도 인류는 바야흐로 과학을 적대시하는 풍조에 물들고 있으며, 이런 풍조는 계속 만연해 가는 모양새입니다.

모든 증거에서 눈을 돌린 채, 지구가 둥글지 않으며 평평한 원반 모양이라고 믿는 사람들이 있습니다. 지구 온난화를 믿지 않는 사람도 있고, 바이러스가 제약 회사의 발명품이라고 믿는 사람도 있습니다. 중요한 건강 수칙을 공연한 억압이라 생각하고, 예방 접종을 위험한 것으로 치부하는 사람도 있고요.

어떤 정보가 자신의 견해와 맞지 않는다고, 사실 여부와 관계없이 무조건 "가짜 뉴스!"라고 외치고 보는 정치인도 있습니다. 양심의 가책은 요만큼도 없이 효과 없는 엉터리 상품들을 팔아 이익을 챙기는 사업가도 있지요. 코로나 바이러스를 막아 준다는 차크라 밸런스 수정 팔찌나 신비한 숫자 부적도 그런 상품들 중 하나입니다. 대중에게 공포를 불어넣는 유언비어를 퍼뜨리는 이도 있습니다. 사람들은 그런 루머를 듣고 무시무시한 외계인이나 비밀 결사, 혹은 해로운 전자파나 방사선을 두려워하지요.

매일같이 너무나 많은 정보가 우리를 두르고 있어서, 어떤 것이 팩트이고 어떤 것이 말도 안 되는 루머인지 구별하기가 쉽지 않습니다. 그러나 동시에, 구별하는 일이 어느 때보다 중요해졌지요. 팬데믹 시대에 우리는 그 점을 뼈저리게 느끼고 있습니다. 제가 이 책을 쓰던 2020년에 코로나19 바이러스가 전 지구에 퍼지면서, 정말 많은 사람이 과학의 중요성을 그 어느 때보다 실감하게 되었습니다.

이전엔 늘 정치 이야기로 도배되었던 저녁 뉴스는 갑자기 연일 바이러스와 전염병 이야기가 주를 이루게 되었고, 세금 제도 개편안의 부당성이나 선거 결과, 패배한 축구 시합 같은 것에 분개하던 사람들은 갑자기 감염 가능성에 촉각을 곤두세우면서 비말 감염이나 환자의 지수적 증가를 우려하게 되었습니다.

이런 시대에 과학의 위상이 높아지는 한편으로는, 불안하고 두렵고 의심스러운 마음을 틈타 미신과 사이비 과학, 혐오의 프로파간다도 평소보다 더 빠르게 확산되고 있습니다. 신종 코로나 바이러스가 사실은 생화학 무기라는 둥, 코로나19가 위험한 핸드폰 전자파로 인해 발생한다는 둥, 비밀 엘리트 조직들이 코로나19를 이용해 지구의 인구수를 줄이기로 결탁했다는 둥 하는 이야기들이 떠돕니다.

이런 복잡한 세상에서 우리는 중요하고 어려운 질문에 답해야 합니다. 우리는 무엇을 믿을 수 있을까요? 무엇을 알 수 있을까요? 무엇을 믿어야 할까요?

완벽한 진실은 아무도 모릅니다. 하지만 상관없습니다. 우리에겐 과학이 있고, 과학이 영리한 방법·이론·아이디어로 문제 해결에 도움을 주기 때문입니다. 과학은 각자 머릿속에서 떠올릴 수 있는 자잘한 생각들보다 위대합니다. 설사 사람들이 믿지 않는다 해도, 과학은 옳으며, 우리가 공동으로 신뢰할 수 있는 토대입니다.

이 책에서 저는 여러분께 그 점을 설파하고자 합니다. 물론 저는 물리학자이므로, 다양한 과학 분야를 망라한다 해도 어느 정도 물리학적 시각이 반영될 겁니다. 사실 그 어떤 책도 과학이란 무엇인지 완전한 상을 제공할 수는 없습니다. 완전한 상을 보여 달라는 요구는 터무니없는 것이죠. 책을 끝까지 읽다 보면, 제가 과학을 정확하고 보편타당하게 정의하는 걸 목표로 삼지 않은 이유가 드러날지도 모르겠네요. 아무튼 이 책과 더불어 명확한 사고의 세계로 모험을 떠납시다.

이 모험에서 우리는 천부적 아이디어와 어이없는 오류를 동시에 만날 것입니다. 혁명적인 학문의 성취와 함께 머리털이 쭈뼛 서는 실수도 살펴보면서, 승리와 절망을 맛볼 것입니다. 머나먼 행성, 날아다니는 유니콘, 하늘색 까마귀, 죽음으로 인도하는 치료제도 만날 수 있을 겁니다. 자, 과학의 세계를 여행하며 우리가 진정으로 믿을 수 있는 것이 무엇인지 함께 알아보기로 하지요.

제1장

과학을 믿을까, 직감을 믿을까

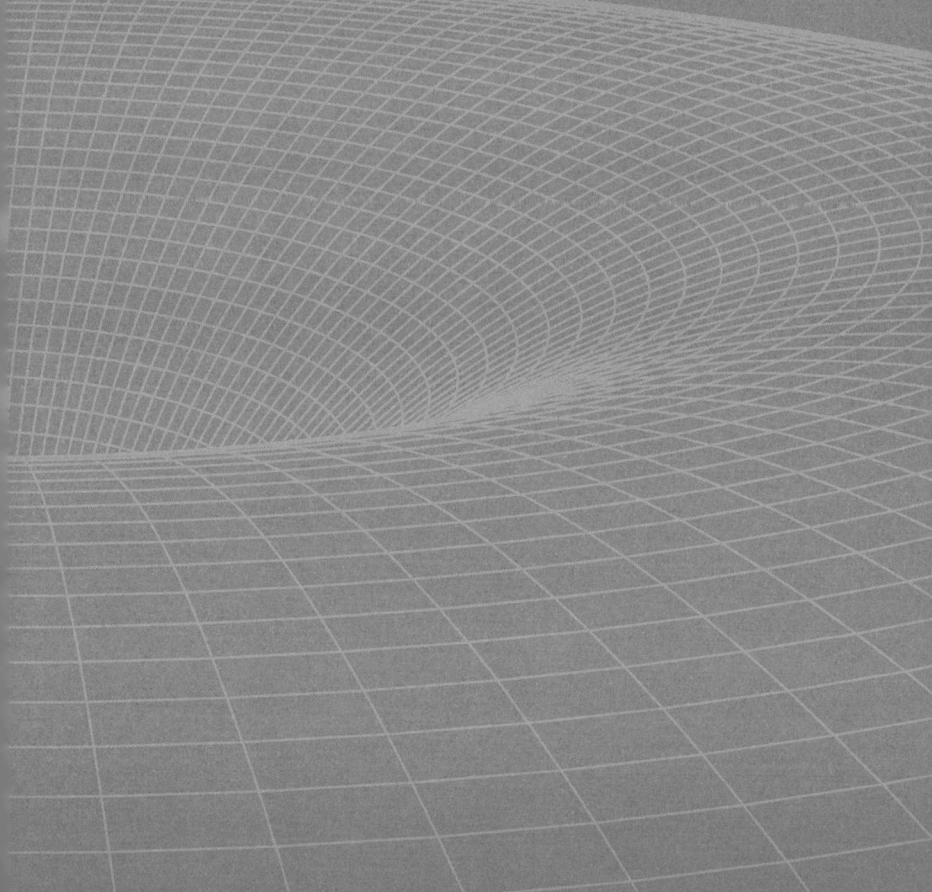

직감을 신뢰할 수 없는 이유

이성적인 사람이 잡아먹혀 버리기 쉬운 이유

아무것도 모르는 사람이 스스로 엄청 똑똑하다고 여기는 이유

우리는 직감과 과학을 구별해야 한다

그러지 않고는 서로 제대로 된 대화를 나눌 수 없다

참으로 어리석은 행동, 역사적 실수, 끔찍한 오판… 이 모두는 정작 오류를 범한 당사자는 과히 나쁘지 않다고 여겼던 작은 생각에서 비롯되었습니다. 살다 보면 생각을 많이 할수록 생각이 더 꼬여서 판단을 그르칠 때도 있지요. 뇌를 믿어도 좋다는 생각 역시 뇌에서 생겨나는 것이 아니던가요.

차라리 몸이 하는 소리를 듣는 게 낫지 않을까요? 췌장이 우리를 속인 적이 있던가요? 머리로 따지기보단 마음이 끌리는 대로 살아야 하지 않겠습니까? 많은 사람이 이성보다 가슴을, 직감을, 배꼽 차크라를 믿는 것도 놀랄 일이 아닙니다.

직감을 신뢰하는 것은 꽤 유용할 때가 많습니다. 우리의 '감'은 정말 대단하기 때문입니다. 신입 사원과 몇 분만 이야기해 보면, 그와 함께 일하는 게 즐거울지 괴로울지 이미 감이 오지 않습니까. 수프를 끓이다가 호로록 맛을 보면, 생화학적 측정 기기가 없어도 파슬리를 좀 더 넣으면 맛이 좋아지겠다는 걸 느낄 수 있고요. 굳이 수학 공식을 동원하지 않아도, 생일 선물로 양자 역학 책을 선물하면 이모가 좋아할지 싫어할지 뻔히 예측할 수 있습니다.

알려진 사실들을 일일이 열거하고, 모든 가능성을 모색하고, 이성적으로 숙고하면서는 일상의 결정들을 내릴 수 없습니다. 우리는 반쯤 아는 상태에서 직관적으로 판단해야 하고, 훤히 들여다볼 수 없는 상태에서 종종 아주 지혜로운 선택을 합니다.

이성과 비슷하게 직감 또한 지능의 한 형태입니다. 매일매일 상당히 적은 정보를 가지고 단시간에 좋은 결정을 내릴 수 있도록 돕는 놀라운 메커니즘이지요.

이런 메커니즘은 진화가 마련해 주었습니다. 장구한 세월 대대로 살아오는 가운데 우리 선조들은 하루하루 머릿속으로 날아드는 헷갈리는 사실들 앞에서, 아주 직관적인 결정을 내림으로써 생존 가능성을 더 높일 수 있었지요. 학문적으로 시시콜콜 정확하게 따지는 태도는 진화적으로 상당히 위험한 전략이었습니다.

태곳적 조상들이 일단의 무리를 지어 몇 시간을 이동한 뒤 나무 밑에 앉아서 쉬고 있다고 해 봅시다. 갑자기 덤불 속에서 부스럭거리는 소리가 나고, 배고픈 검치호 한 마리가 튀어나와 무리 중 한 사람을 물고 가 버립니다. 다른 사람들은 무서움에 떨면서 계속 길을 갑니다. 그런데 다음 날 그들이 다시 숲에서 쉴 곳을 찾는데, 덤불에서 또 부스럭거리는 소리가 들리는 게 아닙니까! 자, 이제 어떻게 할까요? 그들은 패닉에 빠져 벌떡 일어나 쏜살같이 달아납니다. 아주 직관적인 행동이지요.

태곳적 학자가 이렇게 경고했다면 어땠을까요? "잠깐, 그렇게 서두르지 마! 일단 앉아서 생각 좀 해 보자! 그냥 감에만 의존하지 말고! 알려진 건 별로 없어. 관찰만 해서는 신빙성 있는 이론을 정립할 수가 없다니깐. 성급하게 결정을 내리기 전에 일단 신중하게 충분히 실험하여, 덤불에서 부스럭거리는 소리와 생명에 위험을 초래하는 사자의 출현 사이에 얼마나 통계적 연관이 있는지 살펴보자고!"

이런 태도를 지닌 태곳적 자연 과학자는 맹수에게 금세 잡아먹혔을 겁니다. 그의 이의는 진리에 이르는 올바른 방법일지는 몰라도, 실제로 통하기엔 무리입니다. 그러므로 진화가 과학적으로 정확한 사고 능력으로 우리를 무장시키지 않은 것도 이상한 일은 아닙니다.

우리는 잘 발달한 '감'을 갖게 된 것에 감사해야 합니다. 하지만 한 가지는 확실하지요. 우리의 감은 신뢰할 만하지 않다는 것, 가끔 믿을 수 있지만 언제나 그렇지는 않다는 것 말입니다. 직감은 우리가 기분 나쁜 맹수와 맞붙지 않도록 해 줄 수는 있습니다. 그러나 직감은 우리에게 음주는 즐거우니 전혀 위험하지 않다고 말할 수도 있습니다. 요즘 애들은 점점 어리석어지고 버르장머리가 없어진다고 말하고, 룰렛에서 다섯 번 연달아 검은색이 나왔으니 다음에는 틀림없이 빨간색이 나올 거라고 말하지요. 때로 우리의 직감은 상당히 멍청합니다.

오늘날은 태곳적 선조들이 살던 때와는 굉장히 다릅니다. 우리는 더이상 소규모로 부족 생활을 하지 않고 글로벌화된 세계를 살아갑니다. 이제는 맹수가 아닌 은행 계좌의 추상적인 마이너스 숫자를 두려워하지요. 어떻게 하면 불을 잘 피울 수 있을까를 연구하지 않고, 물질의 근원을 이루는 기본 소립자와 인체의 분자 생물학적 특성, 커다란 우주의 구조를 연구합니다.

지금 우리는 옛 선조들은 꿈도 꾸어 보지 못한 문제들을 다룹니다. 그러나 우리의 유전자, 타고난 능력, 직감은 선사 시대 조상들과 별반 달라지지 않았습니다. 그도 그럴 것이 인류의 문명이 태동한 때가 불과 몇천 년 전으로, 진화 생물학적 시간 잣대로 보자면 지극히 최근의 일이기 때문입니다. 그러다 보니 우리는 기술·문화·학문이 중요한 역할을 하는 어마어마하게 복잡한 세계를 자꾸 직감에 의존해 살아가려 하는데요. 분명 직감만으로는 역부족입니다.

그래도 괜찮습니다. 인간은 늘 타고난 가능성을 넘어서는 전략을 고안해 내니까요. 맨손으로는 손목시계를 수선할 수 없고, 집게손가락으로 무릎 수술을 할 수는 없는 노릇입니다. 전선이 회로에 연결되었는지를 피부 접촉으로 시험하는 것도 좋은 생각이 아니죠. 그래서 우리는 그런 과제를 해결하기 위해 유용한 도구를 개발했습니다.

직감에 대해서도 마찬가지로 생각해 봅시다. 어떤 약의 효용성을 감으로 판단하는 것은 당치도 않습니다. 약효는 임상 연구로 판단해야 하죠. 우주의 비밀을 알아내기 위해서는 직감을 넘어서 망원경이나 수학 공식이 필요하고요. 오후에 비가 내릴지 말지는 때론 감으로 예측할 수 있습니다. 그래도 기상학 시뮬레이션 계산이 훨씬 적중률이 높지만요.

현대의 많은 상황에서 우리는 직감이 제공할 수 있는 것보다 더 높은 신뢰성을 필요로 합니다. 그래서 우리는 과학을 발전시켰습니다. 핀셋을 사용하면 손가락으로 하는 일이 더 정교해지듯, 과학을 활용할 때 정신 활동이 더 정확해집니다.

아인슈타인은 어떻게 공간과 시간을 구부렸을까

가끔 과학은 직감과 상당히 모순되는 생각으로 우리를 데려갑니다. 알베르트 아인슈타인Albert Einstein의 일반 상대성 이론은 이를 보여 주는 좋은 예입니다.

아인슈타인은 물리학의 가장 오래된 수수께끼인 중력을 이해하고자 골몰했습니다. 우리는 물론 중력에 대해 상당히 훌륭한 감을 가지고 있지요. 그리하여 체리 씨를 창밖으로 뱉으면 그 씨가 공중에서 포물선을 그리며 결국은 땅바닥으로, 즉 지구 중심 방향으로 떨어지리라는 걸 압니다. 길을 걷다가 그런 씨에 머리를 맞으면, 곧장 직관적으로 이것이 위에서 떨어졌음을 알고요.

그러나 중력에 대한 아인슈타인의 생각은 훨씬 더 복잡했습니다. 그는 시간과 공간에 관한 완전히 새로운 이론을 개진했습니다. 중력을 연구하기에 앞서 1905년 아인슈타인은 시간과 공간이 연결되어 있음을 보여 주었습니다. 시간과 공간이 분리되지 않고 함께 4차원의 시공간 연속체를 이룬다는 사실을 증명했지요. 우리의 직감으로는 이미 따라잡지 못하는 생각입니다. 하지만 아인슈타인의 생각은 여기서 그치지 않고 한층 더 기묘한 쪽으로 나아갔으니, 바로 시간과 공간이 연결되어 있을 뿐 아니라 시공간이 휘어 있다는 것입니다. 체리 씨가 저 멀리 텅 빈 우주 공간을 날아간다면 직선으로 운동할 테지만, 여기 지구에서는 지구의 중력이 시공간을 구부리기에 체리 씨 역시 그 굽은 공간을 따라 움직인다는 말이지요.

이런 굽은 시공간은 그 누구도 구체적으로 상상하기 힘듭니다. 알베르트 아인슈타인도 그렇게 할 수 없었습니다. 우리의 직감은 상대성 이론에는 맞지 않지요. 하지만 상관없습니다. 상대성 이론은 수학이라는 언어로 기술되기 때문입니다. 감이 잡히지 않아도 수학 규칙에는 따를 수 있으니까요.

물론 일반 상대성 이론을 기술하는 수학은 무지하게 복잡합니다. 아인슈타인은 시공간의 굽음과 중력을 설명하는 공식을 발견하기 위해 수년간 골머리를 싸맸고, 종종은 거의 절망의 나락으로 떨어지기 직전까지 갔습니다. 하지만 시간이 흐르면서 아인슈타인은 이 공식이 어떤 특성을 지녀야 하는지 점점 이해하게 되었으며, 1915년 가을 무렵에는 한 걸음만 내디디면 된다고 느꼈습니다.

그러나 이 시기 상대성 이론의 수수께끼를 풀고자 심혈을 기울였던 사람이 알베르트 아인슈타인만은 아니었습니다. 당시 세계에서 가장 유명한 수학자였던 다비트 힐베르트_{David Hilbert} 역시 이 문제를 해결하고자 열심을 내고 있었지요. 1915년 여름, 아인슈타인은 연구가 얼마나 진행되었는지 이야기를 나누기 위해 괴팅겐에 있는 힐베르트를 찾아갔습니다. 이때 두 학자는 서로의 아이디어에 자극을 받았고, 아인슈타인은 자신이 힐베르트보다 앞서 일반 상대성 이론을 발표하려면 서둘러야 한다는 것을 뼈저리게 느꼈습니다.

아이디어를 세심하게 숙고하고 싶었지만 아인슈타인에게는 시간이 부족했습니다. 11월에 아인슈타인은 그 이론의 첫 번째 버전을 발표했는데, 여기에는 치명적인 오류가 있었지요. 힐베르트는 일반 상대성 이론에 대한 자신의 생각을 개진해 보이겠다며, 다시 한번 괴팅겐에 방문해 달라고 아인슈타인을 초청했습니다. 아인슈타인은 복통이 나서 베를린 집에 머무는 게 낫겠다고 핑계를 대며 거절했는데요. 사실 아인슈타인은 그 시간에 안달복달하며 열나게 일반 상대성 이론을 손봤습니다.

답은 43!

갑자기 문제가 해결되었습니다. 아인슈타인이 그렇게도 찾던 결과가 어느 날 불현듯 도출되었지요. 답은 43이었습니다. 수성의 궤도가 100년마다 43초각 arcsec(1초각은 3,600분의 1도)씩 밀려난다는 것입니다. 수성은 타원 궤도로 태양 주위를 도는데요. 이 궤도의 장축은 마치 우주의 느릿느릿한 시곗바늘처럼 서서히 태양을 중심으로 회전합니다. 이것은 천문학자들이 오랫동안 관찰하면서도 그동안 누구도 설명하지 못했던 기이한 현상이었지요. 아인슈타인의 공식으로 수성 궤도의 이런 기이한 '세차 운동'(수성의 공전 궤도 축이 태양의 중력에 의해 조금씩 변하며 근일점이 이동하는 현상)을 최초로 계산할 수 있었고, 그 결과는 관찰과 맞아떨어졌습니다.

1915년 11월 25일, 알베르트 아인슈타인은 일반 상대성 이론 공식을 발표합니다. 오늘날 '아인슈타인의 장 방정식'이라는 이름으로 세계적으로 유명해진 공식입니다. 다비트 힐베르트도 그 직후 같은 결론에 도달했으나, 아인슈타인이 한 걸음 빨랐지요.

이렇듯 직관을 뒤흔드는 아인슈타인의 새로운 이론이 금방 학계에서 받아들여지고 공인되었을까요? 그러지 않았습니다. 중력에 의해 휘어지는 4차원 시공간을 설명하는 명제는 상당히 기상천외했기에, 이를 입증하는 설득력 있는 증거가 제시되어야 했습니다. 아인슈타인이 수성 궤도의 변화를 계산해 내긴 했지만 그것만으로는 충분하지 않았습니다.

그러나 얼마 안 있어 상대성 이론을 판가름할 흥미로운 가능성이 제기되었습니다. 하늘에서 별을 볼 때 그 별빛은 우리 눈에 도달하기까지 일직선으로 움직이지요. 하지만 만약 이런 직선 경로 옆에 태양처럼 크고 무거운 천체가 있다면 사정이 달라집니다. 일반 상대성 이론이 맞는다면, 태양으로 말미암아 공간이 굽어서 별빛도 약간 휘어질 테니까요. 즉, 낮에 태양 바로 근처에서 보이는 별이 사실 우리가 눈으로 보는 것과는 조금 다른 방향에 있을지도 모른다는 뜻입니다. 짐작건대, 태양과 가까운 별들의 위치는 밤하늘에서 볼 때와는 달리 약간 밀려나 보여야 할 것입니다.

아주 자명한 예측이었습니다. 하지만 실험으로 이를 정확히 검증하기가 쉽지 않았습니다. 낮에는 그 별들을 볼 수가 없었으니까요. 태양 가까이에 있는 별들의 위치를 정확히 측정하는 것은 공기 해머 소리가 울려 퍼지는 공사장에서 쥐의 가냘픈 찍찍거림을 들으려 하는 일처럼 가망 없는 축에 속했습니다.

하지만 정말 운 좋게도 유리한 상황이 조성되어 이 문제를 해결할 수 있었습니다. 인류는 개기 일식이 가능한 몇 안 되는 행성 중 하나에 살고 있기 때문입니다. 개기 일식이란 달이 우연하게 태양을 완전히 가리는 현상으로, 이때 태양 옆에 있는 별들을 볼 수 있습니다. 만약 다른 행성의 외계인 물리학자들이 일반 상대성 이론을 정립했다면, 그들은 오늘날까지 별빛의 휘어짐을 어떻게 측정할까 고민만 하고 앉아 있었을지도 모릅니다. 그러나 지구에서는 개기 일식이 일어나기를 기다려 휘어짐을 측정하기만 하면 되었지요.

1919년에 그 기회가 찾아옵니다. 영국의 천문학자 아서 스탠리 에딩턴Arthur Stanley Eddington은 별빛이 구부러지는 현상을 이번에 확실히 알아내기로 결심하고 탐험대 두 팀을 꾸렸습니다. 에딩턴이 속한 팀은 아프리카 서부 해안의 프린시페섬으로 가고, 나머지 한 팀은 브라질로 향했습니다. 그러고는 개기 일식 날이 되어, 달이 남아메리카를 가로질러 아프리카에 이르기까지 지구의 절반을 두르며 그림자를 드리울 때, 달에 가리어진 태양 원반과 태양에 의해 빛이 휘어진 별들의 사진을 조심스럽게 찍었습니다. 이런 관측 사진의 정확도는 떨어졌지만, 신중한 분석과 평가 후에 아서 에딩턴은 긍정적인 결과를 발표합니다. 실제로 별자리가 이동하며 아인슈타인의 일반 상대성 이론이 타당하다는 걸 확인했다고 말이지요.

과학에서 매우 드물게 일어나는 승리의 순간이었습니다. 온 세계가 앞다투어 그 소식을 전했고, 1919년 11월 10일 《뉴욕 타임스》는 헤드라인으로 "하늘의 빛이 모두 굽었다 Lights All Askew in the Heavens"라고 보도했지요. 이날부로 아인슈타인은 단순한 천재 이론 물리학자를 넘어 과학사 최고의 인기 스타가 되었습니다.

일반 상대성 이론의 이야기에서 과학이 어떻게 진행되는지 많은 것을 배울 수 있습니다. 모든 새로운 과학 이론은 우선 이미 알려진 결과들에 들어맞아야 합니다. 하지만 그것만으로는 충분하지 않습니다. 새로운 이론은 기존의 것을 넘어 자연에 관한 새로운 진술도 제공해야 하지요. 그러고 나면 다시 이를 검증하기 위한 관찰이 뒤따릅니다. 이론이 계속하여 유용성을 입증하고 측정 결과들을 올바르게 예측하면, 그 이론이 좀 이상하게 보일지라도 믿는 것이 현명합니다.

그 밖에도 우리는 이 이야기로부터 과학에서 모든 것이 늘 매끄럽게 진행되지는 않음을 배울 수 있습니다. 아무리 똑똑한 사람이라도 때로 절망합니다. 계산은 매우 복잡하고, 결과를 내었는데 나중에 틀린 것으로 판명될 수도 있지요. 또한 몇몇 과학자는 경쟁자들보다 빠르게 목표에 도달하기 위해 약간의 속임수를 쓰기도 합니다. 물론 그러지 말아야겠지만, 중요한 것은 결국 마지막에 올바른 결과를 도출하느냐입니다.

일반 상대성 이론 이야기는 또한 과학에서 단순히 직관이나 감만으로는 멀리 나아갈 수 없음을 보여 줍니다. 복잡한 물리학에서 우리의 본능적 감각은 여지없이 패배하지요. 일반 상대성 이론의 주장은 언뜻 보기에 정말 황당합니다. 시공간이 구부러지고 그에 따라 빛도 휘어진다니, 이게 말이 되나요? 이를 믿어야 할까요?

네, 그래야 합니다. 학문적 진실은 그것이 우리 마음에 드는가 안 드는가와는 상관이 없습니다. 과학 이론이 꼭 직관과 맞아떨어져야 하는 것은 아니지요. 팩트는 팩트입니다. 중력은 직감이 아닙니다.

더닝 크루거 효과

우리는 어느 때 직감을 신뢰하고, 어느 때 그래서는 안 되는지 배워야 합니다. 그러나 우리가 직감을 믿을 수 있을 때가 언제인지 직관적으로 감을 잡을 수 있을까요? 흠, 복잡한 문제입니다. 유감스럽게도 우리는 스스로를 제대로 평가하기가 힘들기 때문이지요.

전체 인구를 지능 순으로 줄 세운다고 할 때 우리는 스스로를 어디쯤에 배치할까요? 상위 3분의 1에? 상위 3퍼센트에? 다른 기준으로 하면 어떨까요? 가령 유머 감각으로 하면 우리는 스스로를 어디쯤 놓을까요? 믿을 만한 정보와 말도 안 되는 정보를 분별하는 능력을 기준으로 하면 어떨까요? 모든 사람은 자신이 다른 사람들 대다수보다 이런 구별을 더 잘할 수 있다고 믿습니다. 그러나 그렇게 90퍼센트의 사람들이 스스로 상위 10퍼센트에 속한다고 생각한다면, 뭔가 잘못되었음이 분명하지 않겠어요?

우리는 다른 사람과 비교하여 자신의 능력을 과대평가하기 쉽습니다. 이런 현상을 '더닝 크루거 효과Dunning-Kruger Effect'라 부릅니다. 1999년 이런 현상과 관련한 실험 결과를 발표한 심리학자 저스틴 크루거Justin Kruger와 데이비드 더닝David Dunning의 이름을 딴 효과지요.

더닝과 크루거는 실험 참가자들에게 논리 테스트나 문법 테스트 같은 여러 가지 문제를 풀게 하고는 스스로 다른 사람들의 능력과 비교하여 자신들의 능력을 얼마나 높게 평가하는지 질문했습니다. 그러자 놀랍게도 다수는 상당히 잘못된 평가를 내렸지요. 심지어 점수가 하위 4분의 1에 속하는 참가자들 중에서도 다수가 스스로를 잘한다고 과대평가했고, 상위 4분의 1에 속하는 사람들도 자신의 실력을 좋게 평가하긴 했지만, 그 실력은 사실 그들 생각보다 훨씬 나았습니다.

다음 단계에서는 참가자들로 하여금 다른 사람들의 답변을 평가하게 했는데, 테스트 점수가 높은 참가자일수록 다른 사람들의 능력을 제대로 평가했습니다. 여기까지는 놀랍지 않지요. 독해력이 좋지 않은 사람이 어찌 좋은 문학 비평가가 되겠으며, 두 자릿수 이상의 숫자만 보면 토가 나올 것 같은 사람이 어찌 회계사로 일할 수 있겠어요.

그러나 이제부터 흥미로워집니다. 다른 사람들의 답변을 본 참가자들이 이를 토대로 다시금 자신의 능력을 어떻게 평가했는지 볼까요? 특히나 실력이 뛰어난 사람들은 다른 사람들이 대부분 자신보다 실력이 모자란다는 걸 알고 자신의 평가를 상향 조정한 반면, 실력이 없는 사람들은 다른 사람들의 답변을 보고서도 자신이 부족함을 깨닫지 못하고 여전히 스스로를 지나치게 긍정적으로 평가했습니다.

이것이 바로 '더닝 크루거 효과'입니다. 자신이 뭔가를 잘하는지 못하는지 제대로 평가하려면 그것을 잘할 수 있어야 합니다. 자신의 실력을 스스로 평가하려면 실제로 그 실력을 높일 수 있어야 한다는 것입니다. 실력을 높이지 못하면 실력 평가도 할 수 없지요. 그리하여 무능력하고 무지한 사람일수록 자신이 아무것도 모른다는 사실조차 깨닫기가 힘듭니다.

그러므로 누군가에게 사실은 당신 실력이 형편없다고 알려 주려면, 그가 그것을 잘할 수 있도록 도와야 합니다. 실제로 더닝과 크루거가 논리 테스트에서 나쁜 점수를 받은 사람들에게 보충 수업을 해 주었더니, 그들의 점수는 개선되었는데 자신의 능력에 대한 평가는 하락했습니다. 능력을 향상해야만 자신의 약점도 더 잘 알게 되는 법이지요. 스스로 잘할 수 있게 되었을 때 비로소 분별이 가능해집니다.

우리 모두 이런 쓰디쓴 경험을 해 본 적이 있을 겁니다. 여러 분야에서 말이지요. 기타를 구입해서 코드를 몇 개 배워 소리를 낼 줄 알게 되면, 엄청나게 열광하면서 자신이 세계적인 기타리스트가 되는 건 시간문제임을 의심치 않습니다. 그러다가 계속 연습을 해 나가며 듣는 귀를 훈련하고 섬세한 소리를 내는 감을 터득하다 보면, 진짜 프로들의 경지는 도무지 다다를 수 없는 다른 차원에 있음을 깨닫게 되지요. 그리하여 실력은 꾸준히 늘어도 결과에 대한 만족감은 오히려 줄어듭니다.

과학에서도 이와 비슷한 현상을 관찰할 수 있습니다. 취미로 공부하는 아마추어 연구자들은 상대성 이론을 다룬 책 한 권을 읽고, 당장에 아인슈타인의 이론을 반박할 수 있을 것만 같은 기분을 느낍니다. 주말에 열리는 세미나에서 민간요법을 좀 배우다 보면, 편협한 학교 의학을 무찌르고 만능 치료사로 우뚝 설 수 있을 것만 같습니다. 차고에서 뚝딱거리며 뭘 좀 손보기 시작하면, 전기 발전기를 이리저리 만져서 무한동력 영구 기관으로 개조할 수 있을 듯합니다. 무한동력은 몇 가지 자연법칙에 어긋난다고요? 그럼 새로운 법칙을 찾아내면 되지 않겠어요!

모두가 더닝 크루거 효과의 희생자입니다. 자신이 과학적 사실을 잘 모른다는 걸 깨닫기에는 아는 것이 너무 없는 상태이지요. 이런 경우 바람직하게는 열심히 공부해서 어느 순간에 과학이 그렇게 만만치 않음을 깨달으면 좋을 겁니다. 최악의 경우 영원히 진실을 알지 못하고 자신을 과대평가하는 단계에 머무르겠지요. 그러면 자신감은 충천할지 몰라도 과학적으로는 상당히 열악한 상태에서 말도 안 되는 소리를 지껄이며 비생산적인 삶을 살아가게 될 것입니다.

팩트를 바탕으로 논쟁해야 한다

하지만 과학과 직감을 구별할 수 없거나 아예 구분하지 않으려 하는 이상한 사람들이 있다면 정말 문제가 아닐 수 없습니다. 누군가가 이상한 소리를 떠벌리든 말든, 과학에겐 상관없는 일입니다. 사람들이 믿건 안 믿건 과학은 맞는 거니까요. 그러나 어떤 사람들이 지구가 평평한 원반이라고 주장하거나, 기氣 마사지로 건강을 회복할 수 있다고, 혹은 지구가 사실은 6000년 전에 생겨났다고 우기면, 그냥 웃으면서 그들을 무시해 버리면 끝나는 걸까요? 그래봤자 자기만 손해니 그냥 그렇게 생각하며 살라고?

유감스럽게도 그리 단순하지 않습니다. 평화로운 공존은 우리 모두가 논리적·이성적으로 기본 규칙을 준수할 때만이 가능하기 때문이지요. 공동의 문제를 해결하려면 어떤 종류의 논거를 신뢰할지 먼저 합의해야 합니다.

모든 게임에서 우리는 시작하기 전에 규칙을 정합니다. 테니스를 치면서 테니스 채를 위협적으로 치켜들고 상대에게 테니스 공을 먹으라고 말하는 사람은 점수를 얻지 못하지요. 민주적 토론에서도 마찬가지입니다. 우리는 건설적인 기여와 말도 안 되는 파괴적인 행동을 구별해야 합니다. 농사를 지을 때 특정 살충제를 금지할지를 두고 토론한다면, 생화학적 분석과 생태 연구가 믿을 만한 논거일 것입니다. 외계의 도룡뇽이 텔레파시로 믿을 만한 진실을 전달해 주었다는 주장을 건전한 토론에서 어떻게 받아들일 수가 있겠어요.

하지만 우리는 상당히 자주 이와 비슷한 문제에 부닥칩니다. 의미 있는 토론에서 절대 의견으로 받아들일 수 없는 억지와 궤변을 듣곤 하지요. 누군가는 "그건 금지해야 해. 안 되는 건 안 되는 거니까"라고 하고, 누군가는 "그냥 옳아. 그게 내 신조야"라고 맞받아칩니다. 어떤 사람은 신빙성 있는 근거도 없이 두려움을 퍼뜨리면서 유권자들의 표를 얻으려 하고, 어떤 사람은 현실을 무시해 버리고 선거 운동에서 대중에게 제 맘대로 고안한 숫자를 제시합니다. 어떤 사람은 열나게 기도한 끝에 깨달음을 얻었다며 한쪽으로 기울어진 도덕을 주장하고, 어떤 사람은 특정 인종의 우수성을 확신하며 인종차별적 발언을 서슴지 않습니다. 모두가 자신들이 옳다고 느끼며 자신들이 우수하다고 확신합니다. 하지만 우리는 그런 견해를 인정할 수 없습니다.

어떤 의견들은 근거가 있고, 검증할 수 있는 팩트로 뒷받침됩니다. 어떤 의견들은 그냥 모호한 감정에 기초하며, 팩트를 그냥 싸그리 무시해 버리는 난센스에 불과하지요. 민주주의는 이런 의견들의 차이를 구분할 때에만 기능할 수 있습니다. 그래서 우리에겐 과학이 필요합니다.

다른 사람들이 무엇을 믿어야 하는지를 자신 있게 설파하는 건 과학이 아닙니다. 나는 이미 다 알며 나만이 옳다고 말하는 성급한 확신은 진실 추구를 방해하는 가장 큰 요소이지요. 우리는 자신이 아직 모든 걸 다 알지 못한다는 사실을 명심해야 하고, 아직 배울 것이 많음을 깨달아야 합니다. 과학은 우리가 공동으로 신뢰할 수 있는 것을 찾아 나가는 활동입니다.

제2장
---

1 더하기 1은 2

아무도 반박할 수 없는 진실이 존재하는 이유
빈방 없는 호텔에 무한히 많은 손님을 계속 집어넣는 법
인도의 신동이 놀라운 공식을 발견한 경위

흠잡을 데 없이 명쾌한 수학의 힘
정확한 논리는 얼마나 멀리까지 나아갈 수 있는가

영국의 자연 과학자 윌리엄 버클랜드William Buckland는 모든 것을 맛보는 사람으로 유명했습니다. 어느 날, 사람들은 그에게 어느 교회에 있는 놀라운 핏자국을 보여 주었습니다. 한 성자가 그곳에서 세상을 떠났는데, 그때부터 핏자국이 마르지 않고 매일 밤 다시 피로 적셔진다고 했지요. 버클랜드는 그곳에 무릎을 꿇고서 젖은 자리를 핥더니 말했습니다. "에이, 이건 피가 아니라 그냥 박쥐 오줌이에요." 그렇습니다. 윌리엄 버클랜드는 모든 걸 맛보는 연구자였습니다.

자연 과학을 할 때 우리는 감각적 인상에 의존합니다. 그것이 항상 좋지는 않지만, 세심한 관찰 없이는 세계에 대해 배울 수 없지요. 그러다 보니 유감스럽게도 때로는 상이한 의견이 대두되곤 합니다. 어떤 사람에겐 거룩한 피처럼 보이는 무언가가 대담한 미각 전문가에겐 전혀 다르게 다가오는 것입니다.

이런 어려움을 피할 수 있는 학문이 딱 하나 있으니, 바로 수학입니다. 다른 모든 학문은 우리 머릿속에서 단순화된 세계상(모상)을 만들어 내고자 합니다. 하지만 수학은 세계에 의존하지 않습니다. 수학은 그 자체로 가치롭고 참될 수 있지요. 원리와 관찰이 연결되지 않더라도 말입니다.

수학에서는 측정을 하지 않으므로 측정의 오류가 빚어질 수도 없습니다. 실험을 고안하고 결과를 힘들게 해석할 필요도 없고요. 새로운 수학 현상의 목격자가 되고 싶은 마음으로 탐험을 계획하지도 않습니다. 수학은 관찰과 실험으로 상황을 묘사하지 않으며, 당위와 가능성을 다룹니다.

정확히 이로 인해 수학은 그 무엇보다 높은 신뢰성을 얻습니다. 수학적으로 증명된 것은 참입니다. 수학은 흔들리지 않습니다. 그러므로 진정 무엇을 믿을 수 있는지 알고 싶다면, 과학적 논증의 어머니인 수학에서 탐구를 시작해야 합니다.

다르게 생각할 수 없는 것

물론 다른 학문에서도 절대적으로 신뢰할 만한 인식들이 있습니다. 창밖으로 집어 던진 물체는 중력으로 말미암아 아래로 떨어집니다. 포유류가 생존하려면 산소가 꼭 필요합니다. 난방에 쓰는 기름을 개에게 먹여서는 안 됩니다. 우리가 당연하게 알아야 하는 것들이지요. 상식이 없다면, 어느 이웃이 우리에게 잠시 강아지를 돌보아 달라고 맡길 수가 있을까요.

하지만 흠잡을 데 없이 명쾌한 논리는 수학에서만 기대할 수 있습니다. 수학에서 두 사람이 모순된 결과에 이르면 뭔가가 잘못된 것이지요. 3 더하기 8의 정답이 동시에 12이면서 16이 될 수는 없습니다. 하하, 경우에 따라 실수가 한 가지 이상일 수도 있지만요.

우리는 헷갈릴 수 있고, 계산 실수를 할 수 있고, 잘못 생각할 수 있습니다. 하지만 우리의 생각은 논리 법칙과 떼려야 뗄 수 없는 관계에 있습니다. 만약 이틀에 한 번 꽃에 물을 주어야 하는데 어제 물을 주지 않았다면, 오늘 물을 주어야 합니다. 논리적이지요. 이런 연관은 의심할 수 없으며 다르게 생각할 수도 없습니다.

  물론 저는 가정假定을 의문시할 수 있습니다. '꼭 이틀에 한 번씩 꽃에 물을 주어야 해?'라고 의심하거나, 어제 물을 주었는지 안 주었는지 잊어 버릴 수 있지요. 어마어마한 건망증에 걸려 꽃의 존재 자체를 인정하지 않을 수도 있습니다. 하지만 제가 꽃에 이틀에 한 번 물을 주어야 한다는 전제를 맞는 것으로 받아들인다면, 어쩔 수 없이 그로부터 어제 물을 안 주었으니 오늘 물을 주어야 한다는 결론이 나옵니다. 이것은 수학적으로 논란의 여지가 없으며 누구도 이의를 제기할 수 없는 사실입니다. 우리는 다른 결론에 이를 수 없어요.

  왜 이에 주목해야 하냐면, 수학 말고 다른 학문에서는 그렇지 않기 때문입니다. 우리는 중력이 없는 세상을 상상할 수 있습니다. 그런 세상에서 사람들은 텅 빈 우주 공간으로 튕겨 나가지 않기 위해 땅바닥에 스스로를 정말 힘껏 붙들어 매어야만 하겠지요. 우리는 그러한 삶의 고달픔을 상상할 수 있습니다. 음전하를 띤 입자로만 구성되어 모든 물질이 서로를 밀어내기만 하는 우주도 상상할 수 있습니다. 그런 우주는 어떤 분자도, 화분이나 행성 등 흥미로운 무엇도 만들어지지 않은 채로, 서로 미친듯이 밀리고 밀쳐 내는 입자들로 이루어진 폭발하는 구름을 방불케 할 것입니다. 하지만 이와 달리 우리는 2 더하기 3이 7인 우주를, 삼각형의 각이 네 개인 우주를, 또는 y 값이 x 값보다 클 때 정확히 x 값이 y 값보다 큰 우주를 상상할 수가 없습니다.

그 자체로 모순이 빚어져 논리적으로 허용될 수 없는 것은 우주에서도 불가능할 뿐 아니라 우리의 생각에도 발을 붙이지 못합니다. 그렇게 보면 수학이란 생각할 수 있는 것을 연구하는 학문이라고 정의할 수도 있겠네요. 수학적으로 가능한 모든 것이 우리 세계에 나타나지는 않지만, 적어도 수학에 배치되는 것은 진실일 수 없습니다. 수학은 생각할 수 있는 것, 생각으로 가능한 것을 탐구하는 학문입니다.

공리, 올바른 사고가 시작되는 곳

이런 특성으로 인해 수학은 인류를 하나로 묶어 주는 아름다운 학문이 되었습니다. 수학에 관한 한, 우리가 어느 문화권 출신인지는 중요하지 않습니다. 정치색이 어떠한지, 어떤 문자를 쓰는지도 중요하지 않지요. 수학적 진술에 대해 우리는 모두 의견이 하나입니다. 이런저런 진술로부터 수학 법칙에 따라 또 다른 수학적 진술을 도출할 수 있으며, 그러면 그것도 마찬가지로 우리 모두가 동의할 수 있습니다. 신뢰할 수 있는 원리에 다른 원리들을 잇댈 수 있고, 그렇게 한 걸음 한 걸음 가다 보면 아무도 의심할 수 없는 커다란 원리 망網이 생겨납니다.

물론, 원리 망을 조직할 때는 이렇게 물어야 합니다. 이 전체 망을 어디에 붙들어 맬까? 어디에 고정할까? 맨 처음에는 어떤 원리(진리)들이 있을까? 다른 모든 것의 밑바탕이 되는 기본 원리들이 있을까?

아이들은 종종 만 두세 살의 나이에 벌써 그것을 배웁니다. 계속해서 "왜?"라고 묻고, 제시된 이유에 대해 다시 그 까닭을 물으면서 말이지요. 왜 햄스터를 욕조에 넣으면 안 돼? 햄스터가 왜 물에 빠져 죽을 수 있어? 햄스터 폐에 물이 차면 왜 안 좋아? 햄스터는 왜 산소가 필요해? 꼬리에 꼬리를 무는 질문은 어느 순간 끝을 맺어야 합니다. 제아무리 인내심 있는 부모라도 이제 한계에 도달해 "아, 그냥 믿어. 그냥 그런 거라니까!"라고 말할 것이기 때문입니다.

수학에서도 비슷합니다. 우리는 인식을 기본 가정으로 되돌리다가, 어느 순간에는 더이상 이유를 대지 못합니다. 종종 '공리$_{Axiom}$'라고 부르는 것들이지요. 좋은 공리는 누구나 진리로 받아들일 만큼 아주 명확하고 간단합니다. 자명한 진실에 도달했기에 아무도 "왜?"라고 물을 필요성을 더 느끼지 못하면, 아주 튼튼한 토대를 발견한 것입니다. 이를 바탕으로 꾸준히 논리를 세워 나갈 수 있습니다.

그런 공리, 신뢰할 수 있는 기본 진리는 수학에서 특히 중요한 역할을 합니다. 과학사를 통틀어 가장 비중 있는 저서 중의 하나가 바로 기원전 300년경에 그리스 수학자 유클리드$_{Euclid}$(영어명 '유클리드'가 널리 알려졌으며 그리스어명은 '에우클레이데스$_{ὐκλείδης}$다)가 쓴 《원론$_{Elements}$》입니다. 유클리드는 이 책에 당시의 기하학과 수론$_{數論}$을 논리 정연하게 정리했지요. 책이 나온 이래로 인간 삶의 거의 모든 측면이 변했습니다. 정치·도덕·우주 관을 생각해 봅시다. 우리의 생각은 유클리드 시대 사람들과는 매우 다르지요. 그러나 유클리드가 《원론》

에서 정리한 점·선·원·삼각형에 관한 원리는 오늘날에도 여전히 유효합니다. 그것들은 변치 않는 진리입니다.

집을 지을 때 굳건한 토대를 다지는 데에서 시작하듯, 유클리드는 《원론》에서 우선 중요한 정의와 공리를 세웁니다. 선은 넓이가 없이 길이만 있는 것이다, 모든 직각은 크기가 동일하다, 한 점과 다른 점은 선으로 그어 연결할 수 있다. 이러한 정의는 모두 다른 설명이 필요하지 않을 정도로 자명해 보입니다. 유클리드는 이런 기본적인 원리를 활용해 한 걸음 한 걸음 기하학을 전개해 나갑니다. 합동인 삼각형을 그리는 법, 그리고 각과 선분을 이등분하는 법을 설명하고, 각각의 삼각형에서 가장 큰 변은 가장 큰 각의 맞은편에 놓여 있음을 증명하지요.

유클리드의 《원론》은 정말 탁월한 저작입니다. 그는 주욱 이어지는 증명들을 굉장히 영리하게 고안하여, 앞서 선보인 것들을 토대로 매 단계를 이해할 수 있게끔 했습니다. 집을 지을 때 벽돌 한 줄을 나란히 놓고 다음 줄을 올리듯, 명제 하나하나를 덧붙여 이론異論의 여지가 없는 수학적 원리들로 이루어진 멋진 구조물을 만들어 냈습니다.

"두 점은 하나의 선으로 연결할 수 있다"라는 가장 첫 진술은 너무 간단하고 그다지 신통해 보이지 않습니다. 아주 당연해서 무언가 새로운 것을 배웠다는 느낌을 주지 않지요. 하지만 여기서 몇 단계 더 나아가자마자 그런 단순한 기본 원리들이 연결되어 피타고라스의 정리 등 우리가 학교에서 배운 중요한 명제들이 탄생합니다. 유클리드의 《원론》은 근대에 이르기까지 세상에서 가장 중요하고 가장 널리 활용되는 학술 교과서로 남았습니다.

0에서 무한대까지

의심할 수 없는 공리를 토대로 논리적으로 추론해 나가는 방법이 기하학에서 아주 잘 통한다면, 다른 분야에서도 이와 같은 것을 시험해 보고 싶은 유혹이 자연스럽게 생깁니다. 이탈리아의 수학자 주세페 페아노Giuseppe Peano도 그런 생각을 했습니다. 그는 자연수natural number 이론의 기초를 논리적으로 든든히 세우고자 했지요. 언뜻 이상하게 들릴지도 모릅니다. 자연수에 왜 이론 같은 것이 필요할까요? 자연수는 그냥 자연스럽게 존재하는 수 아닌가요?

우리는 아주 어릴 적에 이미 자연수가 어떻게 기능하는지를 이해했습니다. 욕조 안으로 던져 버린 테디베어 네 개와 할머니 소파에 묻혀 놓은 초콜릿 자국 네 개는 사뭇 다르지만 약간 공통점이 있으니, 둘 다 넷이라는 것, 즉 4라는 특성을 공유한다는 것을 우리는 알았습니다. 수를 가리키는 단어들이 있으며 무엇을 세는 수인지는 중요하지 않다는 것 말이지요.

이를 이해하면 나머지는 간단합니다. 소파에 초콜릿 자국을 하나 내고, 이어서 두 개, 세 개 내어 놓습니다. 그런 다음 할머니가 소파 커버를 세탁해서 다시 가져오면, 이제 초콜릿 자국은 0개가 됩니다. 0은 아무것도 없는 상태를 묘사하는 특별한 수입니다.

우리는 자연수를 아주 친숙하게 다루기에, 자연수란 과연 무엇인지 거의 생각하지 않습니다. 우리는 어째서 자연수를 신뢰할 수 있을까요? 어떤 개념을 '자연수'라고 부르려면 그 개념은 어떤 특성을 지녀야 할까요? 주세페 페아노는 1889년 다섯 개의 간단한 공리로 자연수 이론을 구성할 수 있음을 보여 주었습니다. 유명해진 이들 페아노 공리는 수학에서 가장 명확하고 기본적인 진리에 속합니다.

첫 번째 공리는 단순히 이름을 규정합니다. "0은 자연수다"라고 하지요. 이어 두 번째 공리는 곧바로 수의 구조에 대해 중요한 발언을 합니다. "모든 자연수는 뒤따르는 자연수(따름수)를 갖는다"라는 것입니다. 이런 따름수에도 마찬가지로 똑같은 규칙이 적용됩니다. 즉, 이 수도 다시금 뒤따라 오는 자연수가 있어야 하지요. 이는 자연수의 열이 끝없음을 의미합니다. 이런 열은 어떤 모습일까요? 세 번째 공리는 이야기합니다. "0은 자연수의 따름수가 아니다." 따라서 0은 수열의 시작점이라는 특별한 역할을 맡습니다.

네 번째 공리도 수열의 구조에 대해 중요한 것을 가르쳐 줍니다. 바로 "같은 따름수를 갖는 자연수는 같은 수다(서로 다른 자연수는 서로 다른 따름수를 갖는다)"라는 것입니다. 따라서 7 다음에 8이 온다면, 7 말고도 뒤에 8이 오는(따름수로 8을 갖는) 다른 수는 없다는 뜻이지요. 이것은 중요합니다. 그렇지 않으면 11 다음에 다시 8이 올 수도 있으며, 수열은 그로써 거꾸로 되돌아가고, 0에서 11까지의 숫자 외에 다른 수는 더이상 존재하지 않게 될 것이기 때문입니다.

따라서 수열에는 내부에 원이나 매듭이 없습니다. 마치 실에 꿴 진주처럼 질서정연하게 하나의 수에 다른 수가 뒤따르지요. 이제 우리는 수열이 결코 중단되지 않는다는 사실을 압니다. 즉, 무한히 많은 수가 있음에 틀림없습니다. 다섯 번째이자 마지막 공리는 이런 자연수가 이와 같은 진술이 적용되는 가장 작은 집합이라는 것입니다. 그로써 우리가 아는 자연수의 무한한 수열이 결코 도달하지 못하는 또 다른 자연수가 더 있을 가능성이 배제됩니다.

우리 모두 이러한 기본 원칙에 동의할 수 있습니다. 그리고 이런 기초에서 한 걸음씩 나아가 덧셈, 곱셈, 소수 prime number 를 포함하여 방대한 수 이론을 정의할 수 있지요. 작은 수에서 큰 수를 빼면 새로운 종류의 수인 음수를 만납니다. 자연수와 음수를 통틀어 정수 integer 라 합니다. 그리고 정수로부터 분수를 구성할 수 있으니, 그것이 유리수 rational number 입니다. 수학의 전체 사고 체계는 바로 자연수를 토대로 합니다. 바꿔 말해 커다란 나무의 아주 작은 가지에서 한 발 한 발 거슬러 둥치에 이를 수 있는 것처럼, 모든 수학은 '왜'라는 질문을 충분히 자주 한 끝에 결국 자연수에 이르지요.

언뜻 보기에 이런 내용은 그저 좋아서 파고드는 공부의 일환, 혹은 멋지지만 별로 쓸모없는 사고의 유희 같아 보입니다. 세금 신고를 하기 위해 계산을 할 때나, 욕실 리모델링을 위해 타일을 몇 장 사야 하는지를 알아내고자 할 때는 공리가 필요 없습니다. 계좌가 마이너스 상태라면, 이런 이상한 음수가 페아노의 규칙에 들어맞는지 맞지 않는지 알 바 아니지요. 이 모든 문제는 수학의 영역에 있지만, 대부분의 사람들이 거의 직관적으로 해결하는 수준입니다. 그런 상황에서는 명확히 정의된 공리 체계의 논리적 엄격함이 굳이 필요가 없지요.

하지만 수학에는 더 복잡한 영역도 있고, 거기서는 우리가 논리적인 계산 규칙을 동원해 꼼꼼하게 한 발짝 한 발짝 나아가야 합니다. 이는 산을 오르는 것과 비슷합니다. 해가 비치는 한 봉우리가 훤히 올려다보이므로, 우리는 별로 힘들이지 않고 그곳을 향해 올라갈 수 있습니다. 하지만 짙은 안개가 시야를 가리면 위험해집니다. 그럴 때는 믿을 만한 것에 의지해 나아가야 하지요. 그럴 때 위쪽으로 올라가는 사다리가 있다면 좋을 것입니다. 사다리의 가장 아래 디딤판을 찾고 그다음 디딤판에 어떻게 도달할지를 알면, 이제 목표까지 이르는 건 시간문제입니다.

페아노는 수학적 논리학(수리 논리학)이 수를 계산하고 새로운 수학 원리를 발견하는 데에 도움이 될 뿐만 아니라, 수리 논리학을 활용하여 우리의 사고 규칙들을 더 정확히 살펴볼 수 있음을 보여 주었습니다. 이로써 수학은 흥미로운 새 과제를 안게 되었지요.

무한에 대한 분노

이런 설레는 분위기 속, 1900년 파리에서 국제 수학자 대회가 열렸습니다. 젊은 수학 교수인 다비트 힐베르트도 당시 수학의 세계적인 중심지였던 독일 괴팅겐에서 이 회의에 참석하기 위해 길을 나섰습니다. 그는 나이 38세에 이미 수학의 거장으로 인정받고 있었지요. 회의 주최측은 그가 이번 연설에서 과거의 수학적 성과들을 반추해 주길 기대했지만, 힐베르트는 과거를 돌아보는 대신 미래를 전망하며 청중에게 아직 풀지 못한 커다란 수학 문제들의 목록을 제시하고 새로운 세기에 그 해결을 독려하기로 했습니다. 20세기에 풀어야 할 수학 문제들! 바로 학문 역사상 가장 큰 규모의 수학 숙제 내주기 시간이었던 셈입니다.

이런 과제는 '힐베르트의 문제 Hilbert's problems'라는 말로 역사에 남았습니다. 그리고 힐베르트의 2번 문제는 장기적으로 수학의 세계를 바꾸어 놓았지요. 그것은 수학의 공리에 관한 문제로, 페아노의 공리 체계(또는 그와 비슷한 다른 개념)가 그 자체로 모순이 없음을 수학적으로 증명할 수 있을지에 대한 것이었습니다.

이는 수학에 요구되는 가장 중요한 문제일 겁니다. 수학은 서로 모순되는 두 진술을 참이라 해서는 안 됩니다. "A는 B이다"와 "A는 B가 아니다"라는 명제는 둘 다 옳을 수 없지요. 모순이 허용되면 수학의 모든 논리 구조가 와장창 무너지고 맙니다. 그러면 "8 곱하기 7은 4"라든가 "너희 엄마는 펭귄이다"라든가 하는 임의의 모든 문장을 증명할 수 있을 테니까요.

위대한 논리학자 버트런드 러셀 Bertrand Russell 이 강의에서 이것을 설명하자, 한 학생이 이렇게 물었습니다. "1=0이라는 가정하에 교수님은 '나는 교황이다'라는 문장을 증명할 수 있으십니까?" 러셀에게 그것은 식은 죽 먹기였습니다. "자, 우리가 양변에 1을 더합시다. 그러면 2=1이라는 등식을 얻게 되지요. 나와 교황만을 포함하는 집합의 원소는 두 개입니다. 하지만 2=1이므로, 그 집합의 원소는 단 하나예요. 따라서 나는 교황이지요."

페아노의 공리에서 그런 모순적인 진술이 나올 수 있을까요? 모순이 결코 등장하지 않음을 엄격히 증명할 수 있을까요? 딱히 증명할 필요가 없다고 생각할지도 모릅니다. 자연수에 대한 페아노의 공리는 아주 무해하고 간단하고 명백하므로, 어떻게 거기서 내적인 모순이 나올 수 있겠느냐고 말이지요. 하지만 수학에서는 그런 두루뭉술한 추측만으로는 충분하지 않습니다. 엄격한 증명이 있어야 합니다.

다비트 힐베르트가 그런 증명을 찾고자 했습니다. 그가 제시한 문제가 20세기 수학의 가장 중요한 과제로 선포된 것은 무엇보다 당시 수학에서 모든 게 원하는 만큼 매끄럽고 순조롭게 진행되지 않았기 때문입니다. 몇몇 헷갈리는 문제에 대해 수학자들 사이에서 격한 토론이 이루어지고 있었지요.

19세기에 수학자들을 상당히 골머리 앓게 만들었던 특히 복잡한 주제는 바로 무한이라는 개념입니다. '무한'은 일반적인 규칙으로 계산 가능한 수가 아닙니다. 5는 늘 5이지요. 두 가지 서로 다른 계산을 하여 둘 다 5라는 결과가 나왔다면, 그 둘은 똑같은 5입니다. 하지만 무한도 언제나 같을까요? 서로 다른 종류의 무한이 있을까요? '무한 곱하기 무한'은 '무한 더하기 무한'보다 더 커다란 무한일까요?

수학자 게오르크 칸토어 Georg Cantor 는 이런 문제에 천착했습니다. 칸토어는 무한의 법칙을 이해하기 위해 집합론의 기초를 다졌지요. 인간의 직관이 못 따라가는 경우 모호한 개념을 정확한 정의로 바꾸고, 게으른 습관을 떨쳐 버리고, 정확한 규칙을 세워야 합니다.

게오르크 칸토어는 그렇게 하는 가운데, 가령 다음과 같은 질문을 생각하면서 놀라운 인식과 만났습니다. '면에는 점이 들어갈 자리가 선보다 더 많을까? 선뿐 아니라 면에도 무한히 많은 점을 기입할 수 있다. 하지만 면은 또한 무한히 많은 선이 합쳐진 것으로 생각할 수도 있다. 그러므로 면 위에 찍을 수 있는 점들의 무한성이 훨씬 더 큰 무한이 아닐까?'

칸토어는 결국 그렇지 않다고 판단을 내리고는, 그 결론을 앞에 두고 당혹스러워 했습니다. 두 무한성은 실제로 크기가 같습니다. "나는 그것을 알아. 하지만 믿지 못하겠어"라고 칸토어는 학계의 동료이자 친구인 리하르트 데데킨트 Richard Dedekind 에게 편지를 써 보냈습니다. 칸토어 본인도 자신의 증명을 신뢰하기가 어려웠던 마당이니, 많은 전문가 동료가 칸토어의 괴상한 무한 규칙을 훨씬 더 비판적으로 보았던 것도 놀랄 일이 아닙니다. 칸토어가 자신의 명제를 설명했을 때 사람들은 그에게 "젊은 애들을 망쳐 놓는다"며 비난을 퍼부었습니다.

무한 호텔

우리는 '힐베르트 호텔'이라는 이름으로 유명해진 사고 유희를 통해, 칸토어가 겪은 어려움을 조금 더 잘 이해할 수 있습니다. 우리가 방이 무한히 많은 호텔을 운영한다고 상상해 봅시다. 이 호텔은 예약이 꽉 차서, 방 하나에 손님이 한 명씩 들어 있습니다. 우리는 무한히 많은 돈을 벌어들이고 있으며 대신에 아침마다 또한 무한히 많은 침대를 정돈해야 하지요. 자, 그런데 이런 상황에서 손님 10명이 더 들이닥쳐서는 방을 원하는 것이 아니겠어요? 이제 우리는 무엇을 할 수 있을까요?

방법은 아주 간단합니다. 우리는 1호실 손님께 방을 11호실로 옮겨 달라고 부탁하고, 2호실 손님은 12호실로, 3호실 손님은 13호실로 옮겨 달라고 부탁하면 됩니다. 그러면 호텔에 투숙하던 무한히 많은 손님 모두는 다시 묵을 방을 갖게 되고, 1호실에서 10호실까지는 새로 도착한 손님에게 내어줄 수 있습니다.

따라서 이는 무한 더하기 10이 여전히 무한이라는 뜻입니다. 전과 똑같은 무한이지요. 바로 이런 방식으로 칸토어는 '크기가 같은 집합'이라는 말이 무슨 의미인지를 정의했습니다. 한 집합의 원소들을 각각 하나씩 다른 집합의 한 원소와 짝지어서 마지막에 두 집합에서 모두 짝을 못 찾은 원소가 남지 않을 때(모든 원소가 짝을 구했을 때) 두 집합은 정확히 크기가 같다는 것입니다.

무한하지 않은 유한 집합에서 이것은 자명합니다. 제게 고양이 다섯 마리와 사료 다섯 그릇이 있다면, 저는 각각의 고양이에게 사료를 한 그릇씩 나누어 주면서 고양이의 집합과 사료 그릇의 집합이 같은 크기임을 증명할 수 있습니다. 마지막에 모든 고양이는 배가 부를 것이고, 모든 사료 그릇은 빌 것입니다. 힐베르트 호텔의 방이나 손님과 같은 무한 집합에서는 이것이 그다지 자명하지 않습니다. 하지만 일은 원칙적으로 똑같이 돌아갑니다.

힐베르트의 호텔에 새로 도착한 손님이 열 사람이 아니라 1000명 혹은 10억 명이라 해도 물론 전혀 달라질 것이 없습니다. 똑같은 트릭으로 그들을 숙박시킬 수 있지요. 하지만 만약 무한히 많은 손님이 추가로 도착해 문 앞에 서 있다면 어떻게 될까요? 우리 호텔 바로 옆에 역시나 무한한 호텔이 있는데, 수도관이 파열되어 잠시 문을 닫아야 한다고 가정해 봅시다. 이제 이 호텔의 무한히 많은 손님들은 우리 호텔에 투숙하고자 합니다.

이 역시 문제가 되지 않습니다. 우리는 손님 1을 2호실로, 손님 2를 4호실로, 손님 3을 6호실로 보내면 됩니다. 모두가 지금까지 자신이 지내던 방 번호에 2를 곱한 수에 대응되는 호실로 옮겨갑니다. 그러면 이제 짝수 번호를 가진 모든 방은 투숙이 완료되고, 홀수 번호를 가진 모든 방은 비지요. 홀수 방 역시 무한히 많습니다. 그리하여 무한히 많은 추가 손님이 마찬가지로 그곳에 투숙할 수 있습니다. 이것은 우리에게 무한 더하기 무한은 다시금 같은 무한임을 보여 줍니다. 달리 말하자면, 자연수나 짝수나 개수가 똑같다는 것이지요. 이는 정말 기이합니다. 우리의 직감으로는 무언가의 절반이 그 전체와 크기가 같음을 받아들이기가 쉽지 않습니다. 하지만 집합론의 기본 원칙으로부터 그렇게 유도할 수 있다면, 직감은 패배하고 맙니다.

이 지점에서도 여전히 '이 정도야 뭐, 당연하지!' 하면서 헷갈리지 않는 사람은 결정적인 한 걸음을 더 나아가 봅시다. 비어 있는 호텔에 무한히 많은 손님이 온다고 상상해 보세요. 하지만 이번에는 손님들을 전처럼 자연수로 헤아리지 않고 0과 1 사이의 모든 실수로 헤아립니다. 무한히 많은 소수점 뒷자리 수(소수점 이하 자릿수)가 허용되지요. 이제 우리는 이런 손님들에게 순서를 매길 좋은 방법이 떠오르지 않습니다. 음… 첫 번째로 0번을 가진 손님이 있습니다. 즉 0.000…, 해서 무한히 많은 0을 소수점 뒷자리 수로 가진 손님이지요. 이 손님을 우리는 1호실로 들여보낼 수 있습니다. 하지만 그런 다음에는 누가 올까요? 0 다음으로 가장 작은 실수는 어디에 있지요?

우리는 한숨을 쉬며 대기 중인 무한히 많은 손님을 향해 이렇게 외칩니다. "어떤 순서로 들어오든 상관없어요. 알아서 각자 자기 방을 찾으세요!" 이제 미친듯이 손님들이 밀려 들어와 호텔 방은 순식간에 가득 찰 것입니다. 하지만 모든 손님을 성공적으로 투숙시킬 수 있을까요? 그렇지 않습니다! 게오르크 칸토어는 기발한 논리로 이를 증명했습니다.

손님(숫자)들이 어떤 순서로 호텔 방에 들어갔든지 간에, 우리는 분명히 방을 얻지 못하는 수를 늘 찾아낼 수 있습니다. 방식은 이렇습니다. 방마다 차례로 다니며 1호실 손님의 소수점 이하 첫째 자릿수를 기록하고, 2호실 손님의 소수점 이하 둘째 자릿수를, 그리고 3호실 손님의 소수점 이하 셋째 자릿수를 기록합니다. 계속 이렇게 해 나가면, 우리는 무한히 긴 수열을 구성할 수 있습니다. 그 수열로 0과 1 사이의 무한 소수를 만들어내면, 예를 들어 0.65297…과 같은 수가 나올 텐데, 이는 호텔에 투숙한 어떤 손님의 수일 것입니다.

하지만 이제 칸토어의 결정적인 트릭이 나옵니다. 우리 수열의 각 자리를 바꾸어 봅시다. 가령 각 자리에 1을 더합시다(원래 수열에서 9인 경우는 0으로 만듭니다). 방금 살펴본 예시에 적용하면 0.65297…이 바뀌어 0.76308…을 얻습니다. 이는 틀림없이 1호실 손님의 수와 부합하지 않습니다. 그도 그럴 것이, 우리는 1호실 손님의 소수점 이하 첫째 자리(이를테면 6)를 넘겨 받아, 그것을 (7로) 변화시켰기 때문이지요. 그리하여 우리의 새로운 수는 1호실 손님의 수와 여하튼 소수점 첫째 자리에서 차이가 납니다(그리고 아마 무한히 많은 다른 자릿수에서도 차이가 날 테고요). 같은 논리가 다른 모든 방에도 적용됩니다. 우리의 수와 2호실 손님의 수는 최소한 소수점 이하 둘째 자리가 다르며, 3호실, 4호실도 마찬가지로 최소한 소수점 이하 셋째, 넷째 자리가 다르고요. 나머지 호실에서도 그렇게 계속 차이가 나타납니다. 어떤 방에도 이런 수를 가진 손님은 없지요. 즉, 우리가 새롭게 생각해 낸 수를 가진 손님은 호텔 밖 어딘가에 서성이며 방이 없다고 신경질을 부리고 있을 거예요.

0과 1 사이의 모든 실수를 자연수의 집합에 명백히 일대일로 대응시킬 수 없다는 말입니다. 어떤 순서를 고안하든지 간에 늘 거기에 속하지 않는 수를 찾을 수 있지요. 거기에 속하지 않는 무한히 많은 수를 발견할 수 있습니다. 이것은 0과 1 사이에 있는 실수가 자연수보다 더 많다는 뜻입니다. 두 집합은 무한합니다. 그러나 0과 1 사이 실수의 무한성은 자연수의 무한성보다 훨씬 큰 것으로 드러납니다.

힐베르트의 호텔은 우리에게 수학 논리가 얼마나 강력한지를 실감하게 합니다. 복잡한 수학 질문에서 직관은 갑자기 온데간데없이 사라지고, 우리는 떨리는 심정으로 안개 속에 섭니다. 이에 당황하고 헷갈려 하는 건 체면을 구기는 일이 아닙니다. 심지어 그 위대한 게오르크 칸토어도 처음에는 그랬으니까요. 하지만 생각을 잘 정리하고 올바른 규칙을 영리한 방식으로 적용하다 보면, 인간의 두뇌로는 역부족으로 보이는 문제들에도 아주 명확하게 대답할 수 있게 됩니다.

수학을 위한 라마누잔의 직관

이미 증명된 수학 명제를 완벽히 연마된 톱니바퀴처럼 올바른 방식으로 끼워 맞추면, 새로운 수학 원리를 발견할 수 있습니다. 그러나 이것은 수학을 연구하는 일이 정확히 제시된 안내서에 따라 나사를 조여 가며 책장을 조립하는 것처럼 기계적인 작업이라는 의미는 아닙니다. 수학 법칙은 생명이 없고 불변하지만, 그 법칙을 발견해 나가는 작업은 굉장히 창조적이고 생명력 넘치는 일이지요. 수학을 하려면 직관과 직감이 필요하고, 아름다움과 명확함에 대한 감각도 필요합니다. 때로는 심지어 약간 미쳐야 하고요.

어느 정도의 수학적 직관은 우리 모두가 가지고 있습니다. 적어도 간단한 수를 다룰 때는 직관이 발휘되지요. 우리는 48 곱하기 312가 어떤 값인지 즉석에서 말하지 못합니다. 하지만 그 답이 4.3은 아니라는 것쯤은 단박에 확신할 수 있습니다. 욕실 리모델링을 하는 데 필요한 타일 수를 계산하면서 12제곱킬로미터를 덮을 수 있는 타일이 필요하다는 결과가 나오면, 계산이 잘못된 것이지요. 우리의 수학적 직감은 이런 계산에서 무언가가 틀렸음을 단박에 알려 줍니다

우리는 이런 직감을 훈련할 수 있음을 잘 압니다. 욕실 리모델링을 다수 진행해 본 사람은 이런 종류의 계산을 처음 하는 사람보다, 필요한 타일 개수를 훨씬 더 신뢰성 있게 가늠힐 수 있지요. 하지만 놀라운 건 어떤 사람들은 일상적인 경험과 전혀 무관한 수학적 대상에 대해서도 이러한 육감을 지니고 있다는 점입니다.

그래서 수학적으로 훈련된 사람은 일반인이 상상할 수 없는 이야기를 하며, 종종 즉석에서 직관적으로 의견을 내곤 합니다. 5차원의 구 여러 개를 5차원의 공간에 집어넣어 모든 구가 가운데에 있는 구에 접하도록 하려면 어떻게 해야 할까요? 어느 소수의 마지막 자리가 7일 때 그다음으로 큰 소수의 마지막 자리가 다시 7이 될 확률은 얼마나 될까요?

충분한 수학적 경험이 있다면, 어떤 답이 나올지 어림할 수 있을지도 모릅니다. 어떻게 답을 구할지 예상해 보고, 이미 해결한 다른 수학 문제들과 연관성을 느낄 테지요. 하지만 그것으로는 충분하지 않습니다. 아무리 탁월한 수학적 감이 있어도 정확히 증명된 답을 알아야 수학으로 인정받을 수 있지요. 추정으로는 한참 부족합니다. 하지만 추측은 새로운 수학 원리를 찾는 과정에서 중요한 출발점이 됩니다.

때로 음악계에서 거의 아무런 노력 없이 피아노로 숨막히는 멜로디를 새롭게 뽑아내는 신동이 태어나는 것처럼, 때로는 수학의 아름다움에 대한 아주 특별한 직관을 가진 사람이 학계에 출현합니다. 그중 한 사람이 바로 남인도 출신의 천재 수학자 라마누잔입니다. 아마 수학자로서 가장 특이한 커리어를 가진 사람일 것입니다.

스리니바사 라마누잔 아이양가르 Srinivasa Ramanujan Aiyangar 는 1887년생입니다. 그는 가난한 집에서 태어났고, 유럽에서 걸출한 수학자들이 무한에 대해 골머리를 싸매는 동안 자신의 나이에는 어울리지 않는 어려운 수학책을 보며 자랐습니다. 그리고 독학으로 어려운 수학 법칙을 공부하고 새로운 공식을 만들어 내어서 선생님들을 놀라게 했지요.

라마누잔은 수학 성적으로 많은 칭찬을 받고 한 유수의 대학에 장학생으로 입학했습니다. 하지만 다른 과목에서는 별로 두각을 나타내지 못해서 도중에 장학금을 받을 수 있는 자격을 상실했고, 이후 장학금을 제안했던 마드라스 대학에도 들어가지 못했지요. 그리하여 대학 졸업장도 없고, 변변한 직업도 돈도 없었지만, 늘 수학에 붙들려 새로운 공식을 노트 한가득 써 내려가는 일을 멈추지 않았습니다.

어느 날 라마누잔은 기차에 올라 자신이 사는 지역의 수도로 향했습니다. 일자리를 구하고자 하는 희망을 안고 그곳 회계 공무원인 라마스와미 아이어 V. Ramaswamy Aiyer 를 만나러 갔지요. 라마스와미 아이어는 수학에 관심이 많아, 얼마 전 인도 수학회를 창립한 사람이었습니다. 라마누잔은 그에게 수식을 가득 적은 자신의 노트를 보여 주었습니다. 라마스와미 아이어는 그 노트를 보고 굉장히 놀랐으나 젊은 라마누잔에게 일자리를 마련해 주지는 않았지요. 후에 라마스와미는 이렇게 회고했습니다. "그를 회계 부서의 가장 낮은 직급에 채용함으로써 그의 천재성을 억누르고 싶지 않았다." 라마스와미 아이어는 대신에 추천서를 써 주며 라마누잔을 영향력 있는 사람들에게 보냈습니다.

라마누잔에게는 사실 커다란 목표가 있었습니다. 자신의 공식들을 당대의 가장 유명한 수학자들에게 선보이고 그것들을 학술지에 발표하고 싶었지요. 그리하여 그는 런던과 케임브리지의 수학 교수들에게 편지를 보냈습니다. 여러 장에 걸쳐 자신의 멋진 수학적 성과들을 꼼꼼히 적었습니다. 무한 합, 이상한 해를 가진 복잡한 적분, 기이하게 대칭적인 어려운 공식들…. 이 편지의 수신인 중 한 사람은 바로 케임브리지 대학교 트리니티 칼리지의 저명한 수학자 고드프리 해럴드 하디 Godfrey Harold Hardy 였습니다. 하디는 편지를 받고 깜짝 놀랐습니다.

라마누잔의 수식들은 정말 최고의 수학자만이 적을 수 있는 수준임을 단박에 알아보았지요. 수식들이 굉장히 기이하게 보였기에 하디는 그것들이 맞다고 확신했습니다. 아무도 상상으로 그런 것을 써 내려갈 수는 없었으니까요.

다만 그 놀라운 수식들에는 커다란 문제가 있었습니다. 라마누잔이 증명 과정은 생략한 채 그냥 최종 결과만을 적어 놓은 것이었죠. 라마누잔은 작곡가가 아름다운 새 멜로디를 짜듯이 수학 공식을 써 내려갔습니다. 수식들은 그에게 그저 날아들었을 뿐입니다. 그에게는 결과만이 중요했고, 그리로 가는 과정은 중요하지 않았습니다. 하지만 수학에서는 그냥 아름다운 수식만으로는 부족합니다. 기존에 알려진 사실로부터 새로운 결과로 차근차근 인도하는 확실한 증명이 필요하지요.

케임브리지의 고드프리 해럴드 하디가 라마누잔의 수식에 흥분과 흥미를 감추지 못했을지라도, 그런 수식은 그 자체로는 "가장 커다란 야자수에서 남서쪽으로 열두 걸음 가면 금으로 가득한 상자 하나가 묻혀 있다"라고만 기입된 보물 지도처럼 불만족스러운 것이었습니다. 굉장히 솔깃하게 들릴지라도, 이미 아는 장소에서 야자수까지 이르는 길을 조목조목 안내하지 않는 이상 보물 지도는 무용지물입니다.

하디는 라마누잔을 케임브리지로 초청했고, 1914년 인도의 이 젊은이는 자신의 노트를 짐꾸러미에 넣어 영국으로 향했습니다. 그렇게 밝혀진 바에 따르면, 라마누잔의 수식 중에는 틀린 것도 있었습니다. 또 맞긴 맞지만 오일러나 가우스 같은 다른 수학자들이 이미 증명해 낸 것들도 있었지요. 하지만 많은 수식이 정말로 독창적인 새로운 원리를 담고 있었습니다.

하디와 케임브리지의 다른 수학자들은 라마누잔이 수학사에서 흔히 등장하지 않는 천재임을 단박에 알아보았습니다. 하지만 라마누잔의 직관에서 비롯된 수식을 일일이 증명해 내기 위해, 라마누잔에게 엄격한 수학적 추론 규칙을 가르쳐야 했습니다. 라마누잔은 생각의 비약을 억제하고 추론 과정을 차근차근 적어 내는 걸 무척 어려워했지요. 케임브리지 사람들이 보기에 라마누잔은 모든 정수를 아주 친한 친구처럼 여기는 듯했습니다.

하디는 언젠가 택시를 타고 라마누잔을 만나러 갔던 일을 훗날 이렇게 회고했습니다. 하디는 택시 번호인 1729라는 수에 대해 생각해 본 뒤, 유감스럽게도 그 수는 별로 흥미로울 것이 없는 지루한 수라고 말했지요. 하지만 라마누잔은 이렇게 반박했습니다. "아주 흥미로운 수인걸요! 그건 두 세제곱수의 합으로 표현할 수 있는 방법이 두 가지인 숫자 중 가장 작은 수예요." 정말로 1792는 1^3과 12^3의 합인 동시에 9^3 더하기 10^3의 결과입니다. 검산은 쉽습니다. 하지만 전혀 머리를 쓰지 않고 이런 생각을 떠올리는 건 라마누잔 같은 천재나 가능하겠지요.

하디의 지도 아래 라마누잔은 몇 가지 중요한 생각을 다른 사람들도 이해할 수 있게끔 수학적으로 명확하게 정리해 내었습니다. 자신의 연구 결과를 학술지에 발표해 보겠다는 꿈도 이루었고요. 학문적 영예도 잇달았습니다. 라마누잔은 케임브리지 철학 학회와 런던 왕립학회의 회원이 되었고, 트리니티 칼리지의 성원fellow 자격을 부여받았습니다.

그럼에도 라마누잔은 영국에서 삶이 편안하지 않았고, 위중한 건강 문제와 싸워야 했습니다. 그는 32세의 나이에―이제 수학계에서 저명하고 높은 존경을 받는 수학자가 되어―고향인 인도로 돌아갔고, 얼마 뒤 그곳에서 결핵으로 세상을 떠났습니다.

그가 몇십 년 더 살았더라면 어떤 놀라운 발견을 했을지 아무도 모를 일입니다. 어릴 적부터 빌린 수학책으로 그저 놀듯이 이런저런 몽상에 잠기는 대신, 엄격한 수학 형식주의 훈련을 받았더라면 어떻게 되었을까요. 더 훌륭한 수학자가 되었을까요? 하지만 되려 틀에 박힌 수학 수업이 그를 순순히 지루한 방정식이나 풀어 대는 아이로 만드는 바람에, 거리낌없이 창조성을 발휘해 수학의 진리를 구하는 일은 일어나지 않았을지도 모릅니다.

분명한 것은 감각적 직관과 정확한 논증이 서로 배척되지 않는다는 점입니다. 라마누잔의 예가 이를 분명히 보여 주지요. 새로운 생각이 다채롭게 터져 나오게끔 하는 창조적인 불꽃이 어디에서 피어나는지는 전혀 중요하지 않습니다. 때로 뛰어난 학문적 아이디어가 아주 갑자기 유성처럼 번뜩이기도 하고, 때로는 우리가 종이 위에 수식을 빼꼼히 끼적이며 뼈를 깎는 작업을 하는 중에 창조성이 쥐어 짜내지기도 하지요.

그러나 어떤 경우든 간에 자신의 창조적인 생각을 다른 사람들이 이해할 수 있게끔 만들어야 합니다. 무언가를 본인만 맞는다고 인식하는 건 아직 학문이 아닙니다. 다른 사람은 비슷한 창조적 아이디어로 그와 반대의 것이 옳다고 여길 수도 있지요. 그러면 이제 모든 반대 논거가 무력해지도록 자신의 생각이 옳음을 확실히 정리한 다음에야 일이 끝납니다.

논리적 사고의 기술

하지만 그렇게 논리적으로 사고하기는 쉽지 않습니다. 일상에서 우리는 보통 앞에서 뒤로 이어지도록 생각을 논리적인 순서로 배열하는 것에 그리 가치를 두지 않지요. 그보다는 유사점을 기초로 추리하는 유추 analogy 를 활용할 때가 많습니다. 우리는 비슷한 상황에서 비슷한 법칙이 적용될 거라고 봅니다. 물로 촛불을 끌 수 있으니 아마 물로 모닥불도 끌 수 있을 것이라고 생각하지요. 감자는 물에 넣고 삶으면 부드러워진다. 그러므로 순무도 물에 넣고 끓이면 부드러워질 것이다. 누군가가 내게서 초콜릿을 빼앗아 가면 나는 기분이 나쁘다. 그러므로 내가 소시지를 뺏었더니 강아지가 화나서 그르렁대는 것도 이해할 수 있는 일이다…….

유추는 학문을 할 때에도 종종 유용합니다. 유추는 우리 머릿속에서 이미지를(구체적인 상을) 만들어 내는 데에 도움이 됩니다. 행성들이 태양 주위를 도는 것과 비슷하게 원자 속에서는 전자들이 원자핵 주변을 돕니다. 이렇게 생각하면 어느 정도 이미지를 그려 볼 수 있지요. 하지만 이것은 논리적 설명이나 증명이 아닙니다. 전자들에게 행성은 아무래도 좋은 존재입니다. 전자들은 행성이 너희들도 나처럼 돌라고 강요해서 움직이는 것이 아니거든요.

어떤 학문적 생각을 전혀 다른 분야에 적용하는 유추는 특히나 까다롭습니다. 고전 물리학에서는 뉴턴의 작용 반작용 법칙을 말하면서, 어떤 힘이 작용할 때 그 힘에 대칭을 이루는 힘도 함께 작용한다고 이야기합니다. 각각의 힘은 크기가 같지만 작용 방향이 반대이지요. 해는 중력으로 지구를 끌어당기고, 지구는 같은 힘으로 태양을 반대 방향으로 끌어당깁니다. 책 한 권이 테이블 위에 놓여 있으면 그것은 아래쪽으로 테이블 상판에 압력을 행사하고, 테이블 상판은 같은 힘으로 밑에서 위로 책에 압력을 가합니다.

아이들에게 뭔가를 시키려고 할 때 아이들이 순전히 반감을 느껴 정확히 반대로 어깃장을 놓으면, 바로 이런 작용 반작용 법칙이 떠오를지도 모릅니다. 꾸벅꾸벅 조는 아이들을 부드럽게 들어올려 침대로 인도할라치면 아이들은 눈을 반짝 뜨고 쌩쌩해집니다. 아이들에게 크림소스에 버무린 시금치를 자꾸 흘리지 말라고 말하면, 아마 식탁보는 여기저기 거무튀튀한 얼룩으로 범벅이 될 것입니다.

이제 누군가가 아주 자랑스럽게 "그럴 수밖에! 뉴턴의 법칙에 따르면 작용에는 반드시 반작용이 따르거든!"이라고 말하면, 그것은 농담으로 받아들여질지 몰라도 결코 진지한 진술은 될 수 없습니다. 그도 그럴 것이 아이들의 반항적인 행동은 뉴턴 역학과 아무 관계가 없기 때문입니다. 어떤 면에서 한쪽이 다른 한쪽을 연상시킬지도 모릅니다. 하지만 둘 사이에 논리적인 연관은 존재하지 않습니다.

유사성에 기초한 유추는 우리 머릿속에서 굉장히 의미 있게 다가옵니다. 증명력이 없는데도 말이지요. 미신적인 사고에서는 곧잘 논리적 논증을 무시하고, 애초부터 그냥 유추로 만족합니다. 내 삶에는 좋은 시기가 있고 나쁜 시기가 있어. 그리고 하늘에서는 행성들이 어느 때는 이 별자리에, 어느 때는 저 별자리에 위치하지. 따라서 둘 사이에 관계가 있는 게 틀림없어! 내 커피포트가 전선이 망가져서 작동하지 않게 되었어. 그런데 그 순간 내 몸도 제대로 움직이지 않지 뭐야. 뭔가 에너지의 흐름에 장애가 생겼던 게 분명해! 양자 역학은 정말 헷갈리는 분야야. 그런데 인간의 의식도 굉장히 헷갈리는 대상이지. 그러니까 인간의 의식을 양자 역학으로 설명할 수 있어!

이 모든 것은 궤변일 따름입니다. 이런 말들을 통해서는 새로운 사실을 아무것도 배울 수 없습니다. 마치 전철이 어떻게 움직이느냐는 질문에, 원자 안에서는 전자가 원자핵 주위를 돌고 철도에서는 바퀴들이 돌아서 전철이 달린다는 대답처럼 말이지요. 이것은 설명이 아닙니다. 정확히 설명하고자 한다면, 전선을 통해 움직이는 전자들로부터, 그로 인해 전기 모터에서 만들어지는 역학적인 힘을 거쳐, 마지막에 바퀴를 돌리는 회전 모멘트에 이르기까지 논리적 다리를 연결할 수 있을 것입니다. 그러나 그런 다리가 지어지지 않는 한, 유추는 학문적 가치가 없습니다.

이는 우리가 수학을 열심히 공부할 좋은 이유입니다. 수학은 우리에게 정확한 논리로 나아가면 얼마나 멀리 갈 수 있는지를 보여 줍니다. 스스로 머릿속에서 질서를 잡을 수 있게 해 주지요. 명백한(이론의 여지가 없는) 연관들이 이어지며, 기본 가정과 논리적 규칙, 전제와 결론의 연결망을 바탕으로 세계를 파악할 수 있게 도와줍니다.

우리는 모두가 동의할 수 있는 아주 간단한 생각에서 시작하여, 그로부터 어떤 다른 아이디어가 이어질지를 사고할 수 있습니다. 한 걸음 한 걸음 하나의 진리로부터 다음 진리에 이르지요. 각각의 걸음은 간단하고 이해하기 쉽습니다. 제대로 한다면 우리는 순수한 직관으로는 결코 추측하지 못할 근사한 결과를 만날 수 있을 것입니다.

제3장

이 문장은 거짓이다

어떤 진술은 참도 거짓도 아닌 이유
논리적 논증으로 인생의 꿈을 짓밟은 이야기
가장 위대한 논리학자가 가장 비논리적 결론에 이른 경위

수학자는 결코 모든 것을 증명할 수 없다
그러나 모든 것을 증명할 필요도 없다

세비야의 이발사는 그 도시에서 스스로 면도하지 않는 모든 남자들을 면도해 줍니다. 그렇다면 세비야의 이발사 본인은 스스로 면도할까요, 아니면 하지 않을까요? 하지 않는다면, 그는 스스로 면도하지 않는 남자에 속하게 되어 세비야의 이발사인 자신에게 면도를 받아야 합니다. 하지만 면도를 한다면, 그는 스스로 면도하는 사람이니 세비야의 이발사에게 면도를 받을 수 없습니다. 이제 어떻게 할까요?

이 문제는 세비야의 이발사가 여성이라고 가정하면 우아하게 풀립니다. 하지만 어찌되었든 이런 유명한 사고 문제는 수학적 논리학에서도 때로는 모순에 부딪힐 수 있음을 보여 주지요. 어느 명제에서 문제가 드러날 때 우리는 어떻게 해야 할까요? 공리적·논리적 논증 방법이 유용하고 멋질지라도, 모순이 드러난다면 우리는 심각한 문제에 봉착하게 됩니다.

이런 모순은 새롭지 않습니다. 이미 고대에도 비슷한 모순을 알고 있었으니까요. "모든 크레타인은 거짓말쟁이다!"라고 그리스 철학자 에피메니데스Epimenides는 말했습니다. 이때 에피메니데스가 크레타 출신이 아니라면, 뭐 크레타인들에게는 좀 실례일지 몰라도 논리적으로 보면 문제가 없지요. 하지만 문제는 에피메니데스가 크레타 출신이라는 것입니다. 오, 맙소사! 그리하여 만약 그의 진술이 참이라면, 에피메니데스 또한 거짓말쟁이일 테니 모순이 빚어지지 않겠어요? 그리고 만약 진술이 거짓이라면, 그는 거짓말쟁이가 아니라 진실을 말하는 사람인데, '크레타인은(나는) 거짓말쟁이다!'라고 거짓 진술을 하였으므로 다시 거짓말쟁이가 되어 모순이 빚어집니다. 머리를 이리 굴리고 저리 굴려 봐도 어떤 의미 있는 결론에 이르지 못합니다.

이런 예에서 우리는 자기 자신에 대해 발언할 때 늘 조심해야 한다는 것을 알 수 있습니다. 마음껏 내뱉어도 무방한 발언도 물론 있지요. '이 문장은 여섯 개의 단어로 구성된다Dieser Satz besteht aus sechs Woertern'라는 문장은 맞습니다. '이 문장은 알파벳 A로 시작된다Dieser Satz beginnt mit dem Buchstaben A'라는 문장은 틀리고요. 둘은 논리적으로 문제가 되지 않습니다. 그러나 '이 문장은 거짓이다'라는 문장에는 진리값을 부여할 수 없습니다. 참도 아니고 거짓도 아닌 셈이지요. 이런 기이한 발언이 수학에서 등장할 수 있을까요? 그리고 그것은 수학의 신뢰성을 흔들까요?

버트런드 러셀, 그리고 인생의 업적을 무참히 내던져 버린 남자

1902년 고틀로프 프레게Gottlob Frege는 독일 예나 대학의 객원 교수로 일하면서 방대한 저작 《산술의 기본 법칙Grundgesetze der Arithmetik》 1, 2권을 완성했습니다. 프레게는 전에 게오르크 칸토어가 무한의 기이한 수수께끼를 풀고자 파고들었던 분야인 집합론 연구에 열을 올렸습니다. 프레게는 집합론에 쓰이는 새로운 형식 언어, 즉 계산하고 추론할 수 있는 기호와 규칙으로 이루어진 체계를 개발했지요. 단, 이것은 수를 계산하기 위해서가 아니라 논리적 진술을 증명하기 위해서였습니다. 그는 수학을 논리학으로 귀결시킬 수 있다고 보았습니다.

프레게의 책에 등장하는 집합들은 생각할 수 있는 가장 일반적이고 다면적인 수학 개념입니다. 집합은 단순히 대상들의 모임입니다. 가령 고틀로프 프레게의 콧구멍의 집합은 정확히 두 원소를 갖습니다. 어떤 집합은 '홀수의 집합'처럼 원소가 무한히 많을 수도 있고, 반면에 가령 '고틀로프 프레게의 귀에 달린 콧구멍의 집합'처럼 원소가 전혀 없을 수도 있지요. 원소가 하나도 없는 집합을 공집합 empty set 이라고 합니다.

물론 한 집합이 다른 집합의 원소일 수도 있습니다. 1에서 10까지의 자연수로 구성할 수 있는 모든 집합의 집합처럼요. 간단하게 예를 들자면, (순서를 고려하지 않고) 1에서 3까지 자연수로 구성할 수 있는 집합은 {1}, {2}, {3}, {1, 2}, {1, 3}, {2, 3}, {1, 2, 3}으로 총 여섯 개입니다. 이를 하나로 묶은 것이 '집합의 집합'입니다. 이런 개념은 언뜻 보면 그냥 당연해 보입니다. 그러나 수학의 기본 구성 요소를 정확히 기술하려 할 때 이것은 어마어마하게 중요해집니다.

프레게가 예나에서 집합론에 대해 생각에 생각을 거듭하는 동안, 영국에서는 젊은 철학자 버트런드 러셀이 아주 비슷한 질문에 골몰하고 있었습니다. 그런데 그 와중에 러셀은 기이한 문제에 봉착했습니다. '자신을 포함하지 않는 모든 집합의 집합을 구성하면 무슨 일이 일어날까?'라는 생각이 들었지요. 이런 집합은 자신을 구성 요소로 포함할까요, 포함하지 않을까요? (자신은 집합임을 숙지하고 '자신을 포함하지 않는다'는 조건에 주목하여 생각해 봅시다.) 이 집합이 만약 자신을 구성 요소로서 포함한다면, 조건상 자신을 포함해서는 안 되는데 그렇게 해 버렸다는 것이고, 자신을 포함하지 않는다면, 조건을 충족하여 어쩔 수 없이 스스로 포함되는 사태가 발생합니다. 에피메니데스의 거짓말쟁이 역설과 세비야의 이발사 이야기처럼 모순에 이르지요. 버트런드 러셀은 고틀로프 프레게에게 편지를 보내 수리 논리학이 해결할 수 없는 이런 문제를 언급했습니다.

프레게는 깊은 충격을 받았습니다. 이 젊은 영국인이 옳구나! 프레게의 《산술의 기본 법칙》이 이미 인쇄에 들어간 상태에서 케임브리지의 새파란 학자 러셀이 편지를 보내어, 프레게가 오랜 세월 구축해 온 사상의 집을 무너뜨릴 단 한 가지 질문을 던진 셈입니다. 그런 내적 모순을 허락한다면, 프레게의 집합론이 그가 꿈꾸었던 수리 논리학적 토대가 되지 못할 것이 틀림없었지요.

프레게는 책에 부연 설명을 덧붙였습니다. "학술 저자가 연구를 마무리한 뒤 자신이 지은 사상적 구조의 토대가 흔들리는 경험을 하는 것보다 더 달갑지 않은 일은 없을 것이다. 이 책의 인쇄가 거의 막바지에 이를 무렵, 버트런드 러셀 씨의 편지는 나를 이런 지경에 몰아넣었다." 프레게는 결국 절망한 나머지 그의 커다란 프로젝트에서 손을 떼고 말았습니다.

하지만 다른 수학자들은 프레게가 하던 연구를 계속하고자 했고,

버트런드 러셀은 수리 논리학 분야를 선도하는 연구자가 되었습니다. 러셀은 프레게의 생각에 기초하여 수학의 근본적 토대를 아주 세세하게 분석했습니다. 수학에서 일말의 의심도, 눈꼽만 한 불명확함(모호함)도, 조금의 모순도 남기지 않으려 했지요. 모든 것이 명확한 논리에 근거해야 했습니다. 버트런드 러셀은 동료인 앨프리드 화이트헤드Alfred Whitehead와 함께 수학의 기초를 기술한 세 권짜리 저서 《수학 원리Principia Mathematica》를 출간했습니다.

《수학 원리》에 등장하는 한 가지 증명은 특히나 유명해졌습니다. 두 저자는 많은 페이지에 걸쳐 논리적 기호와 방정식을 다룬 뒤, 1+1=2라는 결과에 도달합니다. 전에도 1 더하기 1의 값이 2임을 다들 당연히 예상하긴 했지만, 러셀과 화이트헤드 이래로 우리는 계산 결과 다른 값이 나올 수는 없음을 알게 되었습니다. 그러나 이런 인식을 제대로 따라잡으려면 약간의 지구력이 필요합니다. 1910년에 나온 《수학 원리》 초판본을 공부하는 사람은 이 증명이 끝나는 379쪽까지 굉장히 골머리를 싸매야 합니다.

이 모든 수고가 정말로 보람이 있을까요? 고틀로프 프레게를 절망의 나락으로 내몬 성가신 집합론을 그냥 건너뛰어 버리는 것이 영리하지 않을까요? 당대 국제 수학의 아버지나 마찬가지였던 다비트 힐베르트에게 그것은 말도 안 되는 일이었습니다. 그는 여전히 칸토어의 집합론을 좋아했습니다. 힐베르트는 "칸토어가 우리에게 마련해 준 낙원에서 아무도 우리를 몰아낼 수 없을 것"이라고 확신했지요. 이제 힐베르트에겐 그 어느 때보다도 수학의 무모순성을 입증하는 것이 중요해 보였습니다.

이미 1900년에 파리에서 수학의 가장 주요한 과제로 천명했던 이런 목표를, 다비트 힐베르트는 1920년대에 다시금 수학에서 무엇보다 중요한 프로젝트로 선언했습니다. 이 위대한 과제는 '힐베르트 프로그램Hilbert's program'이라는 이름으로 역사에 남았습니다. 이 프로그램은 수학을 커다란 형식 체계로서 재정의해야 한다는 내용을 담고 있습니다. 그 엄격한 체계는 서로 연관된 두 가지 중요한 특성이 있는데 첫째 무모순성, 둘째 완전성입니다.

무모순성은 힐베르트가 1900년에 요청했던 특성입니다. 어떤 명제가 참이라면 그에 배치되는 명제는 참일 수 없으며, 두 사람이 같은 수학 문제를 풀면서 둘 다 실수하지 않는다면 그들은 서로 다른 모순적 결과에 이를 수 없다는 것이지요.

힐베르트 프로그램에는 무모순성과 마찬가지로 중요한, 또 하나의 중대한 요청이 덧붙여졌습니다. 바로 수학이 완전함을 증명해야 한다는 것입니다. 즉, 참인 모든 명제는 증명이 가능하며, 거짓인 모든 명제도 그것이 거짓임을 증명할 수 있다는 의미입니다. 높은 나무에 달린 체리를 따기 위해 어느 가지든, 어느 체리든 확실하게 닿을 수 있는 높은 사다리를 가지고 싶어 하듯—공리에 근거한 논리적 증명을 통해—수학의 모든 진리에 확실히 닿을 수 있는 기본 원칙을 갖고 싶어 했던 것이지요. 모든 임의의 명제를 기계 속에 집어넣어, 명확히 정의된 논리적 규칙에 따라 어떤 문장이 참인지 거짓인지를 계산할 수 있으면 가장 좋을 텐데 말입니다.

쿠르트 괴델과 힐베르트 프로그램의 무산

희망에 찬 설렘과 열광적인 비전이 교차하던 시대였습니다. "우리는 알아야 한다—우리는 알게 될 것이다!" 힐베르트의 슬로건으로, 훗날 그의 묘비에도 이 문장이 새겨질 터였지요. 수학은 공식이나 수 같은 대상을 논리적으로 탐구할 뿐 아니라, 수학 자신도 그렇게 연구하기 시작한 참이었습니다. 수학으로 무엇을 밝혀 낼 수 있는지를 역시나 수학적으로 규명하고자 했습니다. 그 과정에서 수학의 중요한 기본 개념들이 어떻게 서로 연결되어 있는지, 증명이란 대체 무엇을 의미하는지가 훨씬 더 명확하게 보이기 시작했지요. 바야흐로 논리학의 황금시대였습니다.

그런데 이런 성공의 시대 한가운데에서, 그 위대한 목표에 한 걸음 한 걸음 다가가고 있다는 생각이 들 무렵, 갑자기 모든 것이 변했습니다. 1931년, 저명한 수학자 다비트 힐베르트의 꿈은 산산조각 나고, 힐베르트 프로그램은 돌이킬 수 없이 돌연 물거품이 되어 버리고 말았습니다. 힐베르트의 꿈을 무산시킨 장본인은 바로 쿠르트 괴델_{Kurt Gödel}이라는 오스트리아 빈 출신의 괴짜 청년이었지요.

쿠르트 괴델은 20세기의 위대한 천재 중 하나였지만, 쉽지 않은 삶을 살았습니다. 1906년 체코의 브르노에서 태어난 그는 어릴 적부터 불안증에 시달렸습니다. 자신의 심장에 문제가 있다고 상상했지만, 의학적으로는 아무 이상도 관찰되지 않았지요. 학생 시절에는 일찌감치 아주 복잡한 주제들에 몰두했고, 괴테·칸트·뉴턴의 저서를 읽었으며, 원래는 대학에서나 다룰 법한 수학 문헌을 끼고 살았습니다. 빈 대학에 들어가서는 이론 물리학을 공부하기 시작했으나, 얼마 안 가 자신은 오히려 수학이 적성에 맞음을 깨달았습니다.

당시 빈 대학에서는 논리학에 대한 토론이 많이 이루어졌습니다. 여러 훌륭한 자연 과학자와 철학자가 수학적 정확성과 단순한 공리, 명확한 규칙으로 의심할 수 없는 진리에 이를 가능성에 매료되었고, 고틀로프 프레게, 버트런드 러셀, 다비트 힐베르트, 그 외 여러 수학자에 대해 토론했습니다.

이런 분위기 속에서 쿠르트 괴델이 힐베르트가 요구한 모순 없고 완전한 수학을 연구 과제로 삼았던 건 놀랄 일이 아닙니다. 하지만 연구 끝에 괴델은 힐베르트 프로그램을 수포로 돌아가게 할 결과에 봉착하고 맙니다. 그는 힐베르트의 커다란 꿈이 원칙적으로 이루어질 수 없음을 증명해 내었습니다. 최소한 자연수론을 개진할 만큼 강력한 모든 수학 체계는 '참이지만 공리로는 결코 증명할 수 없는' 명제들을 어쩔 수 없이 허락한다는 것이었지요. 조망 가능할 만큼 적은 수의 기본 가정들로부터 모든 참인 진술을 한 걸음 한 걸음 완전하게 추론하는 수학은 결코 존재할 수 없습니다.

이는 상당히 추상적으로 들리는 말이기에 '어떻게 그런 걸 증명할 수가 있지?' 하고 의아하다는 생각이 들지도 모릅니다. 우리는 학교에서 가령 피타고라스의 정리 같은 특정 수학 법칙을 어떻게 증명하는지 배웠습니다. 하지만 수학적 증명 자체의 불완전성을 어떻게 증명할 수가 있단 말인가요? 또는 특정 명제가 증명 불가능하다는 사실을 어떻게 증명할 수가 있단 말일까요? 쿠르트 괴델은 기발한 아이디어로 이런 증명에 성공했습니다. 그는 숫자나 변수뿐 아니라 수학 명제들을 가지고 계산하는 법을 찾아내었지요.

논리학에서는 수의 특성을 알려 주는 진술을 종종 접합니다. 가령 '임의의 모든 자연수 x, y에 대해 x 더하기 y는 y 더하기 x와 같다'는 문장이 그렇습니다. 이런 문장은 논리학의 형식 언어를 이용해 간단한 공식으로 나타낼 수 있지요. 그런데 괴델은 수에 대한 진술을 다시금 하나의 수로 바꿀 수 있음을 깨달았습니다. 논리학에서 사용하는 각각의 기호에 적절하게 수를 부여하고, 그것을 커다란 수로 합치기만 하면 되었습니다.

과히 신비스러운 일은 아닙니다. 디지털 시대에 우리는 대부분 임의의 내용을 수로 코딩하는 것에 익숙합니다. 휴가 때 찍은 사진도, 좋아하는 음악도 컴퓨터에 기다란 수로 저장되지 않는가요? 이와 비슷하게 모든 수학적 진술에도 수를 부여할 수 있습니다. 이것이 소위 '괴델수 Gödel number'입니다.

이런 적절한 부호화를 마치면, 많은 수를 수학 명제로 읽을 수 있습니다. 기다란 수학적 증명은 무지막지하게 큰 수를 괴델수로 갖지요.

수와 수학적 문장이 서로 직접 호환된다면, 이제 수학의 언어로 수학에 대해 이야기할 수 있습니다. 수에 대한 진술뿐 아니라, 가령 '자연수 n은 명제 S의 증명에 대한 괴델수가 아니다'와 같은 명제에 대한 진술을 수학적으로 구성할 수 있게 됩니다. 그리고 이런 진술도 괴델수로 변환할 수 있고요.

그러나 수학 명제로 수학 명제가 설명 가능해지면, 여기서도 다시금 내적 모순이 빚어질 위험이 생겨납니다. 크레타인 에피메니데스가 모든 크레타인은 거짓말쟁이라고 주장했던 것과 비슷하게 말이지요. 쿠르트 괴델은 '어떤 수도 지금 이 진술의 증명에 대한 괴델수가 될 수 없는' 진술을 구성하는 데에 성공했습니다. 그 진술은 자기 자신을 두고 '나는 증명이 불가능하다'고 주장합니다.

이런 명제는 참이거나 거짓이어야 합니다. 그런데 '나는 증명이 불가능하다'라는 명제가 거짓이라면, 이는 그 진술이 증명 가능하다는 뜻이 되고, 그러면 거짓 명제가 참임을 밝힐 수 있게 되어 내적 모순이 발생합니다. 반대로 이 명제가 참이라면, 이것은 정말로 아무리 애써도 결코 증명할 수 없는 진술이 존재한다는 뜻이 됩니다. 논리학적으로 그 증명은 결코 존재할 수 없는 셈이지요.

이로써 괴델의 유명한 제1 불완전성 정리는 (쉬운 말로 표현하자면) 다음과 같습니다. '모든 논리 체계(최소한 자연수론을 포함할 정도로 강력한 논리 체계)는 모순적이거나 불완전하다.' 괴델은 이로부터 한 걸음 더 나아가 제2 불완전성 정리도 유도해 냅니다. 바로 '모순이 없는 체계는 자신의 무모순성을 증명할 수 없다'라는 것입니다.

쿠르트 괴델은 만 25세도 채 안 된 나이에 세계 수학계를 발칵 뒤집어 놓았습니다. 그의 불완전성 정리는 굉장한 주목을 받았습니다. 특히 미국 수학계에서 열광했고, 위대한 수학자이자 정보학의 선구자 존(요한) 폰 노이만 John(Johann) von Neumann 이 각별한 관심을 보였습니다. 괴델은 여러 번 미국으로 여행을 다니며 프린스턴 고등연구소를 방문했으며, 빈과 괴팅겐에서 강의를 했습니다.

쿠르트 괴델은 대학생 시절에 아델레 포르케르트 Adele Porkert 를 알게 되었습니다. 그녀는 빈의 나이트클럽 댄서로 괴델보다 여섯 살 연상이었으며 기혼이었지요. 아델레 포르케르트는 이혼하고서 1938년에 괴델과 결혼했습니다. 이 모든 행복에도 불구하고 괴델은 당시에 심한 정신적 불안과 싸워야 했습니다.

게다가 고국의 정치 상황은 점점 나빠져만 갔습니다. 나치가 권력을 잡고, 판단 능력이 없는 멍청한 정치인들이 비인간적이고 불의한 법안을 통과시키며 권력을 휘두르는 바람에, 우주의 놀라운 법칙을 연구하던 천재 과학자들은 줄줄이 망명길에 올랐습니다.

괴델은 정치에 별 관심이 없었으나 거리에서 무례하기 짝이 없는 나치들의 공격을 받은 뒤에는 그도 더이상 참을 수 없는 지경에 이르렀습니다. 이미 유럽에 제2차 세계대전이 한창이던 1940년, 쿠르트 괴델과 그의 아내 아델레는 피신에 성공했습니다. 미국 친구들의 도움으로 시베리아를 거쳐 미국으로 입국했고, 프린스턴에 새로운 거처를 정했지요. 괴델의 친구 오스카 모르겐슈테른Oskar Morgenstern이 빈의 상황이 어떤지 묻자, 괴델은 정치에 대해서는 한 마디도 하지 않은 채 "커피가 형편없어"라고만 대답했습니다. 모르겐슈테른은 그의 일기에 이렇게 적었습니다. "괴델은 재밌다. 심오함과 세상 물정에 어두운 어수룩함이 묘하게 뒤섞여 있다."

쿠르트 괴델은 프린스턴에서 알베르트 아인슈타인과도 알게 되었습니다. 두 사람은 몇 가지 공통점이 있었지요. 우선 둘 다 천재였습니다. 아인슈타인은 스물다섯에 특수 상대성 이론을 발표하면서 물리학의 토대를 뒤흔들었고, 괴델도 거의 같은 나이에 수학의 토대를 뒤흔들었습니다. 그 뒤 아인슈타인은 다비트 힐베르트와 거의 동시에 일반 상대성 이론의 기본 방정식을 연구했고, 결국 이 위대한 수학자보다 앞서 식을 도출해 내었습니다. 괴델 역시 다비트 힐베르트와 동시에 형식 체계의 완전성 문제를 연구했고, 결국 이 위대한 수학자의 꿈을 산산조각 내 버렸지요. 아인슈타인과 괴델은 절친이 되었습니다. 오스카 모르겐슈테른이 나중에 회고한 바에 따르면, 아인슈타인은 자신이 연구소에 나오는 이유가 괴델과 퇴근길을 함께 걷는 특권을 누리기 위해서라고 말했습니다.

그러나 두 친구는 여러 면에서 대조적이기도 했습니다. 아인슈타인은 정치에 관심이 많은 지식인이자 국제적인 스타였으며, 계몽주의의 자연 과학적 세계상에 굳게 뿌리를 내린 이성적인 사고의 소유

자였습니다. 반면 괴델은 절대로 앞에 나서지 않은 채 골똘히 생각하는 스타일이었지요. 그는 초자연적인 것을 믿었고 비이성적인 두려움에 시달렸습니다. 세월이 흐르면서 점점 더 편집증 증세를 강하게 보이더니, 결국 독살될까 두려워 거의 아무것도 먹으려 들지 않았습니다. 아내 아델레의 사랑 넘치는 보살핌으로 겨우겨우 목숨을 부지하던 그는, 1977년 아내가 두세 달 병원에 입원하게 되어 괴델의 식사에 혹시 독이라도 들었나 미리 맛보지 못하게 되자, 모든 먹거리를 거부했습니다. 그러고는 체중이 약 30킬로그램이 되어 병원으로 실려 갔지요. 수학사의 가장 위대한 논리학자는 1978년 1월 14일 아사하고 말았습니다.

논리학은 여전히 옳다

괴델이 불완전성 정리를 발표한 이래 수학의 세계는 달라졌습니다. 그가 바꾼 논리학 방법들은 오늘날까지 수학에서 중요한 역할을 맡고 있지요. 하지만 수학적 논리학을 일상에서 우리가 '논리'라고 부르는 것과 혼동해서는 안 됩니다. 무언가가 자명하고 간단할 때 우리는 그것이 "참 논리적이구나"라고 말합니다. 그렇게 이야기할 때는 보통 수학 공식을 말하는 것이 아니라, 쉽게 이해할 수 있는 일상적 타당성을 말하는 것입니다.

원래 논리학은 수학과 별로 관계가 없었습니다. 고대 그리스에서 논리학은 오히려 수사학의 한 분야로서, 옳은 논증을 궤변과 구별하게 해 주는 학문이었지요. '모든 인간은 죽는다. 소크라테스는 인간이다. 따라서 소크라테스는 죽는다.' 이것이 논리적으로 올바른 추론의 예입니다. '기발한 생각은 언제나 모순에 부딪힌다. 내 생각은 모순에 부딪힌다. 따라서 내 생각은 기발하다.' 이것은 비슷하게 들리긴 하지만 잘못된 추론입니다.

아리스토텔레스는 이런 유형의 논리적 추론에 몰두했습니다. 이를 '삼단논법'이라 부릅니다. 이러한 사고의 유희는 방정식이나 공식 같은 것을 적어 나가지 않아도 따라갈 수 있지요. 그냥 쉬운 일상어로도 충분합니다.

반면 수학적 논리학(기호 논리학 혹은 형식 논리학)은 일상적 발언에 국한된 학문이 아닙니다. 그것은 상당히 어렵고 추상적인 수학의 한 분야입니다. 수리 논리학자들은 특수 문자와 기호를 사용한 형식 언어를 개발했습니다. 학교에서 배우는 수학에서 방정식을 변환하여 마지막에 변수 값을 구하는 것처럼, 수리 논리학에서는 논리적 문장을 변환하여 새로운 원리를 도출합니다. 매 단계는 쉽게 이해할 수 있고 아주 단순한 기본 규칙을 따르지만, 마지막이 되면 의외의 새로운 인식에 도달하게 됩니다.

수리 논리학은 괴델이 살았던 시대에는 생각조차 못했던 학문에 특히 중요해졌습니다. 바로 현대 정보과학(컴퓨터 과학)에 말입니다. 오늘날에는 아주 자동적으로, 주어진 논리 규칙에 따라 특정한 수학적 진술을 증명해 내는 컴퓨터 프로그램이 있습니다. 다른 컴퓨터 프로그램의 오류를 찾는 컴퓨터 프로그램도 있고, 특정 코드가 논리적으로 가능한 모든 조건에서 올바른 결과를 제공하는지 증명하는 컴퓨터 프로그램도 있고요.

이 모든 것은 형식 논리학 덕분에 가능해진 놀랍고 유용한 진보입니다. 하지만 괴델이 수학 체계의 불완전성을 논리적으로 증명했다는 사실을 잘못 받아들이는 사태가 곧잘 벌어집니다. 어떤 사람들은 괴델의 불완전성 정리가 수학이 모호하고, 불명확하고, 신비적인 데가 있음을 보여 준다고 해석합니다. 이는 물론 완전히 틀린 해석입니다. 논리학은 비의적이고 신비주의적인 세계상에 접목될 수 없습니다.

괴델이 불완전성 정리로, 수학이 어느 때라도 와르르 무너질 수 있는 불안정하고 구멍이 숭숭 뚫린 구조물임을 입증한 것일까요? 아니요, 그렇지 않습니다. 논리학이 늘 옳지는 않다고, 또는 정확한 증명이 결코 가능하지 않다고 주장한 것일까요? 아닙니다. 그는 결코 그런 말도 안 되는 생각을 하지 않았습니다. 괴델이 참인 명제나 거짓인 명제 따위가 정말로 존재하는지 의심했던 것일까요? 아니지요. 그랬더라면 그는 역사적으로 중요한 학자가 아니라 오래전에 잊힌 괴짜가 되었을 겁니다.

예나 지금이나 참인 진술이 있고 거짓인 진술이 있습니다. 평면 위에 있는 정삼각형의 모든 각은 60도라는 진술은 참입니다. 48이 소수라는 진술은 거짓이고요. 둘을 증명할 수 있습니다. 진술에 괴델수를 부여하여 상황이 더 복잡한 진술도 기호로 표시할 수 있다는 사실은 이것과 아무 상관이 없습니다. 논리적으로 증명된 진술은 괴델 이전이나 이후에나 마찬가지로 확고부동한 사실입니다. 참인 진술에서 새로운 진술을 논리적으로 추론하는 경우 이 새로운 진술 역시 참이라는 사실에는 의심의 여지가 없습니다.

다만 우리는 참이지만 결코 증명할 수 없는 진술도 있음을 받아들여야 합니다. 수학에서는 놀랍도록 많은 것을 증명할 수 있습니다. 소수가 무한히 많다는 것도 증명할 수 있지요. 하지만 증명을 찾을 때까지 오랜 세월 그냥 추측으로 남는 것들도 있습니다.

가령 '2보다 큰 모든 짝수는 두 소수의 합이다'라는 진술은 소위 '골드바흐의 추측 goldbach's conjecture'이라 불리며 오래전부터 추측으로 남아 있었습니다. 6은 3 더하기 3이고, 8은 5 더하기 3이며, 24는 13 더하기 11이지요. 수십억 개의 짝수를 두 소수의 합으로 나타내는 방법을 최소 한 가지 이상 찾을 수 있습니다. 하지만 이 추측이 무한에 이르기까지 모든 수에 통하는지는 오늘날까지 증명되지 않았습니다.

젊은 시절 다비트 힐베르트는 골드바흐의 추측이 모든 짝수에 적용되는지, 아니면 어떤 수에 이르러서는 그 추측에 위배되는지를 증명하는 일은 그저 시간문제일 따름이라고 확신했을 것입니다. 하지만 오늘날 우리는 그런 증명이 '존재하지 않을 수도 있다'(존재하지 않는다는 말이 아닙니다!-옮긴이)는 점을 잘 압니다.

이를 멋지게 생각하든 슬프게 생각하든 그건 개인 취향입니다. 괴델의 결과는 수학의 품격을 결코 떨어뜨리지 않으며, 수학이 이야기할 수 있는 것과 없는 것이 무엇인지를 가늠하는 우리의 시각을 더 예리하게 다듬어 줍니다. 천문학이 우리에게 그 빛이 결코 도달할 수 없기에 우리가 볼 수 없는 별이 많다고 이야기한다면, 그것은 이미 알려진 별들에 대한 지식을 평가 절하하는 말이 아닙니다. 그런 인식을 통해 우리가 앞으로 어떤 지식을 기대할 수 있는지, 영원히 어둠 속에 남을 지식은 무엇일지를 더 잘 이해할 수 있게 될 따름입니다.

제4장

더러운 유리컵과
순수한 진실

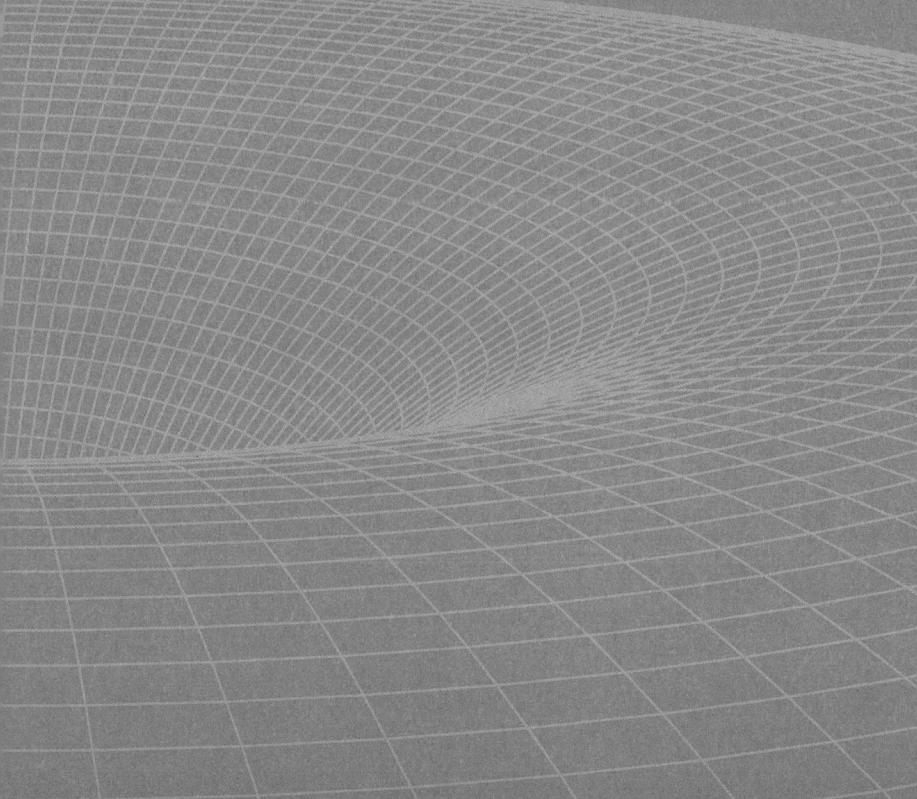

빈 학파가 완벽한 철학을 추구한 이야기
존재하지 않는 신비로운 복사선을 발견한 경위
노벨상 아이디어를 비둘기 똥으로 혼동한 이유

자연 과학은 언제나 관찰에 의존한다
그러나 우리의 관찰은 결코 완전하지 않다

이렇게 영리한 사람들이 모여 설거지를 하고 부엌을 청소한 일이 전에 또 있었던가요. 노벨상을 받은 닐스 보어 Niels Bohr 가 설거지를 맡았고, 역시나 노벨상 수상자인 베르너 하이젠베르크 Werner Heisenberg 가 더러워진 화덕을 청소해야 했습니다. 1933년 여러 물리학자가 모여 알프스 산장에서 스키 휴가를 보내며 집안일을 분담했습니다.

설거지하는 동안 닐스 보어는 이런 생각을 했습니다. '설거지는 상당히 기묘한 일이군. 더러운 행주로 더러운 물속에서 더러운 식기들을 씻는데 마지막에는 놀랍게도 그릇이 깨끗해져서 나온단 말이지.' 보어는 반짝반짝 빛나는 유리컵을 쳐다보며 이렇게 말했습니다. "철학자에게 이런 이야기를 하면 아마 믿지 않을 거야!"

이런 상황은 당시 알프스 산장에서 물리학자들이 토론했던 과학철학적 문제들을 상기시켰습니다. 과학 역시 가끔은 오염된 상황에 빠집니다. 불명확한 실험을 수행하고 불분명한 개념들을 활용하여 부정확한 결과를 개진하지요. 그럼에도 마지막에는 놀라운 방식으로 자연의 규칙을 명확하게 들여다볼 수 있습니다.

다만 문제는 그걸로 충분한가입니다. 마지막 결과가 어느 정도 깨끗해 보이는 한, 자연 과학에서 이런 불분명함과 타협하고 만족해도 좋을까요?

수학의 경우는 더 쉽습니다. 수학에서는 아주 복잡한 진술을 그 진실성에 한 치의 의심도 남지 않도록 최종적으로 완벽하게 증명할 수 있습니다. 그렇다면 모든 학문을 이런 정확도로 수행할 수 있지 않을까요? 논리학의 엄격한 규칙을 다른 학문 분야에도 적용하여 모두가 동의할 수밖에 없는 난공불락의 진리를 도출해 낼 수 있지 않을까요?

빈 학파

완벽한 학문을 추구하는 커다란 꿈은 1920년대와 1930년대 빈에서 아주 격렬히 논의되었습니다. 모리츠 슐리크Moritz Schlick, 루돌프 카르나프Rudolf Carnap 같은 철학자들을 위시한 '빈 학파'는 과학과 철학에 관심 있는 지식인들의 모임이었습니다. 젊은 쿠르트 괴델도 모임에 종종 참석했지요. 빈 학파는 볼츠만가街의 빈 대학에서 개최한 수학 세미나에 모여 함께 논리적·이성적·과학적 세계상을 구축하고자 했습니다.

빈 학파에 속한 학자들은 수학에서 단순한 기본 가정을 토대로 하여 명확하고 논리적인 규칙으로 나아갔기에 가능했던 커다란 진보들을 돌아보았습니다. 하지만 철학에서는 그와 비교할 만한 진보가 없어 보였지요. 철학에서는 수백 년 전에 이미 토론했던 문제들에 대해 여전히 왈가왈부하는 형편이었습니다. 우리가 무엇을 알 수 있을까? 어떻게 새로운 인식에 도달할 수 있을까? 개별적인 관찰로부터 어떻게 일반적으로 유효한 법칙에 이를 수 있을까? 이러한 질문들을 계속했습니다.

이것을 철학에서는 무언가가 단단히 안 풀리고 있다는 암시로 받아들여야 하지 않을까요? 철학이 그 자리에서 꼼짝달싹 못하는 상태라면, 철학의 기본 가정을 조금은 새로운 관점에서 생각해야 하지 않을까요? 철학의 논리적 연장을 일단 제대로 한번 연마해야 하는 것은 아닐까요?

빈 학파의 철학자들에게는 무엇보다 학문적 진술을 비학문적 진술과 명백하게 구별하는 일이 급선무로 보였습니다. 구별이 항상 쉽지는 않았습니다. 가령 '힘은 질량 곱하기 가속도다'라는 뉴턴의 제2 법칙처럼 명백히 학문적인 진술들이 있지요. '힘'이 무엇이고 '질량'이 무엇이며 '가속도'가 무엇인지 합의가 이루어지면, 이 문장은 우리가 서로 다른 물리량을 어떻게 환산해야 할지 분명히 말해 줍니다. 반면 '민주주의는 모든 통치 형태 가운데 가장 정의로운 제도다'라는 문장은 더 복잡합니다. 민주주의가 무엇인지를 정의할 수는 있겠지만, '정의로움'을 어떻게 측정하고, 비교할까요?

학문과는 전혀 무관한 문장들도 있습니다. '모든 존재자에겐 모든 곳에 편만한 우주 에너지가 스며들어 있다. 이 에너지가 우리 모두를 우주와, 우주를 우리 모두와 연결한다'라는 문장을 생각해 봅시다. 문법적으로는 올바릅니다. 하지만 이것이 무엇을 의미할까요? 여기에는 '에너지'와 '우주'라는 약간 학문적인 냄새를 풍기는 개념이 등장합니다. 하지만 이 문장은 전혀 참된 진술이 아닙니다. 이것은 '트랄랄라, 홉사사!' 혹은 '숫자 5가 다음 주 화요일에 짠맛이 나는지 한번 봅시다'라는 말과 비슷하게 유익한 정보를 아무것도 주지 않습니다. 하지만 어떤 문장이 유의미한 내용을 갖추었는지 어떻게 구별할 수 있을까요?

무의미한 쓰레기 더미 위에서

새롭고 논리적인 철학을 추구하는 과정에서 루돌프 카르나프와 빈학파의 동료들은 고틀로프 프레게나 버트런드 러셀과 같은 논리학자들에게서 영감을 얻었습니다. 빈 학파의 학자들은 자신들의 프로그램을 '논리 경험주의'라 칭했고, 학문적 실험과 논리적 분석의 결과들만을 받아들였습니다. 의미 있는 문장은 관찰로써 증명될 수 있는 것을 표현하거나, 관찰할 수 있는 것에서 논리적으로 도출되어야 합니다. 빈 학파는 그 외 모든 것을 '형이상학'이라고 부르며, 학문적으로 무가치하고 비과학적이라고 치부했습니다.

이는 상당히 급진적인 걸음이었습니다. 이런 기준으로 보자면 철학사의 상당 부분이 무의미한 쓰레기 더미가 되기 때문이었지요. '우주에 신적인 질서가 깔려 있는가?' 이런 질문은 논리 실증주의(논리 경험주의)적 원칙으로는 완전히 무의미합니다. 논리학이나 학문적 실험으로 그것을 어떻게 검증하겠어요? 논리적이고 정확한 진술만 허용된다면, 많은 질문에 대해서는 아예 토론할 수 없을 겁니다. 루트비히 비트겐슈타인Ludwig Wittgenstein의 표현을 빌리자면, 이야기할 수 없는(논할 수 없는) 것에 대해서는 침묵해야 합니다.

그러나 많은 위대한 철학자가 꼭 명쾌하고 논리적인 정리로 유명해진 건 아닙니다. 이를 보여 주는 특히 인상적인 예는 마르틴 하이데거Martin Heidegger 입니다. 하이데거가 남긴 문장 중에 "무nothing는 존재자 전체에 대한 절대적 부정이다"라는 말이 있습니다. 이것이 철학적 언어인지, 혹은 그냥 아무 말 대잔치인지 왈가왈부할 수 있을 테지요.

다비트 힐베르트가 이미 하이데거의 문장이 논리의 모든 근본 원칙에 위배된다며 웃음거리로 삼았던 적이 있습니다. 논리 실증주의자들에게 대人철학자 하이데거는 기껏해야 멀리해야 할 본보기에 불과했습니다. 카르나프는 이렇게 적었습니다. "나는 많은 전통적·형이상학적 명제가 무용지물일 뿐 아니라 아무런 내용도 말해 주지 않는다는 확신에 이르렀다. 그런 명제들은 아무것도 말하지 않으므로, 참도 거짓도 아닌 사이비 명제다."

하지만 빈 학파의 철학자들은 또한 모든 형이상학을 포기하는 것이 얼마나 어려운지를 곧 깨달았습니다. 부정확해 보이는 모든 것을 극도로 엄격하게 추리다 보면 원래는 지키고 싶은 생각들까지 폐기해 버리는 사태가 빚어지고 말았지요. 빈 학파는 루트비히 비트겐슈타인을 굉장히 존경했습니다. 그럼에도 비트겐슈타인의 주요 저서 《논리-철학 논고 Tractatus Logico-Philosophicus》가 명쾌하고 논리적인 철학인지, 아니면 그냥 형이상학일 뿐인지에 대해 합의가 이루어지지 않았습니다.

경제학자 오토 노이라트Otto Neurath는 특히 엄격했습니다. 어느 날

제4장 더러운 유리컵과 순수한 진실　93

빈 학파의 학자들이 모여 비트겐슈타인의 책을 한 문장 한 문장 읽어 내려 가는데, 노이라트는 줄곧 형이상학적인 부분을 찾아내며 매번 큰 소리로 불평을 해대는 것이 아니겠어요? 모리츠 슐리크는 노이라트 때문에 계속해서 독서가 끊기는 게 신경에 거슬려, 그에게 조금 자제해 달라고 부탁했습니다. 그러자 노이라트는 형이상학이라고 느껴질 때마다 "형이상학Metaphysik!"이라고 외치는 대신 그냥 "엠M!"이라고 하면 어떻겠느냐고 제안했습니다. 그러더니 뒤이어 하는 말이, 예외적으로 형이상학적이지 않아 보이는 몇 안 되는 문장이 끝났을 때 그냥 "논 엠non-M"이라고 외치는 게 더 낫겠다는 것이었습니다.

수학적 정확성은 정말 멋집니다. 그러나 엄밀히 말해 그런 정확성은 수학에서만 가능합니다. 자연 과학만 해도 어쩔 수 없이 부정확한 개념으로 만족해야 하는데, 하물며 철학은 어떻겠어요. 그럼에도 우리는 확실한 개념과 분명한 표현(정리)을 통해 가능하면 명확성에 이르도록 노력해야 합니다. 더러운 행주로 더러운 물속에서 더러운 그릇을 설거지하듯 말이지요. 그러면 완벽하지는 않을 테지만, 대체로 만족할 수 있는 결과가 나올 것입니다.

우리는 착각한다, 남들도 함께 착각한다

빈 학파 철학자들에게 어쨌건 한 가지는 확실했습니다. 바로 학문의 토대는 관찰이라는 것이지요. 단순히 직감만을 신뢰하는 사람 혹은 신탁이나 영감에 의존하려는 사람은 학문적으로 행동하지 못합니다. 우리는 감각으로 세계를 지각해야 합니다. 이것은 쉽게 들리지만, 상당히 어려운 일입니다. 우리는 주변 세계를 오류 없이 순수하게 지각하지 못하니까요. 우리의 감각은 완벽하지 않고, 우리의 두뇌는 지각을 해석하면서 늘 실수를 범하며, 우리의 기억은 많은 것을 사실과 다르게 저장합니다.

감각적 착각(오지각)은 아주 일상적으로 일어납니다. 우리의 지각을 속이기는 상당히 쉽습니다. 달이 지평선 근처에 낮게 떠 있으면 평소보다 훨씬 크게 보이는 착시도 하나의 예입니다. 무슨 물리적 이유 때문에 달이 실제로 커진 것은 아닙니다. 측정해 보면 달은 늘 크기가 같지요. 하지만 그 사실을 얼마나 자주 환기하는가와는 상관없이 우리 뇌의 의견은 다릅니다.

우리가 일상에서 감각적 착각을 확인하기 위해 굳이 착시 현상으로 머리를 어지럽게 할 필요도 없습니다. 우리의 지각은 일상적 과제에서도 좌절하기 일쑤입니다. 원래라면 우리는 그런 일을 잘 수행하도록 진화했어야만 하는데 말이지요.

미국 심리학자 대니얼 사이먼스Daniel Simons와 대니얼 레빈Daniel Levin은 1998년 신기한 실험 결과를 공개했습니다. 실험은 간단했습니다. 한 학자가 약간 혼란스러운 눈빛으로 손에 시내 지도를 들고 코넬 대학 캠퍼스를 이리저리 거닐다가, 무작위로 찍은 행인에게 다가가 길을 묻습니다. 그런데 이 학자와 행인이 이야기하는 도중에, 갑자기 커다란 문짝을 들고 지나가던 일꾼들이 무례하게 두 사람 사이로 끼어드는 게 아니겠어요?

바로 지금이 결정적인 순간입니다. 문짝이 길을 알려 주는 행인의 시야를 가리는 짧은 순간에 학자는 문짝 뒤에 몸을 숨긴 채 가 버리고, 대신 일꾼 중 한 사람이 손에 똑같은 지도를 들고 그 자리에 서서 마치 행인에게 원래부터 말을 걸었던 사람인 양 자연스럽게 대화를 이어갑니다.

원래 말을 건 사람과 새롭게 교대한 사람은 서로 그다지 비슷하게 생기지 않았고, 키도 상당히 다르며, 옷차림도 퍽이나 달랐습니다. 그럼에도 행인의 절반 이상은 무언가가 이상하다는 걸 알아채지 못했지요. 몇 초 전에 전혀 다른 사람과 대화했었다는 걸 깨닫지 못한 채 이야기를 계속했습니다.

우리가 대화 중에 상대가 바뀌어도 알아차리지 못한다면, 하물며 매일매일 한 치의 의심 없이 아주 확신에 찬 가운데 얼마나 많은 오류를 범할까요?

법정에서 목격담은 중요한 역할을 할지도 모릅니다. 하지만 과학적으로 그것은 약한 증거입니다. 탐험에서 돌아와 네스호 괴물을 목격했다고 단언한다 해도 전문가들은 별로 혹하지 않을 것입니다. 학문적 진리를 찾으려 할 때 우리는 다른 사람들의 관찰이나 기억을 믿어서는 안 됩니다. 스스로의 관찰이나 기억도 신뢰해서는 안 되겠지요.

르네 블롱들로와 신비한 N선

관찰뿐 아니라 측정도 한다면, 우리의 학문적 작업은 한결 더 믿을 만해집니다. "측정할 수 있는 건 측정하고, 측정할 수 없는 건 측정할 수 있도록 만들어야 한다"라는 말이 있습니다. 갈릴레오 갈릴레이 Galileo Galilei 가 한 말로 인용되곤 하지만, 아마 갈릴레이가 정말로 그런 말을 하진 않았을 겁니다. 그럼에도 이 말은 옳습니다. 객관적인 수치는 속을 위험을 대폭 줄여 줍니다. 우리는 요리 레시피에서 그것을 익히 경험하지요. 양을 나타내는 표시로서 '100그램'이 '두 줌'보다 더 유용합니다.

우리 스스로는 유감스럽게도 아주 형편없는 측정기입니다. 어떤 사람들은 마술 지팡이를 가지고 수맥이나 광맥을 찾습니다. 어느 순간 마술 지팡이가 움직여서 땅속에 물이 흐른다는 사실을 알려 준다고 말이지요. 하지만 이것은 신빙성이 없습니다. 지팡이로 맥을 찾는 사람들을 같은 장소에 여럿 보내면, 이들이 찾는 수맥이나 광맥은 제각각입니다. 마술 지팡이가 진짜 무언가를 측정하는 것이 아니라, 단지 개인적인 육감이 작용하는 것이지요. 지팡이로 수맥을 찾는 사람의 기대감이 무의식적으로 약간 손을 움직이게 하고, 이것이 지팡이가 눈에 띄게 움찔거리도록 만듭니다.

어떤 사람들은 근심 어린 낯빛으로 하늘을 올려다보며 비행기가 남긴 하얀 선을 유심히 살핍니다. 그것이 소위 '켐트레일 chemtrail'이라면서 말입니다. 즉, 어두운 세력의 지시로 공중에 살포된 유해 화학 물질이 만든 구름이라고 주장합니다. 화학적·물리학적·기상학적 측정기로 연구해 보면, 그것은 그냥 과학으로 쉽게 설명할 수 있는 평범한 비행운임이 확인됩니다. 하지만 자신의 눈만 측정기로 활용하고 다른 모든 것을 무시해 버리면, 두려움과 좌절, 편집증의 소용돌이에 쉽게 휘말립니다.

따라서 우리는 측정 도구를 사용해야 하고, 결과를 읽고서 그것을 정직하게 받아 적어야 합니다. 하지만 그렇게 하는데도 놀라운 자기기만의 덫에 걸려들 수 있습니다. 대단한 학자도 그런 실수를 저지른다는 걸 신비한 N선 이야기가 보여 줍니다. 이 이야기는 과학사에서 특기할 만한 오류 중 하나이지요.

20세기 초에는 방사선 물리학 연구가 한창이었습니다. 빌헬름 뢴트겐 Wilhelm Röntgen이 신비한 'X선'—X선은 뢴트겐의 이름을 따 뢴트겐선이라 불리기도 합니다—을 발견하여 최초로 노벨 물리학상을 수상했습니다. 프랑스에서는 앙리 베크렐 Henri Becquerel이 우라늄염으로 뢴트겐선을 찾는 실험을 하다가 우연히 방사능을 발견했지요. 이어 위대한 여성 과학자 마리 퀴리 Marie Curie가 그 현상을 물리학적으로 규명해 내었고, 1903년 자신의 남편 피에르 퀴리 Pierre Curie 그리고 베크렐과 공동으로 노벨 물리학상을 수상했습니다.

프랑스 낭시 대학교의 저명한 물리학자 르네 블롱들로 René Blondlot도 당시 방사선을 연구했습니다. 그러던 어느 날 그가 백금선을 가열하여 가스불에 가져다 대자 불이 약간 더 밝아지는 게 아니겠어요? 그때까지 알려진 자연 법칙으로는 이런 현상을 도저히 설명할 수가 없었던 블롱들로는 새로운 방사선을 발견했다는 결론을 내렸습니다. 그리고 대학 도시 낭시의 이름을 기려 그것을 'N선N-ray'이라 이름 지었지요.

물론 N선을 발견한 것으로 일은 끝나지 않았습니다. 르네 블롱들로는 이후 이 현상을 상세히 규명하고자 했고, 곧 백금뿐 아니라 다른 많은 물질이 N선을 방출한다는 사실을 확인했습니다. 나아가 N선이 분산된다는 것도 관찰했고요. 빛을 유리 프리즘에 투과시키면 무지갯빛으로 분산되듯이, 블롱들로는 N선을 알루미늄 프리즘에 투과시켜 N선 스펙트럼을 얻었습니다. 그러고는 예전에 가스램프의 빛 스펙트럼에서 발견했던 것처럼 N선 스펙트럼에서도 특징적인 선을 발견했습니다.

이런 발견은 학계에 비상한 관심을 불러일으켰고, 곧 여기저기서 N선을 연구하기 시작했습니다. 여러 연구소에서 블롱들로와 비슷한 실험을 하여 비슷한 결과를 내었고, 곧 N선을 주제로 한 학술 논문이 쏟아져 나왔습니다. 하지만 여러 물리학자는 여전히 N선의 존재에 회의적이었습니다.

독일의 황제 빌헬름 2세의 귀에도 프랑스 물리학자가 발견한 범상치 않은 N선에 관한 이야기가 들어갔고, 워낙 과학에 관심이 많던 황제는 베를린에 있던 연구자 하인리히 루벤스Heinrich Rubens에게 이런 현상을 좀 연구해서 알려 달라고 했습니다. 하지만 루벤스는 N선을 관찰할 수 없었습니다. 루벤스는 블롱들로가 했던 실험을 재현해 보려고 2주 동안 애썼지만, 결국 그는 황제에게 N선을 발견하지 못했노라고 털어놓을 수밖에 없었지요. 유럽에서 민족주의가 날로 거세지던 시대에, 이것은 루벤스 개인의 실패일 뿐 아니라 독일 과학계에 조금 유감스러운 일로 느껴졌습니다.

하지만 다른 나라에서도 기이한 N선이 과연 존재하는지 확신하지 못하는 연구자들이 여전히 있었고, 의심을 불식하기 위해 로버트 우드Robert W. Wood라는 물리학자가 낭시로 파견 연구길에 올랐습니다. 로버트 우드는 블롱들로 연구실로 가서 N선에 대해 정확히 알아보고자 했습니다. 우드는 미국인이었기에, 프랑스와 독일의 연구 분쟁에서 편파적이지 않은 심판 역할을 할 수 있을 것으로 여겨졌습니다.

로버트 우드는 측정 기기를 면밀히 검토했고, 르네 블롱들로는 자신의 실험을 선보였습니다. 작은 가스불이 점화되었고, 블롱들로의 N선 이론에 따르면 N선과 만날 때마다 가스 불꽃이 조금 더 밝아져야만 했지요. 하지만 우드는 불꽃에서 전혀 차이를 분간할 수 없었습니다. 그때 블롱들로는 전혀 흔들리지 않고서, 우드의 눈이 그것을 구별할 만큼 예민하지 못한 것 같다고 말합니다. 우드는 다른 방법을 제안했습니다. 자신이 무작위로 N선을 때로는 차단하고 때로는 가스불에 닿도록 통과시킬 테니 블롱들로 당신이 밝기 변화를 가늠해 보면 어떻겠냐고 말입니다. 블롱들로는 그렇게 하자고 했습니다. 하지만 블롱들로의 관찰은 거의 다 빗나가고야 맙니다. 종종 우드가 N선을 차단했는데도 밝기의 변화를 감지했다고 대답했지요.

이 시점에 이미 로버트 우드는 신비한 N선이 물리학이 아닌, 바로 관찰자의 광시증(어둠 속에서 불빛이 보이는 것처럼 느끼는 증상-옮긴이) 및 심리적 기대와 관계가 있음을 알아챘습니다. 하지만 그는 블롱들로에게 N선에 관한 가장 인상적인 실험을 재현하도록 했습니다. 알루미늄 프리즘으로 선을 분산시키는 것이었지요. 블롱들로는 평소 해 오던 대로 N선을 프리즘에 투과시켰고, 스펙트럼의 특징적인 선들을 측정했습니다. 블롱들로는 전혀 어려움 없이 예전의 실험에서 늘상 했던 것처럼 전형적인 측정값을 읽어 내는 듯 보였습니다.

하지만 블롱들로는 중요한 점을 간과했습니다. 사실 블롱들로가 못 보는 틈을 타 우드가 실험 기기에서 알루미늄 프리즘을 제거한 참이었지요. 그리하여 실험에서 가장 결정적인 도구는, 측정하는 동안 N선을 받던 게 아니라 우드의 주머니 속에 있었습니다. 그로써 블롱들로가 관찰했다고 믿었던 현상이 사실은 아무것도 아니었음이 밝혀졌습니다. 우드는 그의 관찰 결과를 《네이처》에 실었고, N선 논란은 종지부를 찍었습니다.

르네 블롱들로는 사기꾼이었을까요? 그렇지 않았습니다. 그는 과학자로서 자신의 관찰을 확신했습니다. 어두운 실험실에서 몇 시간 동안 복잡한 도구들을 다루면서 보일락 말락 하는 광학 현상을 연구하다 보면, 이런 일은 아주 쉽게 일어납니다. 바라던 결과가 어떻게 나타날지를 수없이 상상해 본 가운데 피곤에 지쳐 눈앞에서 측정 결과가 춤을 추다 보면, 순수한 의도로 거의 모든 것을 발견할 수 있습니다.

우리 모두가 늘상 그런 오류를 범하며 살아갑니다. 비싼 와인을 구입해서 맛을 주의 깊게 음미한다고 해 봅시다. 그러면 높은 가격으로 인한 기대감만으로도 이미 그 와인이 값싼 와인보다 훨씬 맛이 좋게 느껴집니다. 눈을 가리고 맛을 보면 어떤 쪽이 비싼 와인인지 전혀 구별할 수 없는 경우에도 말입니다.

따라서 유념합시다. 자신의 감각을 완전히 신뢰하는 건 별로 좋은 생각이 아닙니다. 하지만 그렇다면 우리는 그 밖에 무엇을 신뢰해야 할까요?

N선 이야기는 소중한 답을 넌지시 던져 줍니다. 이 이야기는 오류를 저지른 이야기일 뿐 아니라, 무엇보다 다행히 오류를 바로잡은 이야기입니다. 르네 블롱들로 같은 훌륭한 학자도 착각을 합니다. 하지만 영리한 사람 여럿이 결과·아이디어·숙고를 비교하다 보면, 그런 오류를 꽤나 확실하게 찾아낼 수 있습니다. 또한 오류를 제하고 무엇이 사실인지 합의하여야 제대로 된 과학을 시작할 수 있게 됩니다.

팩트에서 이론으로

18세기 영국 왕립해군 선박 근무자들은 자신들의 목숨이 자칫 위험할 수도 있음을 알았습니다. 프랑스, 스페인과의 전쟁에서 많은 선원이 죽었지만 적군의 무기보다 더 많은 희생자를 내는 무시무시한 질병이 있었으니, 바로 괴혈병입니다. 깊은 바다를 떠다니며 오랜 시간 근무하다 보면 상처가 잘 낫지 않고 이빨도 나가며 머리카락도 빠졌습니다. 그리고 몸에 기운이 사라지고 눈이 안 보이기 시작해 급기야 죽음에 이르렀지요. 오늘날 우리는 괴혈병이 비타민 C 결핍으로 나타난다는 사실을 알고 있습니다. 하지만 당시 괴혈병의 원인은 오리무중이었습니다.

스코틀랜드 출신으로 선박에 근무하며 많은 괴혈병 환자를 돌보아야 했던 의사 제임스 린드James Lind는 이 문제에 최대한 과학적으로 접근하려 했습니다. 그는 병에 걸린 선원들을 여러 그룹으로 나누어, 배에서 나오는 일반적인 식사에 더해 서로 다른 보충식을 제공했지요. 한 그룹에는 오렌지와 레몬을 추가로 주었고, 한 그룹에겐 소금물을, 또 한 그룹에게는 희석한 황산을 건네주었습니다. 그러자 며칠 뒤, 오렌지와 레몬을 섭취한 환자들의 상태가 뚜렷이 호전되었습니다.

물론 이런 실험은 현대의 연구 원칙에는 부합하지 않습니다. 실험 참가자 수가 상당히 적었고, 오늘날 같으면 황산으로 인체 실험을 해도 괜찮은지에 대해 연구 윤리 위원회가 제동을 걸었을지도 모릅니다. 하지만 어쨌든 제임스 린드는 이런 방식으로 의학 역사 최초의 통제 실험을 진행했습니다.

데이터들은 상당히 명확했습니다. 오렌지와 레몬이 괴혈병에 도움이 되는 것으로 보였지요. 하지만 유감스럽게도 제임스 린드는 자신의 관찰로부터 유의미한 이론을 도출해 내지 못했습니다. 비타민이 무엇인지 당시로서는 아무도 몰랐으니까요. 린드는 괴혈병이 일종의 썩어 들어가는 병이라서 산으로 다스릴 수 있다고 추측했습니다. 하지만 그렇다면 황산도 오렌지 주스처럼 효과를 보여야 하지 않았겠어요? 제임스 린드는 자신의 관찰을 공개했지만, 분명한 명제를 세우거나 확실한 치료 방법을 추천하지는 못했습니다. 그리하여 레몬이 항해의 필수 보급품으로 자리 잡기까지 몇십 년이 더 필요했지요.

관찰을 기록하는 것만으로는 아직 학문이 아닙니다. 팩트 자체는 지루합니다. 그것이 진실일지라도 말입니다. 병의 진행을 관찰하고 메모하는 사람, 딱정벌레를 수집하여 그들에게 라틴어 이름을 지어 주는 사람, 별들의 위치를 측정하고 긴 수열로 그것을 적어 내는 사람은 자연의 장부를 기록한다고 할 수는 있지만 자연 과학을 하고 있다고 할 수는 없습니다. 자료들의 연관과 패턴을 알아채고 많은 관찰로부터 단순한—데이터를 그저 열거하는 것보다 훨씬 짧고 함축적이며 유용한—과학 법칙을 깨달을 때, 비로소 기록은 흥미로워집니다.

관찰에서 자연 법칙으로, 실험에서 이론으로 나아가는 걸음은 쉽지 않습니다. 이것은 엄밀히 말해 걸음이 아니라, 앞으로 한 발 내디뎠다가 뒤로 한 발 물러나는 복잡한 춤입니다. 자연에 시선을 주면 우리는 새로운 이론에 대한 아이디어를 얻습니다. 동시에 우리 머릿속 이론이 자연을 바라보는 눈에 영향을 미칩니다.

팩트에서 이론으로의 발전은 우리가 어떤 실험을 수행해야 하는가

하는 질문에서 이미 시작됩니다. 측정 가능한 모든 데이터가 정말로 흥미로운 것은 아닙니다. 저는 값비싼 측정 도구와 정밀한 방법을 동원해 제 양말 무게가 달의 위상이나 우간다의 은세네네nsenene 덤불 귀뚜라미 수에 따라 변화하는지, 둘 사이에 연관이 있는지를 규명할 수 있습니다. 하지만 이런 관찰을 통해 우주에 대해 뭔가 의미 있는 것을 배울 수 있으리라 기대하는 사람은 없을 테지요. 이런 관찰로 그다지 얻을 게 없다는 점을 어떻게 알까요? 그 점을 간파하려면 이미 우리 머릿속에, 무엇이 무엇과 연관되며 틀림없이 무엇과는 연관되지 않는지 말해 주는 이론이 들어 있어야 합니다.

결과를 평가할 때도 우리가 믿는 이론들이 중요한 역할을 합니다. 우리는 우리가 측정하거나 관찰하거나 계산한 결과를 정말로 믿을 수 있을까요? 아니면 보아하니 분명 무언가 잘못되었으므로 그것들을 그냥 곧장 폐기해 버려야 할까요?

비둘기 똥에서 노벨상으로

물리학 실험실에는 오래전부터 전해 내려오는 기본 규칙이 있습니다. "베어 미스트 미스트 미스트Wer misst, misst Mist(측정하는 사람은 똥을 측정한다. 동사 '측정하다'와 명사 '똥'이 둘 다 독일어로 '미스트'라고 발음되어 만들어진 말장난-옮긴이)" 과학을 하다 보면 좋은 실험도 있지만 나쁜 실험도 섞이게 마련이고, 실험 결과 중에는 멍청한 데이터 쓰레기일 뿐인 것들도 많습니다. 우리는 원래 측정하려던 걸 계속 측정해야 할까요? 아니면 방해가 되는 부수 효과도 함께 살펴야 할까요?

1960년대 중반, 초고감도 특수 안테나로 뉴저지 상공에서 전자기파를 찾던 아노 펜지어스Arno Penzias와 로버트 윌슨Robert Wilson은 그런 문제와 싸워야 했습니다. 원래 그들은 지구를 도는 위성이 보내는 전파를 어떻게 측정할지 알아내고자 했지요. 하지만 측정 기구가 매우 이상했습니다. 펜지어스와 윌슨이 작업을 하면서 염두에 두었던 기대나 이론과 맞아떨어지지를 않았지요. 안테나를 어느 방향으로 돌리든 상관없이, 낮에 측정하든 밤에 측정하든 상관없이 늘 거슬리는 배경 소음이 들렸고 없애려 해도 되지 않았습니다. 전파 영역에서 계속 직직거리는 잡음이 들려, 그것을 제거하지 않고서는 의미 있는 실험을 할 수가 없는 상태였지요.

펜지어스와 윌슨은 이 거슬리는 잡음이 어디서 연유하는지 알아보려고 몇 달간 골머리를 싸매었습니다. '가까이에 위치한 뉴욕에서 오는 전파일까? 아니면 지구 주변에서 대전 입자(전기를 띤 입자)들이 지구 자기장에 붙들려 고리를 이루는 밴 앨런대Van Allen Belt와 관계가 있을까?' 마침내 연구자들은 소라 껍질 모양으로 생긴 대형 안테나 속에 비둘기들이 둥지를 틀어 놓았다는 사실을 알아냈습니다. 그 비둘기 둥지를 옮기고, 그동안 연구를 방해했던 비둘기 똥을 힘들게 다 긁어내었지요. 하지만 그 뒤에도 문제는 사라지지 않았습니다. 똥은 없어졌지만, 마이크로파(극초단파)는 남았습니다. 아, 무엇이 이런 마이크로파를 발생시키는 것인지 정말 정체불명이었습니다. 오랜 고심 끝에 펜지어스와 윌슨은 이 극초단파가 지구에서 비롯되지 않는다는 것만 확신할 수 있었습니다. 태양에서 오는 것도 아니었고, 우리 은하에서 오는 것도 아니었습니다. 그렇다면 이 마이크로파는 대체 어디에서 오는 걸까요?

펜지어스와 윌슨은 그때까지만 해도, 자신들이 있는 곳으로부터 불과 몇십 킬로미터 떨어지지 않은 프린스턴 대학에서 다른 연구자들이 바로 이런 종류의 마이크로파를 찾아내기를 꿈꾸었다는 사실을 까맣게 몰랐습니다. 우주 물리학자 로버트 디키 Robert Dicke 는 프린스턴 대학에서 자신의 연구팀과 함께 우주 탄생에 대해 연구하면서, 이전에 러시아 물리학자 조지 가모프 George Gamow 가 1940년대에 제안했던 생각을 유력하게 받아들이고 있었습니다. 즉, 빅뱅 이후 우주가 엄청나게 밀도 높은 뜨거운 물질로부터 팽창했다면 어마어마한 양이 복사선(방사선)이 생겨났을 것이고, 우주에서 가장 오래된 빛인 이런 태곳적 복사선이 오늘날 마이크로파 영역의 파장으로 우리에게 도착하리라는 것이었습니다. 그러므로 펜지어스와 윌슨을 그렇게도 괴롭혔던 복사선은 빅뱅의 잔향이었던 셈이지요. 지금도 마이크로파로 이런 복사선을 측정할 수 있습니다.

뒤늦게 우주 배경 복사 이론을 접한 펜지어스와 윌슨은 이제 자신들의 이론을 완전히 새롭게 해석했고, 둘을 괴롭히는 방해꾼이었던 잡음 데이터는 갑자기 아주 소중한 자료가 되었습니다. 비둘기 똥을 긁어내며 함께 제거하려고 했던 것이 필생의 가장 중요한 측정 결과로 드러난 것입니다. 아노 펜지어스와 로버트 윌슨은 우주 마이크로파 배경 복사를 발견한 공로로 1978년 노벨 물리학상을 수상했습니다.

블랙홀과 우주의 대칭

우주 마이크로파 배경 복사 이야기는 오류와 잘못된 해석도 과학을 진보하게 할 수 있음을 보여 주는 좋은 예입니다. 완전히 옳음에도 첫눈에는 무의미해 보이는 것이 많습니다. 때로 누군가가 그에 알맞은 이론을 개발하기까지는 약간의 시간이 소요되고, 이론이 완성되고 나면 갑자기 모든 것이 의미를 얻습니다.

하지만 물론 과학 이론이 지금까지의 혼잡하고 어지러운 관찰들을 정리해 주기만 하는 건 아닙니다. 이론은 예측도 가능케 하지요. 이론은 누군가가 실험을 하기도 전에 실험 결과를 우리에게 알려 줍니다.

바로 이런 점에서 수학이 자연 과학에서 얼마나 커다란 가치를 지니는지가 분명하게 드러납니다. 즉, 과학 이론을 수학적으로 정확하게 기술해 내면, 그것은 엄청난 예측력을 지니게 됩니다. 상대성 이론의 예에서 이를 확인할 수 있습니다.

아인슈타인이 최초로 그 유명한 장 방정식을 도출했을 때, 그는 이 방정식으로 행성들의 궤도를 계산할 수 있음을 알았습니다. 그러나 마찬가지로 이 방정식을 이용해 기술할 수 있는 다른 자연 현상은 아직 몰랐지요. 그런데 얼마 지나지 않아 독일의 천문학자 카를 슈바르츠실트Karl Schwarzschild가 아인슈타인의 방정식에 의거하여 완전히 황당한 천체가 존재함을 예측해 냈습니다. 그것은 밀도가 무한대여서 공간과 시간을 아주 강하게 구부려 빛조차 빠져나올 수 없게 끌어당기는 작은 점 같은 천체였지요. 오늘날 우리는 이런 천체를 '블랙홀'이라 부릅니다.

아인슈타인은 자신의 방정식을 쓸 때 블랙홀이 무엇인지는 꿈에도 몰랐습니다. 하지만 그 존재는 어떤 의미로 그의 방정식 속에 이미 숨어 있었습니다. 잘 알려진 수학 규칙을 활용하기만 하면 아인슈타인의 방정식에서 블랙홀 물리학에 이를 수 있습니다. 방정식이 아인슈타인 스스로는 알지 못하는 사실을 이미 알았다고 말할 수 있을 것입니다. 방정식에서 수학적으로 이끌어 내기만 하면 되었지요.

수학이 자연 과학에서 얼마나 어마어마한 의미를 지니는지 가장 멋지게 증명한 사람은 에미 뇌터Emmy Noether일 겁니다. 그녀는 1903년 독일 최초로 대학에서 수학을 공부할 수 있었던 여성 중 하나였습니다. 과학이 주로 남성의 전유물로 여겨지던 시대에 에미 뇌터는 박사 과정을 시작한 지 4년 만에 논문을 마무리했고, 그녀의 아이디어는 빠르게 주목을 받았습니다. 다비트 힐베르트는 뇌터를 괴팅겐으로 초청했으며 뇌터는 괴팅겐 대학에 박사 학위 논문을 제출하고자 했지요. 하지만 당시 프로이센의 대학에서는 여자가 박사 학위를 받는 것이 허락되지 않았습니다.

이를 이해할 수 없었던 다비트 힐베르트는 "대학은 목욕탕이 아니다!"라고 말하며 뇌터 편을 들었습니다. 하지만 당시 세계에서 가장 저명한 수학자였던 다비트 힐베르트의 의견조차 관철되지 않았습니다. 뇌터는 비로소 1919년에야 박사 학위를 받고, 독일 최초의 여성 교수가 되었습니다.

에미 뇌터는 대칭에 몰두했습니다. 대칭에는 여러 종류가 있습니다. 정사각형은 90도 혹은 180도 회전해도 정확히 전과 똑같아 보이지요. 따라서 특정 방법으로 정사각형의 상태를 변함이 없도록 조작할 수 있습니다. 이것을 '이산 대칭discrete symmetry'이라고 합니다. 더 흥미로운 것은 '연속 대칭continuous symmetry'입니다. 가령 원은 어떤 각도로 돌리든지 모습에 변함이 없지요.

자연 법칙도 연속 대칭성을 갖습니다. 우리가 어떤 방향으로 몸을 돌리든 간에 우주의 법칙은 변함이 없으니까요. 우주에서는 위아래가 구분되지 않습니다. 우주의 어느 장소건 간에 자연 법칙이 똑같이 적용되지요. 그리하여 내가 여기서 실험을 하든 아니면 왼쪽으로 2미터 떨어진 곳에서 실험을 하든, 공간은 결과에 전혀 영향을 미치지 못합니다. 시간의 대칭도 있습니다. 내가 실험을 오늘 하든 다음 주 수요일에 하든 자연 법칙은 변하지 않습니다.

에미 뇌터의 천부적인 아이디어는 이런 각각의 연속 대칭성과 보존량이 서로 연결되어 있다고 본 것입니다. 이를 바로 '뇌터의 정리 Noether's theorem'라 부르며, 현대 물리학에서 가장 중요하고 아름답고 영향력이 큰 연구 결과 중 하나입니다.

뇌터는 순수 수학적인 방법으로 다음을 증명했습니다. '자연 법칙이 회전 대칭성을 갖는다면, 우주 안의 각운동량은 동일해야 한다. 우주 안의 모든 점이 대등하다면, 즉 공간 대칭성을 갖는다면 운동량 보존 법칙이 적용되며, 시간 대칭성으로부터 에너지 보존 법칙이 나온다.' 에미 뇌터는 수학으로 전체 물리학에서 가장 심오하고 중요한 진리 중 하나를 증명해 냈습니다. 바로 에너지는 생겨날 수도 파괴될 수도 없다는 것입니다.

이 연구 결과의 멋진 점은 대칭성을 갖는 모든 물리 이론에 보존 법칙이 적용된다는 것입니다. 지금은 전혀 모르는 새로운 물리학 이론이 앞으로 발견된다 해도, 에너지 보존 법칙이 그 이론의 바탕이 되리라는 뜻이지요. 법칙은 물리학적 가정과 전혀 무관하게 우주의 대칭을 토대로 적용됩니다.

모든 것이 수학은 아니다

따라서 수학을 자연 과학 깊숙이 끌어들이는 것은 좋은 일입니다. 다만 전체 과학이 수학처럼 굴러가야 한다고 요구해서는 안 됩니다.

다른 학문에서도 수학의 방법을 최대한 모방하려고 해 볼 수는 있습니다. 물리학에서는 특정한 기본 가정들을 세우고, 그로부터 관찰 가능한 진리를 잔뜩 유도할 수 있지요. 이것은 자못 수학적인 느낌이

나지만, 그럼에도 중요한 차이가 남습니다. 수학의 공리는 아주 단순하고 명쾌합니다. 가령 '0은 자연수다', '모든 자연수는 뒤따르는 자연수를 갖는다'와 같은 공리를 우리는 당연하게 정의할 수 있고, 수학 문제들을 해결하는 유의미한 대화를 나누기 위해 이런 공리가 필요합니다. 이에 대해서는 토론할 필요도 없고, 누군가가 반박할 수도 없지요.

하지만 물리학 이론의 공리들은 대부분 더 복잡하고 덜 자명합니다. '외부에서 힘을 받지 않는 물체는 정지해 있거나 등속 직선 운동을 한다' 또는 '힘은 질량 곱하기 가속도'. 이것은 뉴턴의 제1, 2 운동 법칙입니다. 뉴턴의 방정식으로 진자 운동이나 행성계의 운동을 계산하려 한다면 이 법칙들을 그냥 믿어야 합니다.

이런 믿음은 명백한 결과로 이어집니다. 뉴턴의 법칙을 믿으면, 행성들이 태양 주위를 타원 궤도로 돈다는 것과 우리가 뱉은 체리 씨가 포물선 궤도를 그리며 땅에 떨어진다는 것도 믿어야 하지요. 내가 신뢰하는 물리적 사실이 수학적으로 확실한 어떤 사실로 이어지면, 그 사실 역시 믿어야 합니다. 그러나 뉴턴의 공리가 정말로 절대적 진실인지는 토론해 볼 수 있습니다. 그런 공리의 신빙성은 결국 그것들이 우리의 관찰과 부합하는 데서 비롯하기 때문입니다.

따라서 우리는 자연 과학이 관찰에 근거하며 관찰은 결코 완벽할 수 없음을 받아들여야 합니다. 관찰에서 이론으로 가는 길에 일련의 문제들이 있음을 인정해야 하지요. 우리의 감각은 착각을 일으킬 수 있고, 희망 때문에 있지도 않은 것들을 지각할 수도 있으며, 치우친 생각과 선입견이 새로운 결과를 제대로 분류하지 못하게 할 수도 있습니다. 하지만 우리는 종종 이 모든 '오염'에도 불구하고 마지막에는 근사하고 명쾌한 인식에 다다릅니다.

제5장

모든 까마귀는 검다

두루 일반화하는 것이 문제인 이유
체리의 까마귀스러움을 테스트해야 한다면?
칼 포퍼와 더불어 착각에서 자유로워지는 법

무언가를 증명할 수 없을 때,
대신 반박해 볼 수는 있다

여자 셋—엔지니어 한 사람과 물리학자 한 사람, 수학자 한 사람—이 기차를 타고 스코틀랜드로 가던 중이었습니다. 도중에 그들은 검은 양 한 마리가 고독하게 철로 옆 들판에 서 있는 모습을 보았지요. 엔지니어가 말했습니다. "와, 재밌다! 스코틀랜드의 양은 검은색이네!" 물리학자가 대답했어요. "그렇게 성급한 결론을 내리면 안 되지. 우리가 저 양을 보며 말할 수 있는 건 스코틀랜드에는 간혹 검은 양이 있다는 것뿐이라고!" 그러자 수학자가 그 둘에게 눈을 흘기며 이렇게 응했지요. "스코틀랜드에는 최소 한 면이 검은 양이 최소 한 마리 존재한다."

진실을 찾는 것은 힘든 일입니다. 우리 모두는 수많은 잘못된 이론을 머릿속에 넣고 다니며, 매일 새로운 이론을 덧붙이지요. 어쩌다가 닥스훈트 두 마리가 우리를 보고 그르렁 짖어 대면, 우리는 그 후로 닥스훈트는 정말 기분 나쁜 재수탱이 개라고 단정해 버립니다. 휴가를 받아 설레는 기분으로 초콜릿 아이스크림을 핥으며 로마 거리를 산책하고는, 로마의 초콜릿 아이스크림은 단연 세계 최고라며 열광합니다. 충분히 이해할 만하고 자연스러운 반응이지만, 과학적인 정확성과는 상당히 거리가 멉니다. 그러므로 착오를 범하고 싶지 않다면, 관찰로부터 어떻게 일반적인 규칙으로 옮아갈 수 있는지, 그 규칙이 꽤 그럴듯한 것이 되려면 어떤 기준을 충족해야 될지를 숙고해야 합니다.

일반화는 일반적으로 불가능하다

　규칙을 찾는 가장 간단한 방법은 일반화일 것입니다. 우선 까마귀를 다수 관찰하고 그들 모두가 검은색임을 확인합니다. 이어서 자연스럽게 규칙을 읊조립니다. "모든 까마귀는 검다!" 이는 귀납적 추론(귀납법)입니다. 여러 개별 사례에서 일반적인 원리를 이끌어내는 것이지요.

　이를 거꾸로 할 수도 있습니다. 일반적인 원리에서 개별적인 경우를 유추하는 것으로, 이를 연역적 추론(연역법)이라 합니다. '모든 까마귀는 검다. 테오는 까마귀다. 따라서 테오는 검다.' 이런 식이지요. 이 외에 귀추법이라는 추론도 존재합니다. 이는 가장 있을 법한 쪽으로 결론을 내리는 것입니다. '모든 까마귀는 검다. 방금 검은 새 한 마리가 정원에 앉았다가 날아갔다. 그러므로 그 새는 까마귀일 것이다'라는 추론이지요.

　귀납법, 연역법, 귀추법은 서로 굉장히 다릅니다. 무엇보다 신뢰성에서 차이가 납니다. 셋 중에서 연역적 추론이 가장 명확합니다. 모든 까마귀가 검고 테오가 까마귀라면, 테오는 분명히 검겠지요. 이에 대해 왈가왈부하는 것은 무의미합니다. 물론 주어진 전제를 의심할 수는 있습니다. 어디엔가 혹시 하얀 까마귀가 있지 않을까, 또는 테오가 사실 알록달록한 딱따구리인데 열혈 까마귀 팬이 까마귀 모습으로 분장해 놓은 게 아닐까 생각해 볼 수 있지요. 하지만 제가 두 가지 가정—까마귀는 검고, 테오는 까마귀라는 것—을 진실하다고 인정하자마자, 저는 테오가 검다는 걸 굳게 믿는 수밖에 없습니다.

반면 귀추법은 굉장히 불안정한 추론입니다. 이것은 믿을 만한 진실을 제공하기보다 그냥 있을 법한 가능성을 제시할 따름이지요. 그러므로 과학적 증명으로서의 가치는 없지만, 의학 같은 분야에서는 굉장히 중요해집니다. 가령 홍역 예방 주사를 맞지 않은 아이가 홍역이 유행하는 동안에 고열과 발진 증상을 보인다면 홍역일 수도 있습니다. 물론 처음에 이것은 추측에 불과합니다. 그러다가 검사를 하면 더 확실해지지요. 그다음에는 다시 연역적 추론을 적용하게 됩니다. '홍역에 대한 항체가 있는 사람은 홍역 바이러스에 감염된 것이다. 이 아이는 홍역에 대한 항체가 생겼다. 따라서 홍역 바이러스에 감염되었다.' 이런 식으로 말입니다.

가장 흥미로운 것은 귀납법입니다. 귀납적 추론 역시 논리적 정확성을 따지자면 신뢰할 수 없습니다. 제기 오래전부터 관심 있게 보아 온 까마귀들이 모두 검은색이었다고 하여, 내일 새빨간 까마귀가 제 창틀에 둥지를 틀고 저를 빤히 쳐다보며 비웃는 일이 절대로 일어나지 말라는 법은 없으니까요. 이 세상 모든 까마귀가 어느 순간에 비밀 명령을 받은 것처럼 검은 깃털 옷을 하나같이 다 떨구어 버리고, 그 아래 돋아난 새로운 하늘색 깃털 옷을 내보일지 누가 알겠습니까?

귀납법은 경험적 지식에 근거합니다. 그리고 모든 종류의 경험적 지식은 신뢰하기 어렵지요. 그럼에도 우리는 그것을 신뢰해야 합니다. 다른 수가 없기 때문입니다. 개별 사례를 바탕으로 귀납적으로 일반 규칙을 추론하는 것은 우리 모두에게 지극히 평범한 일이지요. 우리는 특정한 약이 도움이 되는 여러 환자를 보면서 그 약에 효험이 있다고 추론합니다. 새로운 기계를 시험 가동할 때마다 그 기계가 우리 의도대로 작동하면, 그것을 제대로 만들었다는 결론을 내립니다. 어느 작가의 책을 여러 권 만족스럽게 읽고 나서는, 이 사람이 정말 대단한 작가이고 앞으로 쓰는 책들도 우리 마음에 들 거라고 판단합니다. 관찰 횟수가 늘어날수록 우리의 명제가 옳을 가능성이 더 크게 느껴지지요. 그리고 어느 순간 모든 의심은 사라지고, 우리는 그 명제를 신빙성 있는 사실로 여깁니다.

우리는 왜 그토록 귀납적 추론을 신뢰할까요? 아주 간단합니다. 그것이 입증된 방법이기 때문입니다. 우리는 과거에 늘 개별적인 경험에 근거하여 일반적인 규칙을 도출했으며, 이것은 대부분 잘 통했습니다. 그러므로 지금 다시 우리의 경험으로부터 미래에도 잘 통할 새로운 규칙을 이끌어낼 수 있다고 상정합니다. 그러나 이 역시 귀납적인 결론이지요. 우리는 정확히 이런 방법을 활용하면서 논리적 추론의 유효성을 변호하는데, 이것이 불굴의 논거는 아닙니다.

스코틀랜드의 철학자 데이비드 흄David Hume은 이런 문제에 천착했습니다. 흄에 따르면 미래가 과거와 같을 경우에만 지금까지의 경험에서 미래를 유추할 수 있습니다. 하지만 미래가 과거와 같으리라는 걸 어떻게 알겠어요? 그동안은 미래가 늘 과거와 같았기에, 우리는 앞으로도 그렇게 될 거라고 봅니다. 물론 아무도 그것을 보장할 수는 없습니다. 자연이 늘 하던 한결같은 행동을 어느 날 멈출 수도 있지 않겠어요? 그러나 자연스러운 본능은 우리에게 그렇게 되지 않을 거라고 말하고, 우리는 이 본능을 신뢰하는 수밖에 없습니다.

버트런드 러셀은 매일매일 농부에게서 모이를 얻어먹던 닭의 이야기로 귀납법을 설명했습니다. 농부가 모이를 주는 일이 반복되다 보니 닭은 경험상 농부가 자신의 친구이며 자신에게 잘해 주기만 할 거라고 추론합니다. 농부가 지나가면서 닭에게 모이를 줄 때마다 확신은 점점 커져만 가지요. 그렇게 닭의 확신이 절정에 달한 바로 그 날에, 농부는 닭의 모가지를 비틀고 깃털을 뽑은 뒤 오렌지 소스로 마리네이드를 해 버립니다.

자연 과학적인 관찰에서 귀납법의 문제는 과히 우려스럽게 느껴지지 않습니다. 지난 몇백 년간 행성들의 궤도 운동에 근거해 다다음 주 목요일에 일어날 행성의 운동을 유추할 수 있다는 사실은 아무도 의심하지 못합니다. 하지만 더 복잡한 경우가 있습니다. "모든 기술 발전은 장기적으로 인류의 삶의 질을 높였다"라고 발언한다면, 지금까지는 옳았을지 모릅니다. 하지만 그렇다고 미래에도 반드시 그럴까요? "인간이 일으킨 환경 문제는 인류의 존속에 결코 위험이 되지 않았다." 우리가 이 말을 믿을 수 있을까요? "지금까지의 역사는 전쟁 아니면 전쟁과 전쟁 사이의 휴지기로 이루어져 있다." 그렇다면 전쟁이 영원히 그치지 않으리라는 의미일까요?

순진하게 귀납법을 신뢰하는 사람은 러셀의 닭처럼 될 수도 있습니다. 또는 60층에서 아래로 추락하면서, '지금까지 50층을 문제없이 떨어져 왔으니 마지막 10개 층도 위험하지 않을 거야'라고 생각하는 사람이 될지도 모릅니다.

굿맨의 까마귀 수수께끼, 검정, 노랑, 또는 검노?

이제 소개할 사고 실험도 귀납법이 복잡한 문제라는 걸 보여 줍니다. 이 사고 실험의 오리지널 버전은 1946년 미국의 철학자 넬슨 굿맨Nelson Goodman이 발표한 에세이에 실려 있습니다. 우리는 다시금 많은 수의 까마귀를 관찰하고 까마귀는 모두 검은색임을 확인합니다. 하지만 그냥 재미로 새로운 단어를 지어냅니다. 바로 '검노색'입니다. 그 의미를 규정하기 위해 우선 달력에 특정 시점을 표시해 봅시다. 가령 다다음 주 화요일을 지정하여, 이렇게 정의해 보세요. '우주의 생성부터 다다음 주 화요일까지 검은색인 물체는 검노색이다. 그리고 그 뒤부터는 정확히 노란색인 물체가 검노색이다.'

석탄 한 조각은 오늘 검은색이니 그로써 검노색이 됩니다. 하지만 다다음 주 화요일 이후 석탄이 여전히 검다면, 그것은 더이상 검노색이 아니지요. 반면 나트륨 램프는 현재 노란색이니 검노색이 아닙니다. 하지만 3주 뒤 이 램프가 여전히 노랗다면 그로써 동시에 검노색 빛을 발하게 됩니다.

오늘 저는 까마귀를 여러 마리 관찰하여 그들이 죄다 검은색이면,

그로부터 귀납법을 통해 미래에도 까마귀는 검은색일 거라고 추론할 수 있습니다. 하지만 다르게 추론할 수도 있지요. 지금까지 관찰한 모든 까마귀가 검노색입니다. 그래서 저는 까마귀가 앞으로도 검노색일 거라고 추측합니다. 하지만 그렇게 추측한다면 모든 까마귀가 다 다음 주 화요일을 기점으로 노란색이 되어야 한다는 뜻입니다.

물론 완전히 말이 안 되는 이야기입니다. 아무도 이런 것을 믿지 않겠지요. 이 사고의 유희는 다만 우리로 하여금 예리한 생각으로 논리적 오류를 찾아내도록 요구합니다. 그것은 언뜻 보기보다 쉽지 않습니다. 한편 비슷한 추론인데 아주 수긍이 가는 예들을 찾아낼 수 있습니다. 자, 어느 회사를 창립자 한 씨가 혼자서 아주 열심히 운영해 왔다고 합시다. 매년 한 해를 마감하는 조촐한 연말 회식 자리가 열리고, 이 회식에서는 늘 한 씨가 인사말을 합니다. 몇 해간 이를 보아 온 사람은 다음과 같은 규칙을 도출할 것입니다. '연말 회식 인사말은 한 씨가 한다. 앞으로도 그럴 것이다.'

그런데 이제 한 씨가 마이트너 부인에게 회사를 양도한다고 해 봅시다. 마이트너 부인이 회사를 이끌게 되었고 이제부터 연말 파티 인사말도 마이트너 부인이 합니다. 따라서 '연말 파티 인사말은 한 씨가 한다'는 규칙은 더이상 통하지 않습니다. 하지만 우리는 처음부터 그 규칙을 더 영리하게 정리할 수 있었을 것입니다. 조금 전에 우리가 '검노색'이라는 단어를 도입했듯이, 이제 '회사 경영자'라는 말을 사용하여 '회사 경영자가 회식 인사말을 한다'라고 생각할 수 있지요. 어느 날짜까지는 회사 경영권이 한 씨에게 있겠지만, 그 뒤에는 다른 사람이 넘겨받을 테니 말입니다. 자, 이 문장의 논리 구조는 앞의 검노색 까마귀와 동일합니다. 우리는 특정 시점에 의미가 바뀌는 개념을 가지고 있습니다. 검노색은 검은색에서 노란색으로 바뀌고, 회사 경영자는 한 씨에서 마이트너 부인으로 바뀝니다. 하지만 같은 논리 구조인데 까마귀 추론은 상당히 황당하게 다가오는 반면, 회사의 경우는 아주 당연하게 들립니다.

여기서 우리는 일상을 관찰하여 얻어낸 진술을 수학 방정식처럼 논리적으로 다룰 때는 조심해야 함을 알 수 있습니다. 까마귀, 회사의 연말 회식, 또는 과학적 관찰에 대해 생각할 때, 처음에는 도무지 의식하지 못할지라도 우리 머릿속에는 여러 중요한 인식이 종종 함께 작용합니다. 우리는 어떤 진술을 우리가 기존에 알던 지식과 완전히 떼어서 보지 못합니다.

까마귀들이 어느 날부터 색깔을 바꿀 수 없다는 건 자명합니다. 그런 일은 우리가 새의 생물학과 색깔의 물리학에 대해 오래전부터 알았던 많은 사실에 위배되기 때문이지요. 동시에 우리는 회사 경영권이 창립자에게서 다른 사람으로 넘어가는 경우가 가끔 있다는 걸 압니다. 검노색 까마귀의 예가 정말 황당하게 다가오고 연말 회식의 예가 아주 자연스럽게 느껴지는 이유는 바로 이렇게 무언으로 존재하는 곁다리 가정들(보조 가정들) 때문입니다.

나의 체리는 얼마나 까마귀스러운가?
헴펠의 까마귀 역설

일반화에는 또 다른 논리적 문제가 있습니다. 우리가 누군가와 함께 주사위 던지기 게임을 한다고 합시다. 그런데 상대가 주사위를 던지면 꾸준히 6이 나옵니다. 우리는 그가 계속 6이 나오도록 형태를 약간 변형한 주사위를 쓰는 것은 아닌지 의심합니다. 다섯 번 정도 던진 다음에는 아마 우연히 6이 나올 수도 있습니다. 하지만 번번이 6이 나온다면 우리의 마음속 명제가 맞을 확률이 큽니다. 6이 나오는 횟수가 많아질수록 더더욱 그렇지요. 그 주사위는 다른 수가 나오지 못하고 언제나 6이 위쪽을 향하도록 놓일 수밖에 없다는 것입니다. 어느 순간 이런 일반화에 대한 믿음이 커지면, 저는 화가 머리끝까지 치밀어 벌떡 일어서며 내 판돈을 되돌려 달라고 소리치고 말겠지요.

마찬가지로 검은 까마귀를 관찰할 때마다 정말로 모든 까마귀가 검을 확률이 높아집니다. 그리고 우리는 그것을 다르게 표현할 수도 있습니다. '검지 않은 것은 까마귀가 아니다'라고 말이지요. '모든 까마귀가 검다'와 '검지 않은 것은 까마귀가 아니다'라는 두 진술은 논리적으로 동치$_\text{equivalence}$입니다. '짝수는 2로 나누어진다'와 '2로 나누어지지 않는 수는 짝수가 아니다'의 관계와 마찬가지로요. 이는 같은 진술을 서로 다르게 이야기한 것뿐입니다. 한쪽이 더 단순하게 들리고 한쪽이 더 까다롭게 들릴지는 모르겠지만, 한쪽을 믿으면 다른 쪽도 믿어야 합니다.

이제 상황이 복잡해집니다. 즉 '검지 않은 것은 까마귀가 아니다'라는 진술은 까마귀가 아닌 임의의 대상을 관찰함으로써 검증할 수 있습니다. 저는 빨간 체리를 살펴보면서 그것이 정말로 까마귀가 아니라는 걸 확인합니다. 그로써 '검지 않은 것은 까마귀가 아니다'라는 진술은 참임이 입증됩니다. 검지 않고 까마귀가 아닌 것들을 더 많이 찾아낼수록, 검지 않은 것은 까마귀가 아니라는 명제가 더욱 믿음직해지고, 그로써 모든 까마귀는 검다는 명제의 신뢰도 또한 더 높아져야 하지요. 두 진술이 동치임을 이미 확인했기 때문입니다.

이것은 상당히 모순적인 결과로 이어집니다. 원래 명제와 조금도 관계가 없는 관찰을 하면서 명제가 참일 확률을 높일 수 있는 것이지요. 저는 나무에 올라가 오랜 시간 빨간 체리를 수확한 뒤, 체리 케이크를 구울 뿐 아니라 까마귀 문제에도 더욱 확신을 얻게 됩니다. 이제 누군가가 저에게 지구상의 모든 야생 호랑이가 아시아에 서식하는지를 물으면 저는 이렇게 대답하면 됩니다. "아마 그럴 거예요. 하지만 일단 제 부엌에 있는 냄비들을 살펴보고 나면 더 정확히 알 수 있을 겁니다!" 그뿐만 아니라 저는 부엌의 냄비들을 살펴보는 동시에 모든 판다는 대나무를 먹는다거나, 모든 빛나는 별 안에서는 핵융합이 일어난다거나, 생명체가 거주 가능한 행성에는 흐르는 물이 있다거나 하는 명제를 더 강하게 입증할 수 있습니다. 과학을 좋아하는 집순이·집돌이들은 꿈을 실현하게 될 것입니다. 과학의 중요한 문제들을 연구하기 위해 집에서 한 발짝도 나갈 필요가 없으니 말이지요.

이 까마귀 패러독스는 독일의 철학자 칼 구스타프 헴펠Carl Gustav Hempel이 개진한 것입니다. 그가 1940년대에 제시한 이 역설은 그 이래로 상당히 많은 사람을 혼란스럽게 만들었습니다. 분명히 무언가가 맞지 않습니다. 하지만 어디에 문제가 있을까요? 자, 답을 알기 위해서는 어떤 실험에서 무엇을 연구해야 할지 정확히 정의해 보아야 합니다. 우선 '모든 까마귀는 검은색이다'라는 명제를 살펴봅시다. 여기서 우리는 많은 까마귀를 관찰하면서 그 명제를 테스트해야 합니다. 우리는 주제가 까마귀임을 이미 알고, 그에 따라 까마귀를 연구 대상으로 선정했으며, 우리의 실험은 까마귀의 색깔을 검증하는 일입니다.

　반면 두 번째 진술은 약간 주의해서 보아야 합니다. 여기서 우리는 '검지 않은 모든 것은 까마귀일 수 없다'는 가설을 테스트하고자 하지요. 그리고 이를 위해 검지 않은 대상들을 살펴봅니다. 하지만 여기서는 이제 색깔에 관심을 둘 필요가 없습니다. 이번 실험의 주안점은 대상들의 까마귀스러움을 검증하는 것이니까요. '검지 않은 대상 중 하나가 혹시나 까마귀로 밝혀질까?'라고 질문해야 합니다. 만약 밝혀진다면, 우리의 가설은 반박되기 때문입니다.

　어떤 실험에서 우리가 뭔가를 배울 수 있으려면, 실험 결과가 미리 명백히 알려져 있지 않아야 합니다. 우리는 모든 정사각형의 각이 네 개임을 압니다. 그렇지 않으면 정사각형이 아니기 때문이지요. 그러므로 이제부터 제가 정사각형 수백 개를 검사하고 그 각이 몇 개인지

센다고 하여 무언가 새로운 것을 알아내지는 못합니다. 마찬가지로 빨간 체리들을 따서 각각의 체리가 까마귀가 아닌지 세심하게 점검하는 것도 무익한 일입니다. 우리는 이미 체리가 까마귀가 아니라는 사실을 알고 있으므로, 그렇게 점검한다고 하여 전보다 뭘 더 알게 되지 않지요. '검지 않은 모든 것은 까마귀가 아니다'라는 진술이 참일 확률은 이런 무익한 실험의 영향을 받지 않습니다. 체리를 따면서 까마귀의 색깔에 대해 배울 수는 없다는 우리의 직감은 완전히 올바릅니다.

하지만 실험 결과를 미리 알지 못할 때는 사정이 달라집니다. 다른 시나리오를 상상해 봅시다. 우리는 모든 까마귀가 검은지 규명하기 위해 새 연구가를 찾아갑니다. 그는 오랜 세월 새들을 수집해 박제하여 보관해 온 전문가입니다. 컬렉션은 색깔별로 분류되어, 첫 번째 방에는 깃털이 검은 모든 새가 전시되었고, 두 번째 방에는 그 외 다른 색깔의 새들이 있습니다. 자, 이제 우리는 무엇을 할까요? 이 경우에는 두 번째 방으로 가서 알록달록한 깃털을 가진 새들을 살펴보며, 검지 않은 새들 중 혹시 까마귀가 있는지 점검하는 것이 바람직합니다. 우리는 저번과 마찬가지로 검지 않은 대상들을 연구하지만, 이번에는 관찰할 때마다 배우는 점이 있을 것입니다. 새들을 관찰할 때마다, 검지 않은 새들이 색깔뿐 아니라 여러 면에서 까마귀와는 다름을 확인하게 될 테니까요. 까마귀스러움에 입각하여 체리를 살펴보는 것은 의미가 없었지만, 검지 않은 새들을 관찰하면서는 중요한 인식을 얻게 됩니다.

　이 시나리오에서 칼 구스타프 헴펠은 옳습니다. 검지 않은 새 한 마리 한 마리가 까마귀가 아니라고 밝혀질수록 '검지 않은 것은 까마귀가 아니다'라는 우리의 확신도 커 갑니다. 그로써 모든 까마귀는 검다는 확신도 더불어 커지지요.

　이런 이상한 모순으로 머리가 어질어질할지도 모르겠습니다. 하지만 그와 상관없이 아무튼 커다란 딜레마는 남습니다. 귀납법은 믿을 만한 추론 방법이 아니라는 것입니다. 하지만 귀납적 추론 없이 어떻게 과학을 하겠어요? 순수하게 연역적인 자연 과학은 존재할 수 없을 겁니다. 모든 자연 과학의 토대는 늘 관찰이어야 하며, 그렇지 않으면 과학이 아니라 그냥 몽상에 불과하리라는 걸 우리는 이미 알고 있습니다. 관찰로부터 규칙·법칙·이론을 만들어야 하지요. 그러지 않으면 과학이 아니라 상부 정리에 불과합니다. 그런데 구체적인 개별 관찰에서 일반적인 규칙으로 넘어가는 과정은 아무래도 오류에서 자유롭지 못합니다.

　아무리 관찰을 많이 하고 그로부터 규칙을 도출하고자 할지라도, 실수를 범하지 않는다는 보장은 결코 없습니다. 오랫동안 유럽 사람들은 모든 백조가 흰 깃털을 가졌다고 생각했지요. 그러다가 네덜란드의 선장 빌럼 드 블라밍Willem de Vlamingh이 호주 탐험에서 검은 백조를 발견하고 맙니다. 이런 일이 언제든 일어날 수 있습니다.

　자연 과학 이론은 결코 완벽히 증명할 수 없습니다. 최소한 수학적·

논리학적 의미에서는 말입니다. 자연 과학은 엄밀히 말해 정말로 검증할 수 없지요. 의심에서 자유로운 진리들로 구성될 수 있는 유일한 학문은 수학뿐입니다.

과학 전반에 수학적인 엄격함의 잣대를 들이대고 싶은 사람들에게는 약간 충격적인 생각일지도 모르겠네요. 수학에서 순수 논리학적 방법으로 명쾌함을 선보였던 버트런드 러셀은 이를 특히 단호하게 표현했습니다. 그는 문제를 귀납법으로 풀지 않는다면, 건강한 상태와 정신 이상을 구분하지 못할 것이라고 말했지요. 귀납적 추론을 무시한다면, 학문적으로 관찰된 규칙이나 황당한 상상이나 마찬가지로 증명 불가능한 것이 될 테니까 말입니다. 그렇다면 우리는 무엇을 할 수 있을까요?

칼 포퍼, 틀릴 수도 있는 것이 과학이다

귀납적 결론이 상당히 불편한 논리 문제들을 동반하는 걸 참지 못하겠다면, 두 가지 선택지가 남습니다. 개별적인 관찰에서 시작해 일반적인 규칙으로 이어지는 귀납적 추론이 허락되는 이유가 무엇인지를 찾아보거나, 철학자 칼 포퍼 Karl Popper 처럼 아예 귀납법을 급진적으로 거부하거나.

1902년 빈에서 태어난 포퍼는 과학을 논리적 난공불락의 토대 위에 세우고자 하는 빈 학파의 노력을 아주 잘 알고 있었습니다. 하지만 그는 귀납적 추론으로 문제를 해결하려는 노력이 가망 없고 불필요하다고 여겼지요. 포퍼는 과학이 귀납법에 의지할 필요가 없다고 생각했습니다. 학문적 이론을 구성하기 위해 미리 정해진 과정은 없으므로, 지켜야 하는 특정 규칙 같은 것도 없지요. 그냥 직감에 따라 이론을 만들면 됩니다. 그 세부 과정은 심리학이나 과학사학적으로는 흥미로울지 몰라도, 그저 과학을 하려는 사람에게는 신경 쓸 대상이 아닙니다.

하지만 과학 이론을 절대적으로 확신할 방법이 한 가지 있다고 칼 포퍼는 이야기합니다. 과학 이론은 확실하게 증명할 수는 없지만, 확실하게 반박할 수는 있다고 말입니다. 일생 동안 까마귀를 관찰하고 까마귀가 모두 까맣다는 것을 확인했다고 하여 '모든 까마귀는 검다'라는 명제가 정말로 맞다고 증명한 건 아닙니다. 단 한 마리라도 초록 까마귀를 발견한다면 그 명제는 반박되지요. 명백하게 최종적으로요.

따라서 일반화가 옳다는 증명과 그것이 그르다는 증명 사이에는 뚜렷한 차이가 존재합니다. 옳다는 증명은 불가능하고 그르다는 증명은 단박에 가능하지요. 참으로 비대칭적입니다. 칼 포퍼의 과학 이론인 비판적 합리주의는 이런 비대칭성asymmetry에 근거합니다. 과학 명제를 증명하려고 애써 노력을 기울이지 마세요. 어차피 증명할 수 없으니까요! 대신에 명제를 반박 가능하게 표현하는 데에 힘을 써야 합니다. 반증이 가능한 진술만이 학문적으로 가치 있습니다. 그것은 관찰을 통해 거짓으로 드러날 수 있는 것이라야 하지요.

과학적 진술은 반증 가능성이 있어야 한다는 원칙을 따르지 않는다면, 저는 몽상으로 상당히 기이한 가설을 지어낼 수 있을 것입니다. 가령 중력에 대한 새로운 가설을 세울 수도 있지요. 우주의 모든 것에는 하늘의 사랑이 스며들어 있으며, 하늘의 사랑은 합일을 추구합니다. 그리고 생명을 선사하는 우리의 고향 행성 지구에는 우주의 차갑고 텅 빈 공간에보다 더 많은 하늘의 사랑이 깃들어 있습니다. 그렇기에 우주의 혜성들은 곧잘 지구에 이끌려 대기권에 들어와 행성 간 쾌락의 빛을 발하며 타오르는 것입니다. 지구로 떨어지는 유성이나 운석도 같은 이유에서 어쩔 수 없이 지구에 이끌리게 되고요. 그들은 사랑하는 모행성을 되도록 가까이 하고 싶은 본능적인 욕구를 느낍니다.

그러나 격정적인 사랑 외에 존경 어린 우정도 있습니다. 이것은 어느 정도 거리를 유지한 상태에서 긴밀히 연결되게끔 합니다. 천체들 사이에서 바로 이러한 우정을 관찰할 수 있지요. 태양과 지구는 서로 끌리지만, 거칠고 격정적으로 서로에게 달려들지 않습니다. 지구는 평화로이 빛나는 태양 주위를 돌며 영원한 우정으로 태양과 결속되어 있습니다.

중력을 천상의 사랑으로 묘사한 이런 이론으로, 낙하하는 사과부터 행성들의 궤도에 이르기까지 여러 천체 현상을 설명할 수 있습니다. 커다란 천체는 어찌하여 더 강한 인력을 행사하는지도 이렇게 설명됩니다. 커다란 천체는 하늘의 사랑을 담을 자리가 더 많다고 말입니다. 심지어 천체가 폭발할 때 파편들이 왜 사방으로 날아가는지까지도 설명 가능합니다. 폭발처럼 무자비하고 폭력적인 것은 어느 정도 천상의 사랑과 반대되지 않겠어요? 그리하여 끌림이 밀어냄으로 바뀔 수 있습니다. 음, 논리적이군요.

그럼에도 이 모든 것은 순전히 헛소리일 따름입니다. 이성적인 사람은 천상의 사랑으로 중력을 설명하는 가설을 학문적으로 조금이라도 솔깃하게 듣지 않을 겁니다. 이 가설에는 아주 결정적인 약점이 있으니 바로 반박할 수 없다는 점입니다. 무슨 관찰을 하든 이 가설을 확인해 주는 것으로 해석할 수 있지요. 어느 행성이 이상할 정도로 긴 타원 궤도로 공전하면서, 어느 때는 자신의 별에 너무 가까이 다가갔다가 또 어느 때는 너무 멀어졌다가 하나요? 흠, 그건 두 천체가 사랑한 나머지 때로 너무 가까워져서, 다시금 약간의 거리 두기가 필요하기 때문이에요. 어떤 행성이 쌍성계 안에서 불규칙한 궤도로 운동하다가, 결국 쌍성계에서 이탈해 버리고 말았다고요? 그러면 아마도 그 행성은 두 별을 모두 똑같이 좋아했기에, 결정을 내리지 못하고 차라리 그냥 혼자 남기로 해 버린 것일지도 몰라요.

이런 가설은 볼프강 파울리 Wolfgang Pauli가 한 말에 들어맞습니다. "이것은 옳지 않을 뿐 아니라, 결코 틀리지도 않다!" 과학은 원칙적으로 반박이 가능한 이론만을 진지하게 받아들일 수 있습니다. 반증 가능성이 있느냐, 이것이 바로 칼 포퍼가 말하는 과학 이론의 기준입니다. 어떤 가설을 제시하는 사람은 동시에 자신이 어떤 상황에서 그 이론을 다시 폐기할 용의가 있는지도 말할 수 있어야 합니다. 어떤 관찰이 나올 때 이 가설을 팽개칠 수 있을까요? 어떤 실험 결과가 있을 때 자신이 틀렸음을 인정할 수 있을까요? 이런 질문에 대답하지 못한다면 과학을 하는 것이 아닙니다.

위험을 무릅쓸 용기를!

칼 포퍼는 알베르트 아인슈타인의 일반 상대성 이론에 특히나 깊은 인상을 받았습니다. 일반 상대성 이론은 언뜻 보기에 약간 황당하고 이상해 보입니다. 하지만 그것은 명확하고 검증 가능한 예측을 합니다. 아인슈타인이 단지 팬들에게 천재 소리를 듣는 게 목적이었다면, 더 쉬운 길을 선택할 수 있었을 거예요. 공식 따위는 제시하지 않고도 사변적인 강연을 통해 휘어진 공간과 휘어진 시간에 대해 떠벌리고, 에너지와 질량의 연관에 대해 오랜 시간 논할 수 있었을 것입니다. 거기서는 그 무엇도 잘못될 수 없으며, 아무도 반박할 수 없었을 테지요. 하지만 그랬다면 아인슈타인은 위대한 과학자가 아니었을 겁니다.

아인슈타인은 그보다 훨씬 위험한 쪽을 선택했습니다. 그는 검증이 가능한 명확한 예측을 시도했지요. 상대성 이론이 진실이라면, 별빛은 태양 곁을 지날 때 특정 각도로 휘어질 것입니다. 아인슈타인은 이런 기이한 빛의 휘어짐을 계산해 보이면서 자신의 이론을 반증 가능하게끔 만들었습니다. 단 한 번의 실험으로 자신의 이론이 틀린 것으로 드러날지도 모르는 위험을 무릅썼지요. 1919년 개기일식 때의 관측에서 아인슈타인의 예측이 빗나갔다면, 우리는 오늘날 알베르트 아인슈타인이라는 이름을 잘 몰랐을지도 모릅니다. 하지만 상대성 이론은 검증 실험에서 반박 가능성을 견디고 살아남았습니다. 이론은 이런 과정을 통해 비로소 가치를 얻습니다. 과학은 언제든 틀릴 수 있습니다.

어떤 가설에 반박 가능성이 있는가 하는 것은 과학을 유사 과학이나 비과학과 구별하는 중요한 기준입니다. 누군가 우리를 붙들고 감각으로 지각할 수 있는 세계 외에 눈에 보이지 않는 유니콘이 사는 영적인 세계가 있으며, 그 세계에서는 유니콘들이 숨겨진 차원에서 보내오는 비밀 메시지를 받는다며 열심히 썰을 푸나요? 그런 말들은 전혀 반박이 불가능합니다. 그러므로 그런 이론을 살펴보느라 시간을 낭비하는 것은 바보짓이지요. 유니콘이 그 어딘가에 발자국이라도 남길 수 있어야 비로소 그 이론은 흥미로워집니다.

점성가들의 모호한 예측, 돌팔이 치료사들의 병을 낫게 해 준다는 예언, 원하기만 하면 무엇이든 이룰 수 있다고 굳은 약속을 남발하는 동기 부여 트레이너들의 진부한 조언도 마찬가지입니다. 그들의 강연을 듣거나 코치를 받은 뒤 우리가 성공하면 그것은 트레이너들 덕분이고, 우리가 성공하지 못하면 그것은 우리의 의지가 강하지 못했기 때문이라고 하지요. 무슨 일이 일어나든 기본 명제는 반박할 수 없습니다. 하지만 그로써 그런 명제들은 학문적인 의미에서는 가치를 상실합니다. 언뜻 볼 때는 반박거리가 없어 보이는 바로 그 점이 그 이론을 완전히 무의미하게 만듭니다.

칼 포퍼는 비판적 합리주의로 과학을 비과학과 구별하는 한 가지 가능성을 제공했을 뿐 아니라, 그로써 과학에도 중요한 행동 지침 하나를 부여했습니다. 바로 과학적 진보를 가능케 하기 위해서는 새로운 이론을 조심스럽고 모호하게 개진할 것이 아니라, 아주 용감하고 정확하게 표현해야 한다는 것입니다. 좋은 과학은 기존 이론의 예측들과 명확히 구별되게끔 가능한 한 대담하게 예측해야 합니다. 그래야 옛 이론을 폐기해야 할지 새 이론을 폐기해야 할지 실험으로 확실히 정할 수 있습니다.

하지만 이로써도 아직 중요한 질문에는 답하지 못했습니다. 우리가 어떤 이론을 언제 믿을 수 있겠는가 하는 것입니다. 검증 가능하지 않은 주장은 과학적이지 않으며 검증에서 거짓으로 드러나는 이론은 폐기된다는 점은 분명합니다. 그렇다면 나머지는 어떻게 할까요? 우리가 아주 순진하게 포퍼가 제시한 반박 가능성만을 따진다면, 아직 전혀 검증이 이루어지지 않은 새로 고안된 이론과 수십 년 동안 성공적으로 사용되어 온 옛 이론이 같은 지위를 갖게 되는 결과가 빚어집니다. 두 이론 모두 반박 가능한 동시에 아직 반박되지 않았으니까요. 게다가 어차피 최종적으로 진실을 증명하는 건 불가능합니다. 그러므로 새 이론은 옛 이론과 정확히 똑같은 가치를 지닐까요?

정말 그렇게 생각하는 사람은 아무도 없을 것입니다. 누군가가 비행에 대한 완전히 새로운 이론을 개발하여 혁신적인 비행기를 제작한다고 합시다. 저는 이런 비행기의 시승객이 되고 싶지 않습니다. 그보다는 이미 많은 테스트를 거쳐 탈 만한 것으로 입증된 비행기에 타고 싶어요. 칼 포퍼도 이를 감안하여 어떤 이론에 대한 '입증의 정도'를 이야기했습니다. 한 이론이 이미 높은 정도로 입증되었다면, 그 이론을 다른 이론보다 더 신뢰하는 게 현명합니다. 하지만 이런 생각은 포퍼가 원래 쓸모없고 유효하지 않다고 선언한 귀납법과 깊은 연관이 있습니다. 저는 특정 비행기를 신뢰합니다. 그 비행기가 과거에 이미 성공적으로 이착륙했던 경험이 많기 때문이지요. 이것은 까마귀가 과거에 늘 검은색이었으므로 다음에 발견되는 까마귀도 다시 검은색일 거라고 보는 새 연구가의 믿음을 떠오르게 합니다. 바로 귀납법 말입니다.

웨이슨의 카드 테스트, 우리가 틀렸다고 가정하자

그러므로 포퍼의 반증 가능성 기준으로도 과학 이론의 모든 문제를 풀기에는 아직 역부족입니다. 하지만 우리는 이론을 일상적으로 다루면서 포퍼의 비판적 합리주의로부터 많은 것을 배울 수 있습니다. 우리는 자신의 명제를 늘 캐물어야 합니다. 명제가 맞는지 가능하면 많이 확인하면서가 아니라, 의도적으로 그것을 반증하려고 하면서 물어야 하지요.

하지만 영국 심리학자 피터 웨이슨 Peter Wason 의 연구는 우리가 이런 전략을 너무 드물게 사용한다는 걸 보여 줍니다. 웨이슨은 인간 사고의 전형적인 논리적 실수들을 연구하기 위해 실험들을 개발했습니다. 그중 유명한 실험이 그가 1966년에 고안한 '선택 과제 selection task'입니다.

과제는 아주 단순한 듯합니다. 카드의 앞면에는 서로 다른 숫자들이 써 있고, 뒷면은 검은색이나 흰색으로 칠해져 있지요. 자, 이제 우리가 연구해야 하는 명제는 '짝수인 카드는 모두 뒷면이 검은색이다'라는 것입니다. 테이블 위에는 앞면이 7인 카드와 8인 카드, 뒷면이 각각 검은색과 흰색인 카드 하나씩 이렇게 네 장의 카드가 놓여 있습니다. 우리의 명제를 검증하려면 어떻게 해야 할까요? 잠시 시간을 두고 생각해 보세요. 모든 짝수 카드가 검은색 뒷면을 갖는지를 규명하려면 어떤 카드를 뒤집어 보아야 할까요?

대부분의 사람들은 우선 카드 8을 뒤집을 것입니다. 이것은 완전히 옳은 선택이지요. 8의 뒷면이 검은색이 아니라면 명제는 거짓이니까요. 그런 다음에는 어떤 카드를 뒤집을까요? 다수의 실험 참가자는 다음으로 검정 카드를 뒤집습니다. 이 검정 카드의 뒷면이 짝수이면, 우리의 명제가 다시 한번 증명된다는 생각이지요. 하지만 논리적으로 보면 이는 잘못된 선택입니다. 검정 카드를 뒤집었을 때 짝수가 나오든 홀수가 나오든 상관없이 우리는 새로운 정보를 얻지 못합니다. 홀수 카드의 뒷면이 검은색이 아니라고는(검은색 카드 뒷면에 짝수가 써 있다고는) 아무도 말하지 않았기 때문입니다.

반면 하얀색 카드를 뒤집어 보는 것은 의미가 있습니다. 그랬을 때 앞면에 짝수가 나오면, 모든 짝수 카드의 뒷면은 검은색이라는 명제가 명백히 반박됩니다. 하지만 웨이슨의 실험에 참가한 사람들 중 소수만이 이런 선택을 했습니다. 우리는 명제를 반박할 수 있는 상황을 유도하는 대신, 본능적으로 우리의 명제를 확인하려는 경향이 있는 것입니다. 게다가 이렇듯 자신의 명제를 뒷받침하는 결과를, 명제를 반박하는 결과보다 더 잘 기억합니다. 이를 '확증 편향'이라 부릅니다.

피터 웨이슨은 다른 실험으로 이런 경향을 더 분명히 보여 주었습니다. 이번에 웨이슨은 실험 참가자들에게 수열의 규칙을 알아맞히는 과제를 내었는데, 우선 2-4-6이라는 수열을 제시하고, 이 수열이 자신이 생각한 규칙을 따르는 예라고 말해 주었지요. 그러고는 이제 참가자들더러 숫자 세 개를 말하게 하고, 세 수가 자신의 규칙에 맞는지 안 맞는지를 확인해 주는 방식으로 참가자들이 규칙을 알아맞히도록 하였습니다.

대부분의 참가자들은 2-4-6이라는 수열에서 금방 패턴을 인지하고 4-6-8이나 8-10-12처럼 비슷한 수열을 제시했습니다. 그리고 이런 수열들도 규칙에 맞는다는 대답을 들었지요. 그러자 많은 사람이 곧바로 올바른 규칙을 찾았다고 확신하고는, 웨이슨이 생각한 규칙이 '연속된 세 짝수'가 아니냐고 물었습니다. 웨이슨은 그건 자신이 생각한 규칙이 아니라고 답했고요.

피터 웨이슨이 생각한 수열의 규칙은 사실 훨씬 단순했습니다. 정답은 (홀수든 짝수든 상관없이) 그냥 작은 수부터 아무거나 세 개를 나열한 것일 따름입니다. 그러므로 3-7-28도 맞고, '-1, 파이, 6 곱하기 10의 23승'도 맞지요. 하지만 참가자들은 대체로 여기서도 역시 자신이 생각한 가설을 확인해 주는 예들만을 테스트했습니다. 확인을 우선시하는 테스트를 '긍정 테스트'라고 합니다. 그러나 같은 열심을 발휘하여 자신의 가설을 반박할 수 있는 예들을 찾는 것이 더 영리합니다.

몇 번 수열을 제시한 뒤 연속되는 세 짝수가 규칙이라는 생각이 든다면, 의식적으로 이런 가정에 위배되는 수열을 테스트해 보는 게 좋습니다. 가령 3-5-7처럼 말입니다. 그런 부정 테스트의 결과가 정말로 부정으로 나오면, 모든 것이 예상대로이고 자신의 가정이 맞는다는 믿음이 확고해집니다. 그러나 3-5-7이라는 수열이 기대에 반하여 역시나 규칙에 맞는다면, 거기서 중요한 것을 배우게 됩니다. 이 경우

'아하! 연속되는 세 짝수가 규칙이 아니구나' 하고 깨닫게 되지요. 자신의 가설을 확인해 주는 긍정 테스트만 해서는 그 점을 결코 알아낼 수가 없습니다.

자신의 확신을 흔들기

물론 긍정 테스트가 단연 유의미한 경우도 있습니다. 가령 제가 라자냐를 맛있게 만들 수 있고 최적의 라자냐 레시피를 개발했노라고 자랑스럽게 주장한다면, 저는 계속해서 이 레시피대로 라자냐를 만들 것입니다. 그리고 정말로 라자냐가 엄청 맛있게 만들어지면, 매번 그것을 저의 명제가 옳다는 증거로 받아들일 테고요. 학문적으로 보자면 라자냐가 더 맛이 없어지리라는 기대하에 레시피를 약간 변형해 보는 것이 바람직합니다. 레시피에 이리저리 변화를 줄 때마다 결과가 더 나빠지면, 원래의 레시피가 최선이었다는 좋은 근거가 될 테니 말입니다.

하지만 실제로 요리를 할 때 우리는 거의 그렇게 행동하지 않으며 그 편이 더 현명합니다. 요리에서 중요한 것은 영원한 진리가 아니라, 모두가 맛있게 먹을 수 있는 구체적인 최종 산물이기 때문입니다. 하지만 과학에서는 계속해서 기존의 이론을 반박하려고 할 때 진보를 이루기 쉽습니다.

늘 자신의 추측을 확인하려고만 한다면, 상당히 안 좋게 끝날 수도 있습니다. 불합리하고, 틀리고, 참으로 우스꽝스러운 이론이라 하더라도 그것이 맞음을 보여 주는 표지 같은 것을 언제든지 발견할 수 있기 때문입니다. 인간의 형상으로 둔갑한 파충류 외계인이 정말로 인류를 지배할 수 있을까요?

파충류 외계인이 인류를 지배하고 있다는 생각에 진심으로 깊이 몰두하는 사람들이 존재합니다. 그들은 지치지도 않고 렙틸리언 음모론을 뒷받침하는 증거를 찾아 제시하지요. 무수한 사진을 뒤지다 보면 유명 인사들의 동공이 이상해 보이는 사진이 있을 수 있습니다. "앗, 뱀의 동공처럼 약간 기르스름해 보이지 않아? 딱 걸렸다! 이 사람도 바로 파충류 외계인이야! 헐리우드 배우 아무개가 성형 수술을 한 뒤에 모습이 좀 이상해졌다고? 아냐 아냐, 자세히 봐. 파충류 얼굴이잖아! 미국 대통령 버락 오바마가 인터뷰 도중에 카메라 앞에서 손으로 파리를 잡았다고? 그게 바로 그가 파충류 외계인이라는 증거야!"

물론 의도적으로 반대 근거를 찾으면서 그런 명제를 살펴보는 것이 더 영리합니다. 관찰 결과를 더 단순하게 설명하는 다른 명제가 있을까요? 파충류 외계인 이야기가 완전히 난센스임을 보여 주는 정황은 무엇일까요? 이런 정황이 조성되는지 여부를 어떻게 점검할까요?

계속해서 자신의 확신을 가능하면 강하게 흔들어야 합니다. 이런 원칙은 과학 연구뿐 아니라, 더 일반적이고 추상적인 형태로 나타나는 우리의 다양한 세계관적 명제에도 적용할 수 있습니다. 우리는 자신의 원래 의견을 확인하는 것만으로 만족할 때가 너무 많아요. 자신의 정치적 확신에 맞는 언론을 선택하고, 자신과 비슷한 생각을 가진 사람들과 교류하지요. 그리하여 매일매일 접하는 정보가 기존 의견을 더욱 굳건하게 만듭니다. 하지만 때로는 그 반대를 시험해 보는 것이 더 의미 있고 열린 행동이 됩니다. 한번 잠시 자기 의견의 정반대에서 출발해 봅시다. 자신의 생각을 반박해 봅시다. 반대 명제를 떠받치는 근거도 찾을 수 있지 않을까요?

   그렇게 해도 전혀 흥미로운 점을 발견하지 못하고 어떻게 해도 우리의 생각이 옳은 것으로 드러난다면, 그거야말로 멋진 일이지요. 그러나 만약 그렇지 않다면, 우리는 중요한 교훈을 얻게 될 것입니다.

제6장

맞지 않는다고
반드시 틀린 것은 아니다

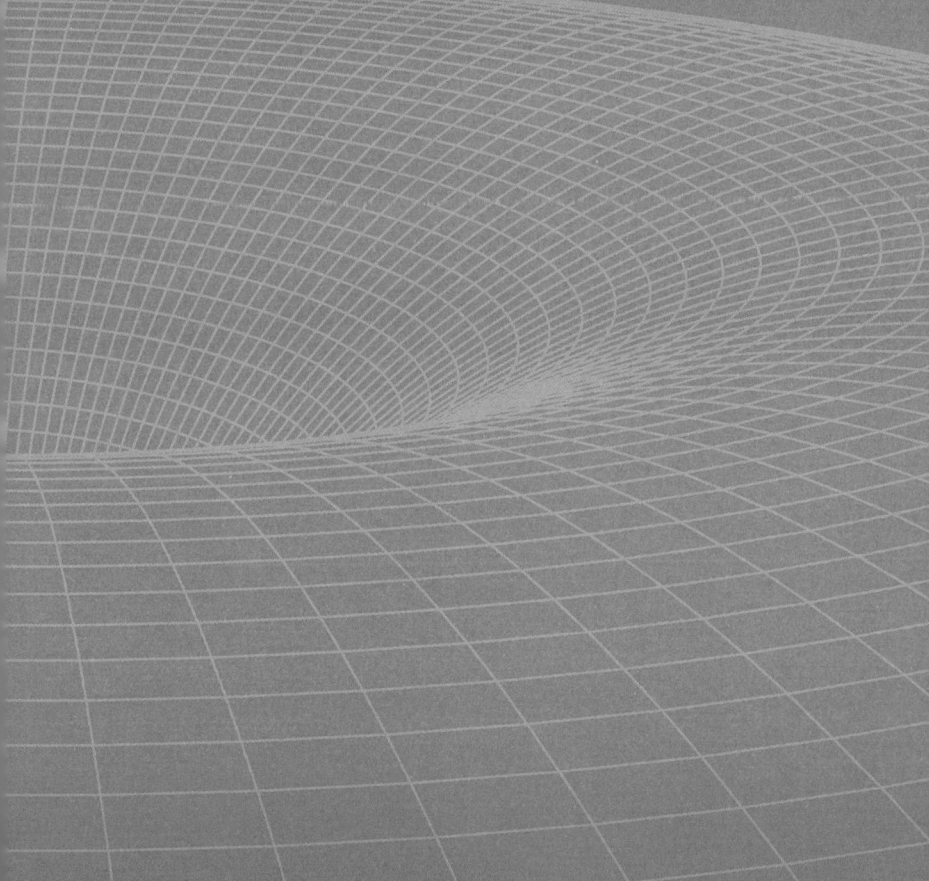

행성을 발견한 과정 또 어떤 행성은 사라지게 만든 경위
지구가 원반이 아니라는 상당히 확실한 증거
과학의 역사가 케이크 굽기와는 다른 이유

위기 상황에서는 과학 이론을 옹호해야 한다
그러나 무조건 그렇게 해서는 안 된다

누군가 다음 주 수요일에 정말 획기적인 발견을 하기로 마음먹고 달력에 빨간 사인펜으로 큼직하게 '과학적 혁신의 날'이라고 써 놓는다고 해도, 그에 솔깃할 사람은 별로 없을 것입니다. 획기적인 일이 언제 일어날지 일찌감치 날짜를 정할 수 있다면 좋겠지만, 과학적 센세이션은 미리 계획한다고 그에 맞춰 일어나지는 않지요.

하지만 1846년 9월 23일에는 사정이 달랐습니다. 당시 베를린 천문대 연구자들은 과학 역사상 길이 남을 관측을 하겠다는 확실한 목표를 가지고 망원경을 조준했습니다. 태양계의 여덟 번째 행성을 발견하기로 계획했던 것입니다. 천문학자 요한 고트프리트 갈레Johann Gottfried Galle와 젊은 대학생 하인리히 루이 다레스트Heinrich Louis d'Arrest는 이날 저녁, 역사에 큰 발자취를 남길 발견을 할 가능성이 상당히 크다는 것을 잘 알고 있었습니다.

그들은 이날 태양계의 일곱 번째 행성인 천왕성의 기이한 수수께끼를 풀고자 했습니다. 천왕성의 운동이 이상하게도 자연 법칙과 딱 맞아떨어지지 않는 듯이 보였기 때문입니다. 천왕성의 궤도는 묘하게 불규칙했고, 학자들은 곧 그 이유가 천왕성보다 더 먼 곳에서 태양 주위를 도는, 지금까지 발견되지 않은 행성 때문이 아닌가 의심했지요. 이 미지의 행성이 자신의 인력으로 천왕성의 운동을 약간 불규칙하게 만드는 게 아닐까 하고 말입니다.

미지의 여덟 번째 행성을 어떻게 찾는다는 걸까요? 천왕성은 1781년에 윌리엄 허셜William Herschel과 캐럴라인 허셜Caroline Herschel 남매가 망원경으로 밤하늘을 살피던 중 어쩌다 발견된 바 있습니다. 하지만 언젠가 이와 비슷한 우연으로 천왕성보다 더 멀리서 태양을 도는 여덟 번째 행성을 발견할 가능성은 거의 없어 보였지요. 그 정도로 멀리 떨어진 행성은 망원경으로 관측해도, 아주 약한 빛을 내며 별들 사이에서 매우 느리게 위치를 바꾸는 미세한 원반으로 보일 것이기 때문입니다. 그리하여 우연히 바로 그 행성에 망원경을 조준한다 하여도, 그것을 몰라보거나 그냥 희미한 빛을 내는 보통 별로 여기겠지요.

하지만 베를린 천문대의 요한 고트프리트 갈레와 루이 다레스트는 상황이 무척 유리했습니다. 그들은 망원경으로 어느 부분을 조준해야 할지 상당히 정확히 알고 있었지요. 프랑스의 수학자 위르뱅 르베리에 Urbain Le Verrier 가 천왕성 운동의 불규칙성을 분석하고, 또한 다른 행성 때문에 이런 불규칙성이 야기된다면 그 행성이 어떤 궤도로 운동할지를 계산해 냈던 것입니다. 그리하여 정말로 여덟 번째 미지의 행성이 있다면, 그날 밤 염소자리와 물병자리 사이의 가장자리 구역에서 관측되리라고 예측했습니다.

위르뱅 르 베리에가 베를린으로 보내온 계산 결과를 받은 요한 고트프리트 갈레는 망원경으로 르 베리에가 말한 구역을 살피기 시작합니다. 처음에는 별로 눈에 띄는 것이 없었습니다. 그냥 희미한 빛을 내는 점들이 있을 따름이었지요. 이런 빛의 점들이 그냥 보통 별일까요, 아니면 그중에서 그들이 찾는 태양계의 여덟 번째 행성이 있을까요? 갈레는 빛의 점들을 하나씩 하나씩 조준했고, 다레스트는 성도에서 그 자리에 알려진 별이 있는지 없는지를 확인했습니다. 오래지 않아 다레스트가 갑자기 이렇게 소리칩니다. "이 별은 성도에 없어요!" 정말이었습니다. 그것이 바로 그토록 고대하던 빛의 점이었지요. 단 하룻밤 사이에 그들은 태양계의 여덟 번째 행성을 찾아내었고, 오늘날 우리는 그것을 해왕성이라 부릅니다.

이때까지 천체들의 궤도는 밤하늘을 세심하게 관찰해서 알아내었습니다. 반면 해왕성의 궤도는 르 베리에가 하늘을 전혀 올려다보지 않은 채 책상머리에 앉아 종이에 식을 끼적이면서 알아내었지요.

이것이 가능했던 것은 르 베리에가 당시 알려져 있던 가장 강력하고, 믿을 만하고, 잘 검증된 이론을 활용했기 때문입니다. 바로 아이작 뉴턴이 150년도 더 전에 개진한 고전 역학이었죠. 뉴턴의 법칙으로 힘과 운동이 서로 어떻게 연관되는지, 천체가 중력을 통해 서로 어떤 영향을 주고받으며, 그로 인해 행성 궤도가 어떤 모습이 되는지를 알 수 있습니다. 물론 뉴턴 자신은 해왕성은 물론이고 천왕성에 대해서도 까맣게 몰랐습니다. 하지만 그는 17세기에 이미 공식을 도출했고, 오늘날까지 우리는 별이 빛나는 하늘을 그것으로 설명해 냅니다.

위르뱅 르 베리에는 아이작 뉴턴과는 다른 나라, 다른 시대 사람이었지만, 자연 과학 연구에서 그런 건 중요하지 않습니다. 르 베리에와 뉴턴이 한 번도 만난 적이 없더라도 아무런 상관이 없고, 서로 호감이 있었는지 역시 아무래도 좋습니다. 계산이 잘못되었을 때 서로 다른 언어로 신경질을 부린다는 것도 중요하지 않고요. 둘은 수학의 언어를 완벽히 숙지하고 있었으니 말입니다.

르 베리에는 미지의 또 다른 행성에 대한 명제를 연구하기 위해 뉴턴의 공식을 활용했습니다. 뉴턴은 오래전에 고인이 되었으나, 그의 생각은 학술적으로 이해 가능하게 서술되어 다른 연구자들의 머리에서 계속 살아 움직였지요. 과학은 시공간을 뛰어넘어 생각을 전달해 줄 수 있습니다. 영국인이 간파한 자연 법칙으로 프랑스인이 행성 궤도를 계산하고, 두 독일인이 그 정당성을 검증해 내고야 맙니다.

뒤앙-콰인 논제,
우리는 생각을 묶음으로 점검한다

우리는 이제 모두 만족스럽게 고개를 끄덕이며, 이런 이야기를 이론과 실험이 놀랍게 어우러지는 과학 연구의 아주 신선한 모범 사례로 기억에 담아 둘 수 있을 것입니다. 좋은 과학 이론은 반증 가능성을 지녀야 한다고 말했던 칼 포퍼의 말대로, 르 베리에는 명확하고 반증 가능한 예측을 했습니다. 그가 겁쟁이였더라면 멀리 우주의 차가운 구역에 있는 또 하나의 행성에 대해 아주 모호하게만 이야기했을지도 모르지요. 아무도 반증할 수 없게끔 말입니다. 하지만 그는 용기 있게 그 미지의 행성이 특정 시간에 어떤 위치에서 관측될지를 아주 구체적으로 추측했습니다. 빗나갈 수도 있었지만, 그가 옳았습니다.

한편 우리는 시각을 약간 달리해, 천왕성의 이상한 궤도 이야기를 뉴턴의 고전 역학에 대한 테스트로 파악할 수도 있습니다. 자, 지루하고 창조성이라곤 눈꼽만큼도 없는 반증주의자가 천왕성의 궤도를 연구한다고 해 봅시다. 그는 마치 자동 인출기가 계좌에 돈이 모자라면 전혀 돈을 내어주지 않는 것처럼, 과학 이론을 법칙에 따라 아주 엄격하게 검증하는 스타일입니다. 이런 가차 없는 연구자는 태양계에 또 하나의 행성이 있을지도 모른다는 생각은 하지 않았을 겁니다. 대신에 천왕성의 운동이 뉴턴의 중력 이론에서의 예측과 부합하지 않는다는 걸 자명하게 확인하고는, 뉴턴 이론이 틀렸다고 선언해 버렸을 테지요.

'모든 까마귀는 까맣다'는 가설은 다른 색을 가진 까마귀가 단 한 마리만 나타나도 반증됩니다. 그렇다면 뉴턴의 중력 이론이 모든 천체에 특정 궤도를 지정해 주는데, 유독 고집스러운 천왕성이 그와 다르게 움직인다고 하여, 마찬가지로 뉴턴의 중력 이론이 잘못되었다고 보아야 할까요?

물론 그렇지 않습니다. 그것은 순진하고 상당히 의미 없는 반증주의입니다. 그런 식의 반증주의는 과학에 존재하지 않지요. 예측과 관찰 사이에 작은 모순이 있다고 이론을 곧장 폐기한다면, 과학에서 남아나는 이론이 하나도 없을 것입니다. 세계 방방곡곡의 연구 실험실에서는 통용되는 이론에 잘 부합하지 않는 데이터가 매일같이 측정됩니다. 하지만 대부분 그것은 요란을 떨면서 과학의 토대를 통째로 뒤흔들어야 한다는 의미가 아니라, 실험에서 뭔가 작은 요소들을 간과했다는 뜻일 따름입니다.

 엄밀히 말해 어떤 이론을 검증할 때는 결코 하나의 이론만 고립적으로 검증해서는 안 됩니다. 실제로 우리는 매 실험에서 늘 한 가지 가설이 아니라 한 묶음의 가설을 동시에 테스트합니다. 이것이 바로 '뒤앙-콰인 논제Duhem-Quine thesis'입니다. 천왕성의 궤도가 아이작 뉴턴이 정립한 방정식에 따르는지를 연구한다면, 우리는 뉴턴의 방정식만 따로 떼어 검증하는 것이 아니라 뉴턴 방정식을 일련의 다른 명제들과 연결하여 점검합니다. 태양계에는 잘 알려진 특정 개수의 행성들이 있다는 명제, 우리의 측정기가 문제없이 작동하여 천체의 올바른 위치를 알려 준다는 명제, 또한 우리의 결과에 혼란을 가져올 수 있는 자연 속 미지의 또 다른 힘이 없다는 명제 등이 있습니다.

 이론과 실험이 일치하지 않으면, 논리적으로 이런 명제 중 최소한 하나가 잘못되었을 것입니다. 하지만 무엇이 오류일까요? 중력 이론 자체가 틀렸을 수도 있습니다. 뉴턴의 방정식이 지금까지 순전히 우연으로 관찰 결과와 맞아떨어졌던 걸까요? 규칙을 지키지 않으려는 반항적인 행성 하나가, 고전 역학 전체가 지금까지 그냥 터무니없는 미신이었음을 드러내는 것일까요?

 물론 천왕성 궤도에 불규칙성이 발견되었다고 해서 전체 중력 이론을 수포로 되돌려야 한다고 보는 사람은 아무도 없었습니다. 그냥 그렇게 무마하기에는 뉴턴의 중력 이론이 그동안 과학에 아주 많이 기여해 왔기 때문이지요. 그러므로 천왕성의 불규칙성은 뉴턴의 중력 이론이 아닌 다른 가설의 오류에서 비롯되었을 가능성이 더 높은 듯했습니다. 가령 태양계 행성의 수가 지금까지 알려진 것이랑 다를 수도 있지 않겠어요?

그리하여 아주 즉흥적으로 '임시방편 가설*ad hoc* hypothesis'이 도입되었습니다. 지금까지 발견되지 않은 새로운 여덟 번째 행성이 있다고 믿기로 한 것입니다. 기존의 가설들이 관찰을 제대로 설명하지 못한다는 사실 말고는 이 가설을 도입할 이유가 없었지요. 하지만 이런 믿기지 않는 임시방편 가설은 눈부신 성공으로 드러났습니다. 그냥 상상해 본 추가 행성이 정말로 발견되었고, 그 행성과 함께하는 새로운 태양계에서 알려진 모든 천체가 다시금 뉴턴의 공식에 부합하는 운동을 했지요. 설명할 수 없었던 천왕성의 궤도는 뉴턴의 중력 이론을 심각하게 뒤흔드는가 싶었지만, 오히려 중력 이론을 눈부시게 확인해 주는 수단이 되었습니다.

하지만 이 모든 전개가 과연 당연했을까요? 이것은 과학적 진보가 어떻게 이루어지는지를 보여 주는 좋은 예일까요, 아니면 과학적인 술수가 우연히 유종의 미를 거둔 것일까요? 이론과 관찰이 맞아떨어지지 않을 때 무턱대고 새로운 보조 가설을 지어내는 건 위험한 일이기에 하는 말입니다.

지구 평면설

아주 다른 이론과 비교해서 봅시다. 바로 지구는 평평하다는 이론입니다. '대서양을 가로질러 비행하고, 정지궤도 위성이 발사되고, 우주에서 둥근 지구 사진을 찍을 수 있는 시대에 평평한 지구라니 무슨 이런 황당한 생각이 다 있어!' 하지만 우리의 고향 행성이 정말로 거대한 원반 모양이라고 믿는 지구 평평론자가 한번 되어 봅시다. 지구 평면설에 따르면, 학교 과학에 세뇌된 어리석은 지구본 추종자들이 북극이라고 말하는 것은 사실 원반의 중앙입니다. 그리고 지구 원반의 아주 바깥을 두른 남극의 얼음벽은 다행히도 대양이 범람하지 않도록 해 줍니다. 태양과 달은 지구보다 훨씬 작고, 하늘 위에서 원형 궤도로 운동합니다. 그 위로 푸른 하늘이 뻗어 있고, 별들이 그곳에 붙박이로 고정되어 있지요.

자, 이제 누군가가 이런 명제를 반박하여 우리 지구 평평론자들에게 지구는 우주에서 자전하는 구球라고 설득하려 합니다. 아마도 그는 우리와 함께 해변으로 나가 멀리 수평선에서 서서히 아래로 가라앉는 형태로 시야에서 사라져 버리는 배들을 보여 줄 것입니다. 이런 배의 모습은 지구가 둥글다고 봐야 설명이 됩니다. 배가 우리에게서 멀어져 갈 때 배는 지구의 볼록한 곡면에 가려, 선체부터 사라지기 시작해 돛대 끝만 보이다가 결국은 완전히 수평선 너머로 사라져 버린다고 설명합니다.

우리 지구 평평론자들에게는 처음에 이 현상이 문제로 다가옵니다. 천왕성의 궤도가 뉴턴의 중력 이론과 어긋나게 불규칙했듯이 말입니다. 하지만 약간의 창조성을 발휘해 그런 문제를 다시금 무마할 수 있습니다. 지구 평평론자들은 이렇게 주장합니다. "바다는 여러 군데서 볼록하게 솟아 있다. 배가 방금 지나간 장소에서도 그래서, 물이 언덕처럼 곡선을 이루고 그것이 배를 부분적으로 덮는 현상이 나타난 것이다."

이렇게 임시방편 가설을 지어냄으로써 다른 증명들도 다 손쉽게 거부해 버릴 수 있습니다. 누군가 우주에서 찍은 둥근 지구의 사진을 보여 주면, 그건 그냥 위조 사진이라고 설명합니다. 말도 안 되는 지구 구체 가설로 이득을 보려는, 돈에 굶주린 우주 마피아들의 음모일 뿐이라고 말이지요.

자, 이번에는 그 누군가가 우리와 함께 일식을 관찰합니다. 지구의 둥근 그림자에 달이 가려지는 현상으로, 이런 그림자는 언제나 둥그므로 지구가 둥글다고 볼 수밖에 없습니다. 하지만 우리 지구 평평론자들은 이렇게 말하지요. "흥, 그렇지 않아. 일식은 지구와 전혀 상관 없는 현상이야. 달에 둥근 그림자를 떨구는 건 둥근 그림자를 드리우기에 적절한 각도로 태양과 달 사이에 떠 있는 미지의 원반 모양 천체야."

우리는 상대가 인내심을 잃고 나가떨어질 때까지 임시방편 가설 놀이를 계속할 수 있습니다. 지구가 원반 모양이라는 과학적 증거는 물론 없지만요.

그러나 중요한 질문은 이것입니다. 뉴턴의 중력 이론을 계속 신봉하기 위해 해왕성을 고안한 것은 어찌하여 과학적으로 괜찮은 일이고, 반대로 지구 평면설을 계속 신봉하기 위해 즉흥적으로 바다의 굴곡이나 달을 가리는 하늘의 원반 가설을 지어내는 것은 어찌하여 괜찮지 않은 일일까요?

그것은 해왕성의 경우 새로 지어낸 임시방편 가설이 과학적 세계상을 더 개선하여 추가적이고 지속적인 관측을 가능케 했기 때문입니다. 해왕성은 그냥 허구의 산물이 아니라 실지로 관측을 통해 발견할 수 있었으며, 해왕성이 다른 천체들에 미치는 영향을 연구하고 나중에는 심지어 탐사선까지 보내어 해왕성 대기 중의 격렬한 폭풍도 확인할 수 있었습니다. 그리하여 "아무래도 여덟 번째 행성이 있는 게 틀림없어"라는 추가 가설 도입은 천문학적 세계상을 더 풍성하고 다채롭고 신빙성 있게 만들었지요. 실험 연구가 가능한 예측들이 갑자기 더욱 불어났고, 관찰과 명제가 서로 뒷받침하면서 더 폭넓고 튼튼하게 연결되었습니다.

좋은 임시방편 가설은 사다리에 추가되는 디딤판과 같습니다. 이 디딤판은 사다리가 더 튼튼해지게끔 돕지만, 무엇보다 우리를 전보다 한 단계 더 높이 올라가도록 합니다. 그것이 처음 디뎌 보았을 때 부러지지 않을 만큼 견고한 것으로 밝혀진다면 말입니다.

나쁜 임시방편 가설은 그렇지 못합니다. 그것은 싸구려 접착 테이프와 같습니다. 그 접착 테이프로 자신의 쓰러져 가는 사다리를 고치려고 절망적으로 애써 보지만, 기껏해야 와르르 무너지는 게 약간 늦

춰질 뿐 그것을 통해 새롭게 더 올라갈 가능성은 전혀 없지요. 평평한 지구 이론을 구하려고 상상력을 발휘하여 애를 써 봤자, 자연 현상에 대한 우리의 이해는 전혀 진보하지 못합니다. 그런 작업으로는 무언가를 검증하거나 설명할 수 있는 새로운 가능성이 열리지 않습니다. 반증 가능한 세계상 확장에 기여하는 것이 아니라, 그저 지구 평평론자의 마음에 들지 않는 주장들을 무조건 일단 물리치고 보려 할 따름입니다.

러커토시 임레, 견고한 핵과 부드러운 껍질

칼 포퍼는 새로운 관찰 결과가 이론에 배치되는데도 기존의 이론을 붙드는 행태를 용납할 수 없어 했을 것입니다. 하지만 1922년 헝가리에서 태어난 과학철학자 러커토시 임레Lakatos Imre는 때로는 그런 태도가 필요하다고 설명했습니다. 러커토시는 '순진한 반증주의'를 단호히 거부했지요. 몇 가지의 새로운 관찰이 기존의 이론과 부합하지 않는다는 이유로 전체 이론에 곧장 반증이 이루어졌다고 치부하는 건 무의미하다고 말입니다. 과학에서는 반대로 이론을 옹호하고 공격으로부터 지켜 낼 필요도 있습니다.

칼 포퍼에게 과학 연구란 자신의 확신을 계속해서 의심하는 활동입니다. 가장 믿음직스럽고 좋은 명제라 하여도 계속해서 생각할 수 있는 가장 강도 높은 시험을 거쳐야 하지요. 오직 반증 시도를 통해서만 새로운 것을 배울 수 있습니다.

 이것은 어느 차량 기술자가 튼튼한 차를 만들겠다는 열망으로, 차를 고속으로 벽에 충돌시켜 아무리 튼튼한 차라도 어느 순간 각각의 부품으로 산산조각 나게끔 하는 전략과 비슷합니다. 러커토시 역시 이렇듯 차량을 파괴하려는 시도로부터 차량에 대해 아주 많이 배울 수 있다는 점은 동의하겠지요. 하지만 우선은 한동안 차량을 좀 운행해 보는 게 더 유익하지 않을까요? 그리고 차가 목적을 달성하는 한, 영리한 사람이라면 최소한 차량의 주요 부품만은 망가뜨리지 않고 보호할 것입니다.

 러커토시는 학문 이론을 그가 '연구 프로그램 research program'이라 부르는 커다란 사고 체계의 일부로 보았습니다. 연구 프로그램은 변화할 수 있고 여러 부분으로 구성됩니다. 중심에는 견고한 핵이라 할 수 있는 핵심 이론이 위치하고, 그 주변을 여러 유형의 보조 가설들이 둘러쌉니다. 러커토시는 이를 핵심 이론을 두른 '보호대'라고 불렀습니다.

 뉴턴의 중력 이론에도 견고한 핵이라 할 수 있는 중요한 자연 법칙들이 있습니다. '힘은 질량 곱하기 가속도'라는 뉴턴의 제2 운동 법칙, 또는 '모든 물체 사이에는 끌어당기는 힘이 존재하는데, 그 힘은 질량에 비례하고 거리에 반비례한다'라는 중력 법칙이 그것이지요. 이런 기본 법칙들은 타협의 여지가 없으며, 정확히 그 형태 그대로 유효하게 남습니다. 이를 변화시킨다면, 뉴턴의 중력 이론은 더이상 그 법칙들을 담지 못한 채 근본적으로 달라질 것입니다.

반면 보호대에 위치한 보조 가설들은 얼마든지 달라질 수 있습니다. 태양계에는 어떤 천체들이 있을까요? 햇빛은 우주에 어떻게 확산될까요? 망원경은 어떤 광학 법칙에 의해 작동할까요? 이런 문제들에도 아이작 뉴턴은 분명한 의견을 갖고 있었습니다. 하지만 이런 의견에는 뉴턴 역학 전체를 의문시하지 않고도 반박이 가능하지요.

이는 음식 레시피와 약간 비슷합니다. 라즈베리 크림을 곁들인 양귀비 씨 케이크를 만들려면 양귀비 씨와 라즈베리가 필요하며, 이 점은 협상이 불가능하지요. 이것들이 바뀌면 '라즈베리 크림을 곁들인 양귀비 씨 케이크'라는 음식이 아닐 테니 말입니다. 두 재료는 음식에 정체성을 선사하는 레시피의 핵심이라고 볼 수 있습니다. 그 외 부수적으로 들어가는 재료들에는 다양하게 변화를 줄 수 있지요. 버터 대신 미가린을 사용하고 싶다면 그렇게 해도 됩니다. 그런다고 해서 기존의 레시피가 쓸모없어지지는 않으니까요. 이런 부분에서의 조절은 얼마든지 가능합니다.

이론의 핵을 위협하는 새로운 인식들은 보호대를 인위적으로 변화시켜 수용해야 하며, 핵 자체는 가능하면 보호해야 합니다. 핵을 되도록 지켜 낸다는 기본 원칙을 러커토시는 '부정적 발견법'이라 칭했습니다.

그리고 보조 가설들을 조종해야 한다는 원칙을 '긍정적 발견법'이라고 했습니다. 보호대도 신속하게 조정 가능한 바깥쪽 부분과 가급적 오랫동안 지켜 내야 하는 안쪽 부분으로 나눌 수 있습니다. 연구 프로그램에는 어떤 학문적 방법이 의미 있을까요? 뉴턴의 중력 이론에서는 적분 계산이 상당히 유용한 도구입니다. 반면 양귀비 씨 케이크 이론에서는 적분으로 아무것도 찾을 수 없지요. 천문학에서는 망원경이 실험 도구로 받아들여집니다. 그러나 인도게르만어의 생성을 연구하는 데에 망원경을 사용하는 짓은 언어학 분야의 규칙과 어긋날 것입니다.

이런 숙고를 거치고 보니, 또 하나의 행성이 있다고 여긴 르 베리에가 정말 올바로 행동했음을 깨닫게 됩니다. 천왕성의 궤도는 뉴턴의 중력 이론과 부합하지 않았지만 이론의 핵을 방어해야 했으므로, 그는 보호대를 변화시켜 추가 행성 하나를 도입했습니다. 그러자 모든 것이 유종의 미를 거두었고, 이론의 핵심은 그대로 남았지요.

아인슈타인이 행성 하나를 없애 버린 경위

그러나 이런 이야기는 다르게 끝날 수도 있습니다. 해왕성 궤도를 예측하여 빛나는 성공을 거둔 뒤에 위르뱅 르 베리에는 다시 한번 천문학의 또 다른 문제에 이 전략을 사용하고자 했지요. 수성 궤도에서도 기이한 불규칙성이 관찰되었기 때문입니다. 르 베리에는 이 역시 마찬가지로 또 하나의 행성이 있다고 생각하면 설명이 되는지 계산해 보았고, 이번에도 가능하다는 결과가 나왔습니다. 그리하여 르 베리에는 태양계의 아주 안쪽, 수성과 태양 사이에 또 하나의 행성이 있다는 가설을 제기했습니다. 이 미지의 행성은 태양과 바짝 붙어 있기에 표면 온도가 무지막지하게 뜨거울 것이므로, 로마 신화 속 불의 신의 이름을 따서 '불칸'이라고 불렸지요.

태양과 아주 가까이에 천문학이 아직 발견하지 못한 행성이 있다는 명제는 대담했지만, 당시에는 정말 그럴듯해 보였습니다. 태양에 아주 가까운 행성은 너무 밝은 태양빛 때문에 보이지 않을 터였지요. 그리하여 연구자들은 이번엔 아주 다른 문제와 싸워야 했습니다. 해왕성의 경우 저 먼 우주에서는 모든 것이 상당히 어둡게 보이니 찾기가 녹록지 않았다면, 반대로 불칸은 태양 바로 곁에 있어 주변이 너무 밝다 보니 찾기가 힘들었습니다.

여러 연구자가 르 베리에의 불칸 명제를 검증하고자 나섰고, 오래지 않아 실제로 불칸을 관측했다고 주장하는 사람들이 나왔습니다. 그러나 다른 연구자들은 그것을 반박했지요. 해왕성 때는 하룻밤 사이에 모든 논쟁을 불식하는 명확한 존재 증명이 이루어졌던 반면, 불칸의 경우는 명확한 결과가 나올 기미가 보이지 않았습니다. 그렇게 시간이 흐르면서 불칸을 찾으려는 열심은 식어 버립니다.

불칸 명제는 1915년 알베르트 아인슈타인의 일반 상대성 이론을 통해서야 비로소 최종 결론이 났습니다. 뉴턴의 중력 이론을 굳게 믿었던 르 베리에와 달리 아인슈타인은 중력과 행성 궤도를 정확하게 기술하려면 완전히 새로운 이론이 필요하다는 걸 깨달았지요. 그는 보조 가설들을 조절하여 핵심에 맞추는 것으로 만족하지 않고 용기 있게 뉴턴의 중력 이론의 핵심을 깨뜨리고 완전히 새로운 이론을 개진했습니다.

아인슈타인에겐 사실 수성이 문제가 아니었습니다. 하나의 행성 때문에 새로운 중력 이론을 개발할 생각을 하지는 않았을 테지요. 아인슈타인은 아주 다른, 훨씬 더 추상적인 문제들에 골몰했고 그 과정에서 시간·공간·중력에 대한 아주 새로운 법칙을 만나게 됩니다. 행성들의 궤도를 새롭게 계산하게 된 건, 이 새로운 자연 법칙이 미치는 부수적인 효과였지요. 그렇게 아인슈타인의 새로운 공식을 적용해 계산한 수성 궤도는 그간의 관측 자료와 놀랍게도 일치했습니다. 수성 궤도의 기이한 불규칙성을 설명하기 위해 추가로 다른 행성을 끼워 넣을 필요가 없어진 것입니다. 알고 보니 수성의 행동은 전혀 이상하지 않았으며, 태양처럼 크고 무거운 천체의 가까운 이웃으로서 기대할 수 있는 아주 정상적인 궤도를 따랐습니다. 수성의 비정상은 아인슈타인의 새로운 이론을 통해 정상이 되었습니다.

이론이 노쇠해졌을 때

똑같은 레시피로 케이크를 두 차례 만들면 두 번 모두 비슷비슷하게 성공적일 것입니다. 하지만 과학의 역사는 케이크 굽기와는 다릅니다. 위르뱅 르 베리에는 비슷한 두 상황에서 똑같은 전략을 시도했습니다. 이미 알려진 행성의 운동을 설명하기 위해 새로운 행성을 도입했지요. 이 전략은 처음에는 빛나는 성공을 거두었으나 두 번째는 실패하고 맙니다. 이것이 우리에게 무엇을 말해 줄까요? 이제 르 베리에를 모범으로 삼아야 할까요, 말아야 할까요?

결정적인 질문은 이렇습니다. 어떤 이론을 계속 사용하기 위해 보조 가설을 생각해 내어야 하는 때는 언제이고, 이제 새로운 이론이 등장할 시기가 되었다는 사실을 받아들여야 하는 때는 언제일까요? 이를 딱 잘라 일반적으로 이야기할 수는 없습니다. 그것은 해당 이론이 아직 초창기의 불완전한 부분들을 몰아내어 굳건히 해야 할 젊고 희망에 찬 이론인가, 아니면 이제 이 이론을 무턱대고 고집하는 것은 그저 불필요한 고통만 연장하는 일인가에 달렸습니다.

러커토시 임레는 연구 프로그램의 진보 단계와 퇴화 단계를 구분합니다. 진보 단계에서 이론은 자신의 보호대를 수정 내지 설정해 나갈 때마다 더 견고해지고 신빙성이 높아집니다. 반면 퇴화 단계에서 연구 프로그램은 그렇게 하지 못하지요. 어느 순간 보호대의 가설들은 이론의 핵에 대한 공격을 어떻게든 무마하기 위해서만 이리저리 변화될 따름입니다. 새로운 인식들이 더는 생겨나지 못하고, 이론의 예측력은 더이상 커지지 못합니다. 거기까지 가면 이제 이론의 핵심을 포기해야 하지 않을지 심각하게 고려해야 됩니다. 그 와중에 마침 비슷한 관찰들을 더 잘 설명하는 다른 이론이 정립되었다면 특히나 그렇고요.

이는 집을 리모델링하는 것과 약간 비슷합니다. 집은 몇십 년이 흐르다 보면 어느 정도 개조가 필요하지요. 난방관을 새로 깔아야 할 수도 있고, 지붕을 갈아야 할 수도 있으며, 발코니를 손봐야 할 수도 있습니다. 집의 핵심, 즉 중요한 내력벽의 구조는 그대로 유지됩니다. 그렇게 하여 집이 더 좋아지는 한, 아무도 뭐라 할 사람은 없지요. 하지만 어떤 집은 개선이 불가능해지는 시기를 맞습니다. 벽체가 부스러지고, 벽이 습기를 머금고, 천장이 비스듬히 내려앉아, 더이상 자잘한 수리로는 주거의 질을 높일 수 없고 붕괴나 좀 늦출 따름입니다. 동시에 그 옆에 이 모든 거슬리는 문제가 없는 새 집이 지어진다면, 언젠가 새로운 집으로 입주하는 것이 더 좋습니다.

진보하는 연구 프로그램과 퇴화하는 연구 프로그램 간의 이런 차이를 생각하는 건 진짜 과학과 유사 과학을 구분하려 할 때도 상당히 유용합니다. 언뜻 진짜 과학처럼 보이지만 사실은 기우뚱거리는 사상의 집에 지나지 않는 것들이 많지요. 호메오퍼시(동종 요법)도 그중 하나입니다. 기본 원칙은 간단합니다. '같은 것이 같은 것을 치료한다.' 증상을 일으키는 물질을 증상을 경감하는 데도 사용할 수 있다는 말입니다. 이상하게 들리지만, 처음부터 말이 안 되는 건 아닙니다. 제가 전등 스위치를 누르면 전등이 켜지지요. 다시 그 스위치를 눌러 전등을 끌 수도 있습니다. 특정 물질이 질병 증상을 유발하기도 하고 끝낼 수도 있지 않을까요?

물론 그것이 전부는 아닙니다. 오늘까지도 동종 요법 제제를 만들

때는 18세기 말 사무엘 하네만Samuel Hahnemann이 고안한 규칙을 따릅니다. 하네만은 호메오퍼시의 창시자로 자신의 저서에 '희석법'을 기술했습니다. 그 방법은 대략 이렇습니다. 소량의 물질을 희석해서 특별한 절차에 따라 흔듭니다. 이렇게 희석한 물질에서 다시 소량을 취해서 다시 한번 희석하고, 또 여기서 소량을 취해 다시 희석합니다. 이런 희석 행위를 계속 되풀이합니다. 그러다 보면 곧 원래의 물질은 전혀 보이지 않고, 냄새도, 맛도 나지 않게 됩니다. 하지만 희석은 계속되지요. 그렇게 함으로써 물질의 작용이 더 강화된다는 것이 바로 호메오퍼시 이론의 핵심입니다.

이는 우리의 경험에 배치됩니다. 보통 물질은 양이 많으면 작용도 더 강합니다. 사과 주스를 희석하면 사과 맛이 덜 나고, 뱀독을 희석하면 독이 덜해집니다. 호메오퍼시는 이런 기본 원칙에 어긋나지요. 그러나 딱히 반증이 이루어졌다고 선언하기도 무엇합니다.

동종 요법은 물질이 분자와 원자로 구성된다는 사실로 인해 중대한 문제에 봉착합니다. 사무엘 하네만은 당시에 아직 그것을 알지 못했지요. 오늘날에는 특정 양의 물질에 얼마나 많은 입자가 있는지 쉽게 계산 가능합니다. 그리하여 굉장히 많이 희석된 호메오퍼시 제제에는 작용 물질 분자가 하나도 없음을 확인할 수 있습니다. 너무 많이 희석되다 보니 분자는 한 개도 남지 않고, 제제는 결국 오로지 희석제로만 이루어집니다.

이런 인식이 동종 요법을 위기로 내몰 수 있었을 것입니다. 과연 작용 물질 없이 어떻게 작용을 한단 말인가요? 그러나 동종 요법을 신봉하는 사람들은 다시 이론의 핵심을 지켜낼 가능성을 발견했습니다. 즉 작용 물질 분자가 더이상 없다 해도, 애초에 분자 자체가 효력을 발휘하지는 않는다는 것이지요. 희석할 때 원래 물질의 분자에서 희석제 분자로 비밀스러운 '정보'가 전달되는데, 이 정보가 효력을 발휘한다고 설명합니다.

희석제로는 보통 물을 이용합니다. 그리하여 물 분자가 스스로 특정 패턴, 소위 '물 클러스터'를 이룬다는 가설이 제기되었습니다. 실제로 물 분자들 간의 인력이 분자들을 사슬처럼 배열시킬 수 있지요. 이로 말미암아 동종 요법이 효력을 나타내는 걸까요? 이런 분자 사슬이 그 어떤 치유력을 전달하는 걸까요?

아니요, 그럴 수 없습니다. 이런 물 클러스터가 얼마 동안 안정적으로 유지되는가를 연구해 봤더니, 1초도 되지 않아 전부 사라지는 것으로 나타났거든요. 설사 물 클러스터가 그 어떤 영향력을 가지고 있을지라도, 동종 요법 제제의 유효 기간은 병뚜껑을 돌리기도 전에 이미 만료되는 것입니다. 그러므로 물 클러스터 보조 가설로도 동종 요법 이론의 핵심을 구할 수 없는 형편이지요.

따라서 이제는 동종 요법이 러커토시 임레의 잣대로 볼 때 진보하는 단계에 있는지, 퇴화하는 단계에 있는지 분명히 해야 합니다. 답은 명백해 보입니다. 동종 요법은 200년 넘는 세월 동안 의심 없이 검증 가능한 진술을 내어놓은 적이 단 한 번도 없습니다. 보호대의 보조 가설을 이리 저리 변화시켰지만, 이론의 예측력은 조금도 높아지지 않았지요.

희석이 놀라운 효과를 낸다는 것은 과학적으로 설명되지도 않고, 다르게 응용될 수도 없습니다. 물 클러스터의 물리학에도, 화학에도 거의 기여하는 바가 없고요. 동종 요법이 시도한 보조 가설의 작은 변화들은 그저 진보하는 자연 과학에 대항하여 스스로를 방어하는 땜질밖에 안 됩니다. 퇴화하는 이론이 으레 보이는 고전적인 퇴각전이라고 할까요.

그러므로 이제는 이론의 핵심을 포기하고 그 모든 걸 접어야 할 때가 되었다고 보아야 합니다.

제7장

혁명 만세!

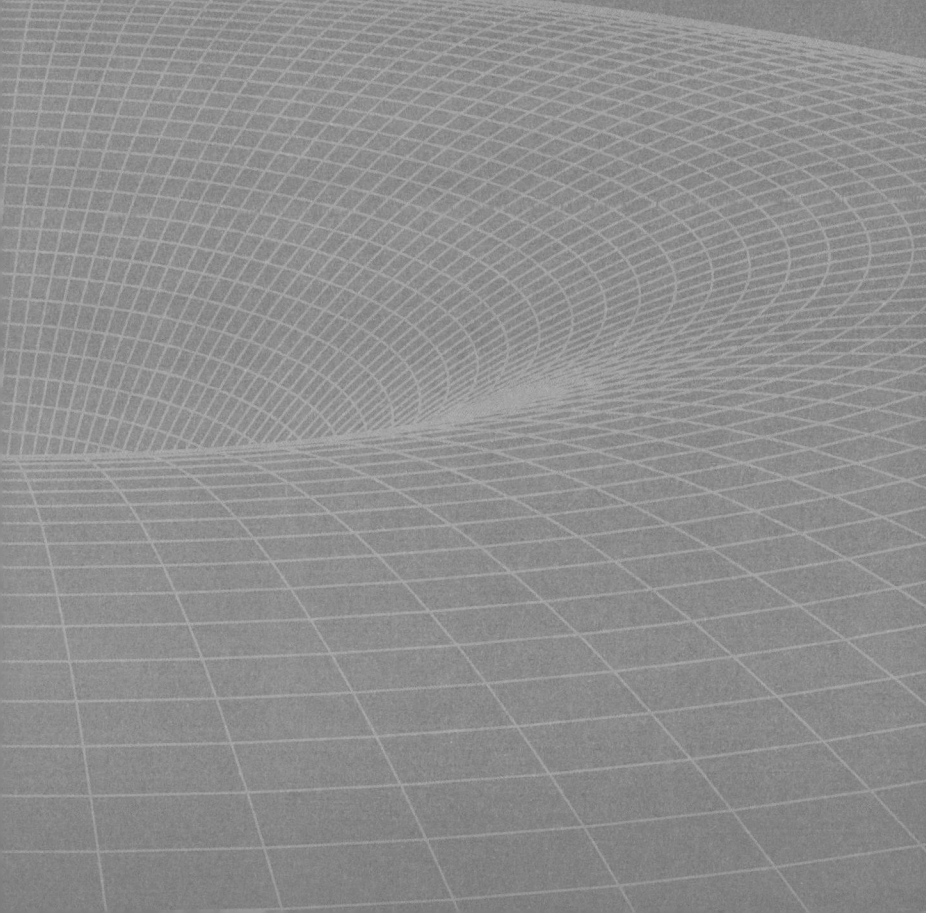

반박만이 학문의 전부는 아닌 이유

엄청난 오류를 통해 어쩌다 보니 화학이 고안된 경위

과학이 도그마에 빠진 분야가 아님을 중성미자가 보여 준 과정

과학은 계속 변화한다

그럼에도 우리는 좋은 과학 이론을 믿을 수 있다

빈 한 가운데에 바리케이드가 설치되고, 깃발이 나부꼈으며, 정치적 요구가 낭독되었습니다. 때는 1848년, 혁명의 해였지요. 군중은 더 많은 권리를 요청했습니다. 가히 폭발할 것 같은 분위기에서 군부와 시민이 대치했고, 곧 발포음이 울려 퍼졌습니다.

그 소리는 마침내 지체 높은 페르디난트 황제의 귀에까지 당도합니다. 황제는 밖에서 사람들이 대체 왜 저러는지 궁금해했지요. "저들은 혁명을 하는 것이옵니다, 폐하." 신하들이 아뢰자, "아니, 저래도 되나?"라며 황제는 무척 놀라 물었다고 합니다.

거리로 몰려나온 사람들에겐 자신들이 그래도 되는 것인지는 알 바 아니었습니다. 정치적 전복을 허가받는 신청서가 있는지 묻는 사람은 없지요. 규칙을 지키지 않는 것이 바로 혁명의 본질이니까요. 그것은 과학 혁명도 마찬가지입니다.

토머스 쿤,
패러다임의 혁명

미국의 과학철학자 토머스 쿤 Thomas Kuhn 은 20세기에 가장 영향력 있는 과학철학자 중 한 사람으로서 과학 혁명에 관심이 많았습니다. 토머스 쿤은 칼 포퍼나 빈 학파 철학자들이 중요시했던 연구 논리가 아니라, 과학의 사회적 측면에 관심을 가졌지요. 과학에서는 혁명적인 아이디어를 어떻게 다루어야 할까요? 과학의 발전은 실제로 어떻게 이루어질까요?

새로운 국가가 성립되면 자국에서 어떤 법칙이 효력을 가질지 처음에는 명확하지 않을 것입니다. 새로운 과학 분야가 탄생할 때도 상황은 비슷합니다. 오늘날 우리가 은하들 사이에 눈에 보이지 않는 유니콘이 무수히 존재하여 우리를 두르고 있음을 발견한다고 해 봅시다. 처음에 이 사실은 엄청난 반향을 불러일으킬 뿐 아니라, 그런 보이지 않는 유니콘을 어떻게 연구해야 할지 학자들을 막막하게 만들 겁니다. 어떤 측정법을 써야 학문적 진보가 가능할까요? 새로운 연구 분야인 유니콘학은 어떤 질문을 다루어야 할까요?

이렇듯 새 과학 분야가 막 탄생할 때의 복잡하고 불확실한 상태를 토머스 쿤은 '패러다임 전前 단계'라고 불렀습니다. 이 단계에서는 경쟁하는 학파들이 서로 다른 방법을 사용하거나, 다른 것에 중점을 둡니다. 카리스마 넘치는 리더들이 정치적 트릭을 동원하여 자신의 학설을 관철하고자 합니다. 하지만 무엇이 새로운 연구 분야의 본질적인 핵을 이루는지는 아직 합의되지 않은 상태입니다.

그러다 어느 순간 합의가 이루어지면, 쿤이 '패러다임paradigm'이라 부르는 것이 생겨납니다. 대부분 과학 연구는 이런 패러다임 안에서 수행되며 쿤은 이를 '정상 과학normal science'이라 일컬었습니다. 이런 단계에서는 일반적으로 인정되는 기본 가정의 토대에서 일반적으로 인정되는 규칙을 사용하여, 일반적으로 인정되는 흥미로운 질문에 답하며 학문 활동이 이루어지게 됩니다.

가령 원자 물리학은 오늘날 이런 '정상 과학' 단계에 있습니다. 아르헨티나 출신의 여성 우주 물리학자가 인도에서 온 새 동료에게 자신의 실험실을 소개해 준다면, 둘은 상당히 말이 잘 통할 것입니다. 둘은 대학에서 같은 공식을 배웠고, 어떤 측정법이 의미 있게 사용되는지를 알며, 탄소 원자 속의 양성자 수가 몇 개인지 견해가 같습니다. 둘 모두 헬륨 원자의 음악적 취향을 모색하는 건 완전히 의미 없으며, 플루토늄 원자를 연구해서 캥거루의 진화사에 대해 뭔가 새로운 사실을 알아내려는 노력은 쓸데없다는 걸 압니다. 우주 물리학의 내용·방법·한계가 상당히 명확하게 정해져 있기 때문입니다.

그 점은 상당히 유익합니다. '정상 과학' 단계에 있는 분야는 굉장히 생산적이지요. 구석구석에서 흥미로운 새로운 사실이 발견되고, 세부 문제들이 차례차례 풀리며, 새로운 기기와 유용한 활용법이 개발됩니다. 이는 아무도 더이상 기본 원리에 대해 왈가왈부하며 시간을 낭비하지 않기에 가능합니다. 이 단계에서는 합의된 사항들을 구태여 캐묻지 않고 받아들입니다. 칼 포퍼의 요구를 엄격히 따라 모든 가정에 늘 새롭게 반박을 시도하는 것은 이 단계에서는 급속한 발전에 오히려 지장이 될 뿐이지요.

그러나 정상 과학 단계에서도 때로는 기존의 유효한 패러다임으로 설명할 수 없는 문제에 봉착합니다. 공인된 규칙으로는 답을 제시할 수 없거나 모순된 결과에 이릅니다. 이렇듯 기본 이론에 반하는 관찰을 토머스 쿤은 '변칙 anomaly'이라 불렀습니다. 변칙의 등장은 아주 정상적인 일이며 걱정할 이유가 없지요. 우선은 변칙 현상이 나중에 어떤 식으로든 해결되겠지 하고 그냥 미루어 둘 수 있습니다. 그러나 변칙들이 쌓이면 이런 확신이 사라지고, 그런 다음 누군가가 일반적으로 받아들여지는 기본 원리들을 의문시하는 데에 이르면 패러다임은 위기에 빠집니다.

　원자 물리학은 1920년대에 그런 위기를 맞이했습니다. 작은 입자들의 이상한 행동이 학자들을 너무나 헷갈리게 했지요. 그 행동의 수수께끼는 입자를 파동으로 관찰할 때만이 풀렸습니다. 잠깐만, 입자인 동시에 파동일 수가 있다고요? 그것을 어떻게 상상할 수 있을까요?

　그동안 입자와 파동은 서로 전혀 별개의 것으로 여겨져 왔습니다. 영양 상태가 좋은 새끼 코끼리가 3미터 높이의 다이빙대에서 수영장으로 첨벙하면 사방으로 물결이 번집니다. 이 광경을 보고 코끼리들의 다이빙은 규정상 금지된 일이라며 큰 소리로 꽥꽥 소리를 지르는 사람들은 공기에 음파를 만들어 내지요. 그런 파동 현상들은 우리에게 굉장히 자연스럽게 다가옵니다. 반면 입자는 한쪽 방향으로만 움직일 수 있는 작은 구슬이라고 상상됩니다. 그런 입자가 파장을 가질 수가 있을까요? 입자가 동시에 모든 방향으로 확산된다는 것이 무슨 의미일까요?

　기존의 자연 법칙으로는 설명이 되지 않았고, 계속해서 헷갈리는 모순을 만날 따름이었습니다. 물리학자 볼프강 파울리는 거의 절망한 나머지, 친구에게 이렇게 편지를 적어 보냈지요. "현재 물리학은 다시 끔찍한 혼란 상태에 빠졌어. 어쨌든 내게 물리학은 너무나 어려워. 물리학은 안중에도 없는 채 영화배우 같은 일을 했더라면 얼마나 좋았을까."

볼프강 파울리의 괴로움은 아주 새로운 생각을 통해서만 해결될 수 있었습니다. 옛 정상 과학으로 돌아가는 것은 불가능했고, 과학 혁명이 필요했습니다. 그리하여 몹시 새로운 개념·공식·법칙을 가진 양자 역학이 개발되기에 이릅니다. 파동과 입자 사이의 모순은 그 자체로 자연의 중요한 특성으로서 새로운 세계상에 접목되었지요. 입자는 동시에 파동이며, 파동은 동시에 입자입니다. 원자 물리학자들은 작은 파동이 어떤 규칙을 따르는지 점점 이해했고, 양자 역학의 새로운 규칙으로부터 세계에 대한 의미 있는 진술을 이끌어 내려면 어떤 원칙을 지켜야 하는지 알게 되었습니다.

볼프강 파울리도 곧 상황을 더 낙관적으로 보기 시작했습니다. 베르너 하이젠베르크가 최초로 양자 이론을 수학적으로 정리한 '행렬 역학'을 발표한 뒤, 파울리는 "하이젠베르크의 역학은 내게 다시 삶의 기쁨과 희망을 일깨워 주었다"라고 썼지요. 완전히 새로운 패러다임이 탄생했고, 그 범주 안에서 다시 익숙한 대로 생산적인 정상 과학을 할 수 있게 되었습니다.

새로운 시대, 새로운 개념

과학 혁명과 정치 혁명은 공통점이 있습니다. 군중이 깃발과 횃불을 들고 왕궁을 습격하기 위해 거리로 뛰쳐나오는 이유는, 다정한 미소를 지으며 그저 그런 소소한 세부 사항을 조율하기 위해서가 아닙니다. 황제가 법무부 장관에게 넥타이를 바꿔 매게끔 하고 고양이 사료 가격을 낮추겠다고 제안해 봤자, 야유하는 군중들은 별로 시답잖아 할 것입니다.

혁명은 규칙 자체를 근본적으로 바꾼다는 뜻입니다. 민중이 왕궁을 불태우고 공화국을 선포하며 대통령을 선출했을 때, 누군가가 "아, 그러니까 대통령이 새로운 왕인 셈이군"이라고 말한다면, 그 사람은 혁명을 이해하지 못한 셈이지요. 대통령은 왕과 완전히 다릅니다. 새로운 규칙은 옛 규칙의 언어로는 설명되지 않는 다른 개념을 사용합니다. 그래서 종종은 옛 시스템을 새 시스템과 비교하기가 힘듭니다.

과학에서도 마찬가지입니다. 새로운 패러다임에서는 전에는 별 의미가 없었을 아주 새로운 질문들이 제기되곤 합니다. 특정 원자가 방사성 붕괴를 거쳐 다른 원자로 변화할 확률이 얼마나 될까요? 현대 양자 물리학으로는 그 확률을 계산할 수 있습니다. 원자는 영원불변하다고 믿었던 19세기 화학자들이나 고대 그리스 최초의 원자론 신봉자들 앞에서 이런 질문을 제기했다면 웃음거리가 되었을 것입니다. '원자 붕괴'와 같은 단어를 입에 올렸다면, "얼른 집으로 가서 일단 원자론의 가장 중요한 기초부터 공부하고 와!"라며 지청구를 들었을 테지요.

하지만 과학 혁명과 정치 혁명 사이에는 차이도 있습니다. 과학 혁명은 대부분 피를 흘리지 않고 일어납니다. 무기가 동원되는 경우는 거의 없지요. 누군가가 스스로를 물리학의 군주로 선언하며 앞으로 어떤 자연 법칙을 지켜야 할지를 선포한 예도 아직 없고요. 또한 패러다임 전환은 비밀스러운 공모와 모의를 통해서 일어나는 것이 아니라, 그냥 일어납니다.

과학 혁명에서는 패러다임 전환이 언제 마무리되는지도 이야기하기 힘듭니다. 모든 새로운 개념을 불필요한 허섭스레기 정도로 여기며, 대학 강의실에서 오래전에 반박된 패러다임을 계속 설파하는 꽉 막힌 사람들이 늘 존재합니다. 그러나 아무리 그래 봤자 다음 세대는 새로운 사고 패턴을 자연스럽게 넘겨받아 자라납니다. 그리하여 몇 년 뒤에는 이런 젊은이들이 강의실로 들어가, 예전엔 불필요하다고 여겼던 이론을 이제는 자명한 것으로 정립하여 다음 세대에게 전수하지요.

새로운 패러다임은 꼭 모두가 새로운 견해를 확신하기 때문이 아니라, 옛 견해의 신봉자들이 더 젊은 사람들로 대체되기 때문에 관철됩니다.

가끔은 노벨상 수상식이 아니라 오히려 이론의 장례식이 과학 발전에 기여합니다.

반박되고야 말았다! 그래, 그게 어때서?

혁명을 좋게 생각하든 나쁘게 생각하든 상관없이, 새롭고 기발한 생각이 전체 과학계를 뒤집어 놓는 것은 언제나 흥미롭습니다. 그러기에 과학 이론에서 명제를 반박하고 이론을 무너뜨리려는 시도가 이따금 이루어지는 것도 당연하지요.

칼 포퍼는 개별적인 진술을 반증하는 일이 과학에서 아주 중요하다고 보았으며, 러커토시 임레는 처음에 이론을 방어하다가 어느 순간 그것을 새로운 이론으로 대체하는 일에 대해 숙고했습니다. 토머스 쿤은 과학사를, 과학적 세계상이 어느 순간 새로운 세계상으로 교대되는 혁명의 연속으로 보았지요. 그러나 정말로 기존 이론을 깡그리 전복하는 것이 과학의 진보에 결정적일까요?

우리가 과학적 진술에 흥미를 갖는 이유는 그것이 반박 가능해서가 아닙니다. 연구 실험실에서 열과 성을 다해 힘든 하루를 보낸 뒤, 집에 돌아와 "오늘 하루 종일 일련의 명제를 세웠는데, 내일이면 완전히 거짓으로 판명될지도 몰라"라고 말하는 사람은 없을 것입니다. 간혹 동료의 논문에서 오류를 하나 발견하면 약간 뿌듯한 기분이 들지도 모릅니다. 특히나 그 동료가 지난번 학술 대회에서 무례한 질문을 했던 사람이라면 더욱 말이지요. 그러나 기본적으로 과학에서는 개념을 무너뜨리는 것이 아니라 세우는 것이 관건입니다.

물론 과학 발전은 뿌듯하게 얻은 확신을 다시 캐묻고 때로는 폐기하면서 이루어집니다. 그러나 이런 일에만 몰두하는 사람은 과학을 과소평가하는 것입니다. 현 상태를 임시로만 옳게 여기고, 과학을 어차피 나중에 가면 반증되고 말 거짓 가설들의 모음으로 보는 건 잘못이지요.

유감스럽게도 다음과 같은 오해가 놀랄 정도로 만연해 있습니다. "계속해서 변하는 과학을 믿을 순 없지! 우리의 모든 지식이 언제든지 반박될 수 있다면, 과학적 인식들을 어떻게 신뢰하겠어. 오늘 우리가 200년 전에는 과학적 진리로 여겨지던 생각들을 비웃는다면, 지금으로부터 200년이 흘러 후손들도 지금의 과학 지식에 황당해하지 않을까?"

아닙니다. 그렇게 되지는 않습니다. 물론 과학이 변하는 것은 좋은 일입니다. 수십 년간 1밀리미터도 움직이지 않는 사람은 놀라울 정도로 일관적인 게 아니라, 십중팔구 죽은 상태입니다. 과학과 반대로 몇백 년간 전혀 변하지 않은 신념 체계들이 있지요. 하지만 이런 신념 체계들은 과히 신뢰할 수 있는 것이 못 됩니다.

가령 점성학은 여전히 고대 바빌로니아 시대 때처럼 1년을 12개의 별자리로 나눕니다. 그 후 지축이 이동하고 별자리가 밀려났는데도 아랑곳하지 않습니다. 또한 맥 탐지자들은 몇백 년 전과 동일하게 여전히 점 지팡이로 수맥이나 광맥을 찾지요. 강령술과 심령술에 활용되는 위저 보드는 1891년에 특허가 출원되었는데, 그 이래로 강령술에 발전이라 할 만한 사건은 없었던 것으로 보입니다. 오늘날에도 옛날에 쓰던 것과 같은 형태의 위저 보드가 판매되고 있습니다.

이런 안정성은 신념 체계가 든든하다는 표시가 아닙니다. 변화가 없다는 점을 높이 사서 미신이나 유사 과학을 신뢰한다면, 이는 변치 않는 시간을 가리키는 고장난 시계를 믿는 것처럼 의미 없는 일입니다.

완전히 거짓으로 입증할 수 있는 가정들이 있습니다. 저는 제 책상 서랍에 초콜릿이 하나 들어 있다고 굳게 확신하면서 서랍을 엽니다. 그러나 서랍이 비어 있음을 확인하고 실망하지요. 이로써 저의 초콜릿 명제는 반증되고, 전혀 쓸모가 없어지면서 단번에 버려지고 잊힙니다. 반면 검증할 수 있는 많은 진술을 제공하고 이미 성공적으로 테스트된 바 있는 중대한 이론에는 그런 일이 벌어질 수 없습니다.

그러므로 우리는 어떤 이론의 '반증'에 대해 말할 때, 그것이 무슨 의미인지 조심해서 생각해야 합니다. 어떤 이론이 한계에 봉착했다고 하여 그 이론이 거짓이 되지는 않습니다. 여전히 기여하는 바가 있고 유용한 결과들을 제공한다면, 그 이론은 앞으로도 계속 그럴 것입니다. 과학 혁명에서 더 정확하거나 더 포괄적인 이론이 나왔다고 하더라도, 옛 이론이 곧장 쓰레기통으로 직행하는 일은 없습니다.

원을 도는 원

과학 혁명의 유명한 예는 1543년으로 거슬러 올라갑니다. 당시 니콜라우스 코페르니쿠스 Nicolaus Copernicus 는 일반적으로 받아들여지던 규칙에 반기를 들었습니다. 지구가 우주의 중심이라는 규칙 말입니다. 그는 《천체의 회전에 관하여 De Revolutionibus Orbium Coelestium》라는 자신의 유명한 저서에서, 태양이 지구를 도는 것이 아니라 지구가 태양을 돌고 있다는 대담한 명제를 세웠습니다.

이런 생각은 당시에도 완전히 새롭지는 않았습니다. 고대 그리스와 인도에서도 이런 생각이 이미 논의된 바 있었지만, 관철된 적은 한 번도 없었지요. 지구를 우주의 중심으로 보는 생각이 우리의 느낌과 아주 잘 들어맞기 때문이었습니다. 우리는 태양이 매일 일정한 호를 그리며 하늘에서 운동하는 모습을 관찰할 수 있습니다. 발밑의 지구는 아주 얌전하게 가만히 있으며, 뱅글뱅글 도는 느낌은 조금도 없어요. 그런데 이 코페르니쿠스라는 사람은 무슨 말을 하는 걸까요? 우리가 무지막지하게 빠른 속도로 태양 주위를 질주하는 동시에 자신의 축을 중심으로 쉴 새 없이 빙글빙글 도는 거대한 공 위에 살고 있다고 설파하려는 것일까요?

오늘날 우리는 코페르니쿠스가 옳았음을 압니다. 하지만 코페르니쿠스가 자신의 기발한 생각을 제시했을 당시엔 그것을 따라 봤자 별로 이득이 없어 보였습니다. 이 생각은 지구를 중심에 놓는 프톨레마이오스의 세계상보다 행성들의 운동을 더 정확하게 설명해 주지 못했거든요.

그토록 받아들여지기 어려웠던 것은 지구 중심적인 세계상이 주도하던 시대에 천문학은 이미 굉장히 정교하고 발달된 학문이었기 때문입니다. 코페르니쿠스 이전의 천문학자들을, 자기들이 사는 행성이 어떻게 움직이는지 알지도 못하고 일생 동안 하늘을 올려다보았던 순진하고 어리석은 사람들로 여기는 것은 큰 실수입니다. 어릴 적 학교에서 이미 지구가 태양을 돈다는 사실을 배웠다는 이유로, 학교에서 전혀 다른 것을 배웠던 당시의 천문학자들보다 우리가 퍽이나 똑똑한 사람인 양 우월감을 느끼는 건 사리에 맞지 않습니다.

지구 중심설(천동설)은 당시 천문학적 관찰을 정확히 예측해 내는 굉장히 성공적인 방법이었습니다. 지구 중심설은 상당한 수학을 동원하여 고대에 이미 알려져 있었던 헷갈리는 현상을 설명했지요. 그 현상은 바로 행성의 역행 운동입니다. 때로 행성들은 한동안 얌전히 하늘 위에서 일정하게 아치를 그리며 도는 듯 보입니다. 하지만 그러다가 갑자기 방향을 바꾸어, 별이 보이는 하늘에서 좁은 커브를 그린 다음 다시 원래 방향으로 진행합니다. 행성은 왜 이런 역행 운동을 할까요?

오늘날 공인된 태양 중심설(지동설)에서 이 문제는 상당히 단순하게 설명됩니다. 우리는 행성의 위치를 직접 측정할 수 없고, 그 뒤의 항성들과 관련하여 상대적으로 측정할 수밖에 없습니다. 이웃 행성 뒤로 어떤 별자리들이 보이는지를 관찰하면서 그 행성의 위치를 기록하면 됩니다. 그런데 지구 역시 태양 주위를 돌기에 우리의 시각은 계속해서 변합니다. 별이 총총한 하늘을 배경으로 한 행성의 겉보기 위치는 그 행성의 운동이 아니라 지구의 운동에 좌우되는 것이지요.

행성들이 태양을 한 바퀴 공전하는 데 걸리는 시간이 서로 다르기 때문에, 계속해서 한 행성이 다른 행성을 추월하는 일이 일어납니다.

그러면 한 행성에서 보기에, 마치 다른 행성이 별이 빛나는 하늘을 배경으로 계속 직진하는 것이 아니라 잠시 역행하여 고리 모양을 그리는 것처럼 보입니다. 행성이 정말로 그렇게 운동하지는 않지만, 겉보기에는 그렇습니다.

이런 상황에서 지구가 우주의 중심에 있으며 움직이지 않는다고 상정하면, 일은 굉장히 복잡해집니다. 그러나 지구 중심설도 이에 대한 설명을 내어놓았습니다. 행성들의 궤도가 그런 이상한 고리 모양을 보이는 것은 행성들이 지구 주변을 단순한 원궤도로 돌지 않고 '주전원 epicycle'을 그리며 돌기 때문이라고 말입니다. 이에 따르면 지구 주변을 둘러 원운동을 하는 보이지 않는 한 점이 있고, 행성들은 이 점을 중심으로 다시 원 궤도로 돌면서 운동합니다. 행성들은 그냥 원형으로 운동할 뿐 아니라, 지구를 도는 원 둘레를 따라 다시 작은 원을 그리며 돈다는 것이지요. 주전원 이론은 이에 그치지 않고 주전원에 또 다른 주전원을 추가하여, 행성들이 지구를 도는 점들을 도는 다른 점들을 돈다고 설명합니다. 금세 머리가 어지러워질 정도로 복잡하지만, 이런 이론으로 이상한 고리 모양을 보이는 행성 궤도를 놀랍게 설명할 수 있었습니다.

하지만 니콜라우스 코페르니쿠스는 이런 주전원 운동 모델이 지나치다고 보았고, 사실은 더 간단할 것이 틀림없다고 확신했습니다. 그는 처음에 학문적 논지보다는 미학적 논지에서 그런 생각을 했지요. 자연은 "쓸데없는 것을 배출하지 않을" 거라는 확신이었습니다. 코페르니쿠스는 천동설의 설명이 "거의 끝없는 원들로 정신이 산산이 분해되는 듯"하다며, 행성들이 지구가 아니라 태양을 중심으로 돈다고 생각하면 "훨씬 이해하기 쉬워진다"라고 말했습니다.

이러한 태양 중심설의 주된 논지는 더 정확하다는 것이 아니라 더 간단하다는 것이었습니다. 하지만 이런 간단함도 곧 통하지 않게 됩니다. 정확성을 높이기 위해, 얼마 안 가 태양 중심설에서도 마찬가지로 주전원을 도입해야 했기 때문입니다. 주전원을 도입해도 여전히 몇몇 부분이 개운치 않았지요. 하지만 타개책은 다른 데서 왔습니다.

행성의 운동 묘사에 어려움을 겪은 건 수천 년간 천문학의 기본 가정으로 깊게 뿌리 박혀 있던 커다란 생각의 오류 때문이었습니다. 바로 천체가 원을 그리며 운동한다고 확신했던 것입니다. 원은 모든 형태 중 가장 완벽하고 가장 단순하니까 그렇게 믿었지요.

17세기 초 요하네스 케플러Johannes Kepler에 이르러 비로소 이런 도그마와 결별할 수 있었습니다. '케플러의 법칙'에 따르면 행성들은 완전한 원이 아니라 타원 궤도로 운동합니다. 17세기 말에 아이작 뉴턴은 그의 중력 법칙을 활용해 결국 행성들이 왜 그런 궤도로 운동하는지 수학적으로 설명해 냈습니다. 늦어도 이 시점에서 지구 중심설을 고수하는 건 의미가 없음이 분명해졌을 것입니다. 코페르니쿠스적 전환은 하루아침에 이루어지지 않았습니다. 니콜라우스 코페르니쿠스가 세상을 떠나고 오랜 시간이 지난 뒤에야 마무리되었지요.

아이작 뉴턴의 놀라운 힘들

자연 과학에서 아이작 뉴턴의 비중은 정말 어마어마합니다. 그의 고전 역학은 힘과 운동이 서로 어떤 관계에 있는지를 말해 줍니다. 아울러 뉴턴은 이런 단위를 수학 도구로 활용하여 미적분학도 창시했습니다. 뉴턴의 방정식으로 진자의 운동, 제방에 미치는 수압 등을 기술할 수 있으며, 미적분 계산이 어려워 화가 난 나머지 책상다리를 발로 걷어찼을 때 발가락에 가해지는 힘도 알아낼 수 있지요.

뉴턴의 혁명적인 중력 이론으로 말미암아 천문학에는 완전히 새로운 시대가 시작되었습니다. 물체들 사이의 접촉으로 발생하는 힘들은 이해하기 쉽습니다. 고양이가 스탠드 위로 뛰어오르는 바람에 스탠드가 기우뚱해서 탁자 위로 넘어지고, 그 바람에 초코 케이크 내용물이 사방으로 튀었다고 해 봅시다. 여기서는 하나의 물체가 다른 물체에 닿아서 움직였습니다. 뉴턴의 공식은 이런 상황에서 운동량이 보존된다고 이야기합니다. 반면에 온전한 초코 케이크의 수에는 보존 법칙이 적용되지 않겠지요. 이 모든 것은 그다지 복잡하지 않습니다.

하지만 중력은 더 신비합니다. 중력은 접촉을 필요로 하지 않습니다. 뉴턴은 중력을 끝없이 먼 거리에서도, 진공 상태의 텅 빈 우주를 통해서도 전달되는 원격 작용으로 묘사했습니다. 게다가 그것은 지체 없이 바로 작용하고요. 모든 물체는 다른 물체에 영원히 인력을 행사합니다. 그저 존재 자체만으로 그런 일이 일어납니다. 사실 이것은 상당히 기이한 생각이었습니다. 뉴턴의 동시대 학자들 중 몇몇은 말도 안 된다고 보았습니다. 하지만 이런 생각이 설득력 있게 입증되자 비판자들은 어느 순간 입을 다물었지요.

뉴턴은 중력을 기술하는 단순한 수학 법칙을 정립했습니다. 바로 중력은 거리의 제곱에 비례하여 감소한다는 것입니다. 달은 특정한 힘으로 지구에 이끌립니다. 달이 지구에서 두 배 더 멀어지면 이 힘은 네 배로 줄어들고, 세 배 더 떨어지면 힘은 아홉 배로 감소합니다. 이런 단순한 규칙으로부터 뉴턴은 다른 천체의 영향을 받지 않고 어느 별 주위를 공전하는 행성은 늘 타원 궤도로 운동해야 한다는 결론을 이끌어 내었습니다. 물론 원 궤도도 가능합니다. 원은 타원에 속하기 때문이지요. 원은 특히나 대칭이 잘 잡힌 타원입니다.

뉴턴의 법칙을 통해 우리는 모든 천체의 자연스러운 궤도가 완벽한 원형이라고 상정하면 안 되는 이유를 알게 되었습니다. 하지만 설령 원 궤도를 가정하더라도 현실에서 그다지 동떨어지지는 않습니다. 태양계의 모습을 스케치해 놓은 그림을 보면, 궤도가 타원형이라는 점이 눈에 잘 띄지 않지요. 수성에서 해왕성까지 우리의 여덟 개 행성은 모두 공전 궤도가 거의 원형으로 보입니다.

따라서 행성들이 원 궤도로 돈다는 생각은 완전히 쓸모없어지지 않았습니다. 지구가 2월에서 6월 사이에 태양을 도는 공전 궤도에서 어느 정도 나아갔는지 알고 싶으면, 원주 공식을 활용해 1분 만에 대략적으로 그 거리를 계산할 수 있지요. 궤도가 사실은 타원형임을 감안하면 결과는 더 정확해지지만 계산은 훨씬 더 복잡해집니다. 우리가 행성들의 공전 궤도를 원으로 보는 옛 이론을 사용할지, 케플러가 단초를 놓고 뉴턴이 더 정확히 계산한 바와 같이 공전 궤도를 타원으로 보는 더 정확한 이론을 사용할지는 상황에 따라, 어느 정도의 정확성을 요하는지에 따라 달라질 것입니다.

아인슈타인의 굽은 시공간

뉴턴의 중력 이론은 천체 역학을 가장 잘 묘사하는 이론으로 200년 이상 자리매김했습니다. 그로써 중력을 설명하는 완벽한 기본 공식을 찾았다고 믿었을지도 모릅니다. 하지만 20세기 초에 다시 한번 과학 혁명이 일어납니다. 알베르트 아인슈타인이 일반 상대성 이론을 제시했고, 갑자기 모든 것이 달라졌지요.

아인슈타인에 따르면 시간과 공간은 서로 합쳐져서 4차원 시공간을 이룹니다. 경도와 위도가 합쳐져 2차원 평면이 만들어지는 것과 비슷합니다. 자, 이제 2차원만 이해할 수 있는 딱정벌레를 상상해 봅시다. 이 딱정벌레는 좌–우와 앞–뒤 외에 위–아래라는 또 다른 방향이 있음을 까맣게 모릅니다. 뜀뛰기를 하거나 날지 못하고 일생 동안 2차원 세계에서 기어 다니지요.

이제 이 딱정벌레 두 마리를 평평한 종이 위에 올려놓고 경주를 시켜 봅시다. 그러면 그들은 서로 평행하게 앞으로 기어갈 것입니다. 그러나 그들을 곡면 위에 놓으면 사정이 달라집니다. 두 딱정벌레를 지구본 위에 두고 기어가게 해 봅시다. 그들은 적도를 출발하여 나란히 북쪽으로 향합니다. 그런데 서로 평행하게 완벽한 직선으로 기어가는데도, 둘은 점점 가까워지다가 북극점에서 만납니다. 딱정벌레들에겐 혼란스러운 상황이지요. 마치 둘 사이에 이상한 인력이 있어 그들을 서로에게 몰아가는 듯합니다. 사실은 여기에 힘이 작용하지는 않습니다. 표면의 곡면 기하학이 그들의 운동을 결정한 것입니다.

이와 비슷하게 아인슈타인의 일반 상대성 이론에 따르면, 중력도 고전적 의미의 힘이 아니라 기하학이 초래하는 결과일 따름입니다. 즉, 4차원 시공간은 휘어질 수 있습니다. 질량을 가진 모든 물체는 시간과 공간을 구부러뜨리며, 질량이 클수록 시공간의 굽음도 심해집니다.

그리하여 시간과 공간을 통과해 운동하는 물체의 궤도는 굽습니다. 멀리 텅 빈 우주 한가운데에서는 그냥 일직선이었을 지구의 궤도는 태양으로 말미암아 타원형의 닫힌 궤도로 구부러지지요. 질량은 시공간에게 어떻게 구부러져야 하는지를 말해 주고, 시공간의 기하학은 질량에게 어떻게 운동해야 하는지를 말해 줍니다.

하지만 지구본 위에서 북쪽으로 기어가는 두 딱정벌레 이야기는 시공간의 기하학을 비유적으로 절반쯤만 설명합니다. 지구본은 3차원 공간에 편입되어 구부러진 2차원 면입니다. 반면에 무거운 질량으로 말미암아 휘어진 4차원 시공간은 어느 방향으로도 구부러져 있지 않습니다. 4차원 시공간의 파도가 넘실댈 수 있는 다섯 번째 차원은 존재하지 않지요. 우리의 시공간은 여러 사람이 서로 다른 방향에서 잡아당기는 숄처럼 그 자체로 구부러져 있습니다. 여기서 숄은 일그러지며 실 한 오라기도 더이상 반듯하지 않지만, 여전히 2차원 면을 이룹니다.

결국 이 모든 비유는 적절하지 않습니다. 그저 공간과 시간이 우리가 지금까지 상상했던 것만큼 간단하지 않음을 약간이나마 보여 주기 위해 비유를 들었을 뿐입니다. 이런 비유들은 굽은 시공간을 직관적으로 이해시켜 주지 못합니다. 인간의 뇌가 그것을 이해하도록 생겨 먹지 않았기 때문입니다. 하지만 딱히 이해하지 못해도 별 상관이 없습니다. 아인슈타인은 우리를 위해 시공간의 굽음을 계산할 수 있는 공식들을 발견했고, 그것으로 충분합니다.

아인슈타인의 이론은 뉴턴 공식의 수정일 뿐 아니라 급진적인 의미의 혁명이었습니다. 아인슈타인은 중력을 완전히 새로운 방식으로 생각했습니다. 새로운 개념, 새로운 공식, 새로운 결과를 가진 새로운 패러다임이었지요.

반면 아인슈타인의 상대성 이론도 중대한 단점이 있습니다. 그 공식은 머리가 지끈지끈 아플 정도로 복잡합니다. 아인슈타인 스스로도 이 이론을 정립하기 위해 완전히 새로운 분야의 수학을 배워야 했습니다.

기본적으로 뉴턴 역학과 뉴턴의 중력 법칙으로 계산 가능한 모든 것은 아인슈타인의 상대성 이론으로도 계산할 수 있습니다. 행성의 궤도, 액체의 움직임, 기차의 지붕에서 제가 온 힘을 다해 앞으로 뱉은 체리 씨가 마주 오는 기차의 앞 유리에 부딪히는 속도 따위를 말이지요. 그러나 뉴턴의 공식으로 계산하는 것이 대부분 더 간단하고 실용적이며, 아주 특별한 경우에만 뉴턴 공식의 계산 결과와 아인슈타인 공식의 결과 간에 차이가 벌어집니다. 가령 수성 궤도의 경우 아인슈타인의 방정식으로 계산하면 궤도가 서서히 밀려나는 데 반해, 뉴턴의 방정식으로 계산하면 수성이 영원히 똑같은 타원 궤도로 태양 주위를 공전해야 한다는 결과가 나옵니다.

빠른 것과 느린 것

알베르트 아인슈타인은 중력에 대해 위대한 아이작 뉴턴과 다른 설명을 제시했을 뿐 아니라, 상대성 이론을 두 개나 정리했습니다. 일반 상대성 이론으로 새로운 중력 이론을 수립하기 10년 전에 이미 아인슈타인은 특수 상대성 이론을 발표했지요. 중력이나 시공간의 힘은 특수 상대성 이론에서는 아직 등장하지 않았지만, 그럼에도 아인슈타인은 이미 특수 상대성 이론을 통해, 뉴턴이 살아 있었다면 졸다가도 홀라당 잠이 달아났을 만한 효과들을 제시했습니다.

뉴턴의 고전 역학에서는 우리에게 아주 당연해 보이는 중요한 법칙들이 있습니다. 길이가 28미터인 기차는 우리에 대하여 상대적으로 운동하든 하지 않든 길이가 늘 28미터입니다. 기차 안의 시계는 기차역의 시계와 시간이 똑같은 빠르기로 흐르지요. 그러나 아인슈타인의 상대성 이론에 따르면 아주 정확히 그렇지는 않습니다. 플랫폼에 서 있는 관찰자의 눈에 질주하는 기차는 역에 정차한 기차보다 약간 짧아 보입니다. 또한 질주하는 기차 안에서는 시간이 약간 느리게 흐릅니다.

머리가 꽤 어지러울 것입니다. 기차를 타고 달리는 관찰자에겐 이것이 정확히 반대가 된다는 사실까지 고려하면 더욱 어지럽지요. 즉, 기차 안 관찰자의 눈에는 이제 기차가 움직이는 것이 아니라 나머지 세상이 움직입니다. 그리하여 기차역이 그에게로 빠르게 질주하며, 그러다 보니 역 안에 정차해 있는 기차의 길이가 짧아집니다. 반면 자신이 탑승한 기차는 그에게 아주 정상적으로 원래 길이로 보입니다. 그의 편에서 보면 또한 기차역의 시계가 자신의 시계보다 더 느리게 갑니다. 그 반대가 아니라 말이지요.

이런 효과는 아주 미미해서 일상에서는 인지할 수 없습니다. 우리가 보통 접하는 모든 물체는 아인슈타인의 상대성 이론에서 중요한 역할을 하는 광속(빛의 속도)에 비해 매우매우 느리게 움직이기 때문입니다.

그러나 아주 빠르게 움직이는 물체는 사정이 크게 달라집니다. 속도가 빨라지면 아인슈타인이 지적한 기이한 효과들을 더이상 무시할 수 없습니다. 이에 대한 인상적인 예는 태양으로부터 옵니다. 태양이 방출한 복사선은 끊임없이 우리 지구로 와서 대기 상층부의 공기 분자와 충돌하지요. 그러면 뮤온muon이라는 수명이 아주 짧은 소립자가 생겨납니다. 뮤온은 거의 빛의 속도로 지표면을 향해 질주하는 도중 100만 분의 몇 초 사이에 붕괴됩니다. 이를 뉴턴의 운동 방정식으로 분석하면, 도착하기 전에 거의 모든 뮤온이 소멸해야 한다는 계산이 나옵니다.

그러나 사실 땅에 도달하는 뮤온의 수는 상당히 많습니다. 이것은 아인슈타인의 상대성 이론으로만 설명할 수 있지요. 뮤온이 아주 빠르게 운동하기에, 뉴턴의 공식으로는 그들의 행동을 더이상 의미 있게 기술할 수 없습니다. 여기서 상대성 이론의 기이한 효과가 아주 분명히 나타납니다. 뮤온에게 시간은 더 느리게 흘러서, 그들 중 다수가 붕괴되기 전에 이미 지표면에 도달하게 되는 것입니다.

이것은 우리에게 뉴턴과 아인슈타인이 어떤 식으로 맞물리는지를 보여 줍니다. 아인슈타인의 이론은 느린 물체와 빠른 물체를 모두 올바르게 기술할 수 있기 때문에 더 포괄적입니다. 반면 뉴턴의 이론은 느리게 움직이는 것에만 유의미하게 활용되지요. 속도가 느려지면 두 이론은 서로 잘 들어맞습니다. 뉴턴의 이론은 어떤 의미에서 한곗값이라 할 수 있습니다. 속도가 줄어들수록 아인슈타인의 이론이 점점 이 한곗값으로 수렴하지요. 그리고 뉴턴의 공식이 아인슈타인의 공식보다 훨씬 간단하기에, 일상적인 물리학에서 느린 물체를 다룰 때는 상대성 이론을 무시하고 뉴턴의 공식을 쓰는 것이 더 합리적입니다.

1960년대 미국 항공 우주국NASA이 달에 로켓을 발사했을 때, 상대성 이론은 이미 50년 전부터 알려져 있었습니다. 그럼에도 로켓의 궤적을 계산하는 데에는 아인슈타인의 방정식이 아니라 아이작 뉴턴의 오래된 방정식이 활용되었지요. 달 탐사 로켓조차도 뉴턴의 공식을 무리 없이 활용할 수 있는 느린 물체에 속했습니다.

따라서 뉴턴의 이론은 아인슈타인에 의해 반증된 것이 아닙니다. 뉴턴의 고전 역학과 중력 이론은 예나 지금이나 잘 통합니다. 아인슈타인에 의해 그것이 적용되는 영역만 제한되었을 따름입니다. 뉴턴은 자신의 공식이 빠르게 운동하는 것보다 느리게 운동하는 것에 더 적합하다는 사실을 까맣게 몰랐습니다. 오늘날 우리는 그것을 알며, 어느 때 뉴턴의 이론을 사용하고 어느 때 아인슈타인의 이론을 사용할지 정확히 말할 수 있습니다.

뉴턴과 양자

아인슈타인의 혁명적인 새 이론이 20세기 초 물리학을 뒤흔든, 유일한 패러다임의 전환은 아닙니다. 거의 같은 시기에 또 하나의 혁명이 있었지요. 바로 양자 물리학의 탄생으로, 이 혁명 역시 세상은 아이작 뉴턴의 생각보다 조금 더 복잡하다는 것을 보여 주었습니다.

19세기 말이 되자 물리학은 이미 상당히 완벽하고 완결된 것처럼 느껴졌습니다. 어떤 사람들은 물리학이 이미 종결된 학문이라고 생각했습니다. 그리하여 막스 플랑크Max Planck가 막 대학생이 되어 자신의 지도 교수인 필립 폰 욜리Philipp von Jolly에게 이 전공의 전망에 대해 물었을 때, 교수는 플랑크에게 매우 시큰둥한 답변을 건네었지요. 이제 물리학에서는 중요한 건 다 발견되었기에 별로 기대할 것이 없다고 말입니다. 굵직한 발견은 기대할 수 없고 이젠 그저 시시한 것들, "한낱 먼지나 거품 같은 것이나 점검하고 정리하는 일"밖에는 남지 않았다고 했습니다. 물리학 체계는 대체로 완결되었다고 하면서요.

이런 답변을 들었음에도 다행히 막스 플랑크는 물리학에 흥미를 잃지 않았고, 결국 다가오는 물리학 혁명에 결정적인 공헌을 해 냅니다. 플랑크는 언뜻 보기에 뉴턴 이론과 전혀 상관 없어 보이는 현상을 규명하고자 했습니다. 그는 금속 막대를 계속 가열하면, 달구어진 막대가 처음에는 붉은 빛을 띠다가 그다음에는 푸르스름한 빛을 내는 이유가 무엇인지를 곰곰이 생각했습니다.

결국 우아한 설명을 찾아내었죠! 하지만 이 설명은 그때까지 전혀 알려져 있지 않았던 자연 상수, 즉 플랑크의 기본 작용 양자^{action quantum}(작용이 일어나기 위한 최소 단위-옮긴이)를 추가로 도입해야지만 가능했습니다. 막스 플랑크는 이것으로 뭔가 혁명적인 행동을 하려던 건 아니었습니다. 1900년 플랑크는 자신의 공식에서 그의 작용 양자, 즉 플랑크 상수를 'h'라는 약자로 표시했는데, 이것은 '보조량^{hilfsgröße}'을 뜻합니다. "난 과히 깊게 생각하지는 않았다"라고 나중에 플랑크는 말했습니다. 플랑크는 그저 계산을 위한 도구를 도입하려 했을 뿐입니다.

하지만 별것 아닌 듯 보였던 플랑크의 보조량은 양자론에 이르는 첫걸음이었습니다. 이런 새로운 자연 상수의 도움으로 플랑크는, 특정 상황에서 에너지는 임의의 양으로 방출될 수 없고 정해진 양만큼씩만 뭉텅이로 방출된다는 것을 보여 주었지요. 오늘날 우리는 이를 일컬어 '에너지 양자'(더이상 나눌 수 없는 에너지 최소량의 단위-옮긴이)라고 합니다. 물리학에서 양자론의 시대는 이렇게 개막되었습니다.

이런 생각은 뉴턴의 세계관에 전혀 부합하지 않았습니다. 뉴턴의 이론에서 자연은 연속적입니다. 초속 2.51미터로 지면을 구르는 구슬은 초속 2.48미터로 굴러갈 수도 있습니다. 어떤 값이든 허용되지요. 반면 양자론에서 어떤 물리량은 아주 특정한 값만이 가능합니다. 이를테면 5, 10, 15, 이렇게 5의 배수만 허용되며, 7이나 13 등 그 사이의 모든 것은 금지됩니다.

하지만 대부분은 허용값들이 아주 촘촘하게 배치되어서, 우리는 그 불연속을 인지하지 못합니다. 그것은 고해상도 화면과 비슷힙니다. 그런 화면은 우리에게 이미지 양자라고 부를 수 있을 각각의 픽셀들만 보여 줍니다. 하지만 약간 떨어져서 관찰하면 개별 픽셀은 보이지 않고, 화면은 연속적이고 매끄러운 이미지를 출력하지요.

대체로 지구는 평평하다

20세기 초 거의 동시에 양자론과 상대성 이론이 등장하면서 뉴턴의 고전 역학은 새로운 입지로 밀려나게 되었고, 어떤 의미에서 당대를 선도하는 이론이라는 지위를 잃었습니다. 그 뒤로 뉴턴의 고전 역학은 우주의 모든 것에 다 들어맞는 궁극적인 이론으로 여겨지지는 않습니다. 하지만 그로 말미암아 그 가치까지 무색해진 건 아니지요.

뉴턴의 공식은 예나 지금이나 세계 방방곡곡에서 아주 다양하게 활용됩니다. 위성을 발사할 때나 전기 모터를 제작할 때, 다리를 건설할 때도 뉴턴의 공식이 필요합니다. 뉴턴의 역학은 그보다 더 유용하고 두루두루 활용되는 이론이 거의 없기에, 앞으로도 유익하게 쓰일 것입니다.

이는 과학이 얼마나 안정적인지를 보여 줍니다. 한 이론이 어느 정도의 예측력에 도달하면 그것은 더이상 쓸데없는 것으로 폐기될 수 없으며, 그 이론으로 지금까지 가능했던 것은 앞으로도 계속할 수 있습니다. 핫한 이론으로서의 유행은 지나가 약간 식상한 이론이 될지는 모르지만, 예측력까지 잃어 버리지는 않습니다. 이런 의미에서 좋은 과학 이론은 영원히 반박할 수 없는 것이지요.

심지어 시대에 완전히 뒤떨어져 보이는 이론도 마찬가지입니다. 오늘날 우리 모두는 태양이 지구를 중심으로 돌지 않는다는 사실을 압니다. 하지만 바닷가에 놀러가서 파라솔을 펴기에 적절한 장소를 물색할 때, 저는 태양을 시간이 흐르면서 자리를 옮겨 가는 별이라고 여깁니다. 지구의 북반구에서 태양은 낮 동안에 오른쪽으로 움직이지요. 그리하여 저는 그늘이 어떤 방향으로 이동할지를 예상하고, 앞으로 두 시간이 지난 뒤에도 그늘에 누울 수 있게 파라솔 자리를 고릅니다. 따라서 저는 지구 중심설을 믿는 사람처럼, 지금 이 해변이 움직이지 않는 우주의 중심이고 태양이 원형으로 하늘을 가로지른다고 가정하여 파라솔 자리를 고르는 것입니다.

그러지 않고 현대의 천문학적 세계상을 확고히 신봉하는 사람으로서 이렇게 말한다고 합시다. "지구의 자전으로 말미암아 파라솔과 태양 사이의 각도가 변하지. 태양도 은하 중심을 고속으로 공전하지만, 편의상 정지해 있다고 생각해 보자고. 이렇듯 지구의 자전에 따른 각도 변화로 말미암아 파라솔의 그늘이 이 방향으로 차츰 밀려나게 될 거야." 아마 그런 설명을 하는 사이에 다른 사람이 파라솔 펴기 좋은 자리를 이미 차지해 버린지 오래일 것입니다. 아니면 온종일 저의 그런 잘난 체하는 설명을 듣고 있어야 할 생각에 진절머리가 나, 모두가 다 사라져 버린 다음일지도 모르고요.

주전원 이론은 한물간 지 오래입니다. 니콜라우스 코페르니쿠스 때처럼 행성의 움직임을 중첩된 여러 원 궤도의 조합으로 설명하려는 사람은 아무도 없지요. 그럼에도 15세기에 행성 위치를 정확히 예측해 냈던 당시의 공식은 지금도 올바른 결과를 낼 수 있습니다.

어떤 궤도든 원운동으로 구성할 수 있음을 수학적으로 증명 가능합니다. 그것으로 행성 궤도뿐 아니라 이론적으로는 훨씬 더 복잡한 것도 구성할 수 있어요. 많은 원을 충분히 서로 결합하면 코에 샴페인 잔을 얹고 아슬아슬 균형을 잡는 술 취한 북극곰도 그릴 수 있습니다. 이런 의미에서 주전원 이론은 정확합니다. 이 이론이 오늘날 행성 궤도를 묘사하기에는 구식이고 공연히 복잡해 보이지만 말입니다.

오래전에 논박되어 어리석고 황당한 이론의 대표적인 예가 된 지구 평평론은 어떨까요? 사실 우리는 이런 이론을 매일같이 활용합니다. 아주 성공적으로 말이지요. 일상에서 지구가 구형임을 생각할 때는 기껏해야 먼 나라를 여행하고 시차를 고려해야 할 때뿐입니다. 보통 출퇴근길에는 지구가 동그랗다는 건 별로 중요하지 않습니다. 지표면이 둥글다는 사실을 전혀 의식하지 않은 채로 우리는 일상을 훌륭하게 살아냅니다. 토지 경계를 측량하거나, 축구장 면적을 계산하거나, 거리 지도를 그리거나 할 때, 우리는 마치 지구가 평평한 원반 모양이라고 믿는 듯이 평면 기하학을 토대로 삼지요. 지구가 평평하다는 생각은 천문학적 세계상에서는 터무니 없는 것이지만, 일상 생활에서는 유용한 도구가 됩니다. 대부분 우리는 평평한 땅에서 살아가기 때문입니다.

플로지스톤, 불에 대한 오류

물론 과학사에서는 황당한 주장이 생겨나 꽤 신빙성을 얻다가, 나중에야 전혀 틀린 주장으로 판명된 경우가 종종 있었습니다. 떠올랐다가 싸그리 사라져 버린 명제가 한둘이 아니지요. 여러 상황에서 성공적으로 검증된 성숙한 이론이 아니라, 예측력이 퍽이나 제한된 개별적인 주장들이 그런 형편이 됩니다.

가령 '자연 발생설'이 여기에 속합니다. 자연 발생설은 생물이 무기물로부터 저절로 생겨날 수 있다고 말합니다. 청결 감각이 별로 없는 사람들은 이런 명제를 변명거리로 잘 써먹을 테지요. 집에 손님이 왔는데 마루 틈새에서 징그러운 벌레가 기어 나온다면, 그것은 매일 무심코 흘려 버린 빵 부스러기와는 전혀 상관없이 그냥 신적인 자연 발생을 통해 생겨난 것이라고 치부할 수 있습니다. 솔직히 어제까지는 모든 것이 깨끗했다고 강조하면서 말입니다.

작은 벌레들이 어떻게 생겨나는지 정확히 아는 생물학자의 입장에서 보면 이런 생각은 터무니없습니다. 자연 발생은 결코 성숙한 과학 이론이 아닙니다. '때로 예상치 않은 곳에서 동물들이 기어 다닌다'라는 것말고 더이상의 예측력이 없지요.

머리 모양을 보고 정신 능력과 성격 특성을 추론하려 했던 학문도 있습니다. '골상학'이라 부르는 학문인데, 오늘날 아무도 그것을 믿지 않지요. 골상학이 꽤나 주목을 받았던 19세기에도 그것은 문제를 정말로 해결하는 과학이 아니었습니다. 골상학은 과학 실험으로 입증 가능한 구체적 예견을 할 수가 없었거든요.

플로지스톤설 역시 사라져 버렸습니다. 18세기에 사람들은 가상의 화학 물질인 '플로지스톤'으로 연소 현상을 설명하고자 했습니다. 플로지스톤설이 흥미로운 것은 이 이론이 과학과 터무니없는 설 사이의 경계선상에 있기 때문입니다. 이 이론은 어느 정도 과학스러운 이론 중에서 가장 분명하게 반증이 이루어진 이론인 동시에, 반박된 모든 이론 중 그 내용이 과학에 가장 많이 남아 있는 것이기도 합니다.

불은 상당히 신기합니다. 물건을 불 속에 던져 넣으면 뜨거워져서 빛을 발하고 갑자기 심한 냄새를 풍기기 시작합니다. 그리고 타고 남은 것은 원래의 물질과는 완전히 달라 보입니다. 이 모든 현상은 무엇을 의미할까요?

오늘날의 시각에서 보면 일은 분명합니다. 점화란 공기 중의 산소가 연료와 만나 화학 반응을 일으키는 현상입니다. 그 과정에서 원자 간의 결합이 파괴되고 새로운 결합이 생겨납니다. 에너지가 방출되며 이 에너지가 빛과 열기로 느껴지지요. 전에 고체를 이루었던 많은 원자는 그 뒤에 아마도 기체가 되어 날아갑니다. 하지만 일반적인 불로는 어떤 원자도 파괴되거나 새로 만들어지지 않습니다. 연소 전에 있던 모든 원자는 그 뒤에도 여전히 존재하지요. 다만 화학 결합이 새로워질 뿐입니다.

하지만 18세기 초에는 아직 원자가 있다는 사실을 아무도 알지 못했고, 산소에 대해 들어 본 사람도 없었습니다. 당시에는 물, 불, 공기, 흙이라는 네 원소로 세계가 이루어진다는 연금술적 물질관이 여전히 중요한 역할을 했습니다. 신비로운 연금술에서 근대적인 화학으로 도약하는 것이 얼마나 힘든 일이었을지 오늘날에는 상상하기 어렵지요. 당시에는 화학 분야에서 토대로 삼을 만한 신빙성 있는 지식이 거의 전무했으며, 그저 실험하고, 관찰하고, 생각하는 것밖에는 할 수가 없었습니다.

그 당시 화학 이론을 정립하기 위해 애썼던 학자 중 하나가 게오르크 에른스트 슈탈Georg Ernst Stahl입니다. 슈탈은 연소를 담당하는 물질이 있음에 틀림없다고 생각했고, 그 물질을 '플로지스톤phlogiston'이라고 불렀습니다. 연소 뒤 잔류물이 거의 남지 않는 석탄에는 플로지스톤이 많이 함유되었고, 잔류물이 잔뜩 남는 금속은 플로지스톤이 소량만 들어 있다고 보았습니다. 연소할 때 플로지스톤이 방출되어 공기 중으로 빠져나가고, 불연성의 나머지 물질만 남는다는 논리였지요. 이는 물론 상당히 틀린 설이지만 완전히 틀리지는 않습니다. 최소한 특정 요소가 연소 과정에서 결정적인 역할을 한다는 것은 사실입니다. 그 요소는 바로 산소입니다. 그러나 산소는 연소되는 물질에서 방출되지 않고 공기 중으로부터 와서 연료의 원자들과 결합합니다. 게오르크 에른스트 슈탈은 어떤 의미에서, 연소 과정을 정확히 반대로 생각했다고 할 수 있습니다.

불타는 초 위에 유리컵을 엎어 놓으면 유리컵 안의 산소 분자들이 어느 순간 다 소모되어 촛불이 꺼집니다. 플로지스톤설을 믿는다면 이 현상도 반대로 해석할 수 있지요. 공기가 흡수할 수 있는 플로지스톤 양은 제한되어 있으므로, 공기가 포화 상태에 이르면 더이상 플로지스톤을 방출하는 것이 불가능하여 촛불이 꺼진다고 말입니다.

순수한 산소를 채운 유리컵 속의 촛불은 특히나 잘 타오릅니다. 당시에도 이런 현상을 관찰할 수 있었는데, 이런 산소를 특히나 플로지스톤을 많이 받아들일 수 있는 '탈플로지스톤 공기'라고 여겼습니다.

게오르크 에른스트 슈탈은 플로지스톤설로 연소의 화학적 비밀을 올바르게 알아내지는 못했습니다. 하지만 그의 생각 중 일부는 영리했고 화학에 지속적인 영향을 미쳤지요. 그는 연소할 때 서로 다른 물질들이 작용하고 이런 물질들이 동시에 변화할 수 있음을 이해했습니다. 어떤 물질은 플로지스톤을 방출하고 어떤 물질은 플로지스톤을 흡수한다고 보았는데, 이것은 오늘날 우리가 아는 화학 반응식을 떠오르게 합니다.

그는 나아가 이런 과정이 거꾸로도 일어날 수 있음을 발견했습니다. 오늘날 우리가 산화환원 반응이라고 부르는 것과 비슷합니다. 석탄은 연소되면서 산소를 흡수하는 반면, 용광로 속의 철광석은 산소를 내어주고 마지막에 순수한 철만 남지요. 게오르크 에른스트 슈탈은 이런 과정들이 서로 연관되었음을 인지하고 있었습니다. 또한 플로지스톤설을 신봉하는 학자들은 산소 호흡과 못이 녹스는 과정이 연소 현상과 화학적으로 같음을 알았습니다. 따라서 플로지스톤설은 최소한 다양한 화학 과정을 체계적으로 정리해 냈다는 점에서 성공적인 이론이었지요.

한편 플로지스톤 연구는 곧 중대한 문제에 봉착했습니다. 연소 현상을 일괄적으로 정리하기에는 측정 결과가 모순되었거든요. 금속을 연소하면 마지막에 처음보다 더 질량이 증가하는 기이한 현상이 일어납니다. 플로지스톤이 빠져나갔다면 어떻게 그럴 수 있을까요? 이를 어떻게 설명할까요? 플로지스톤설 신봉자들은 플로지스톤이 음의 질량을 가진다고 했습니다. 하지만 그것은 답이 될 수 없었지요. 나무나 석탄 같은 다른 물질들은 연소되면 질량이 줄어들기 때문입니다.

프랑스의 화학자 앙투안 라부아지에 Antoine Lavoisier 가 1770년대와 1780년대에 걸쳐 이런 모순을 해결했습니다. 라부아지에는 조심스럽게 밀봉한 유리 용기를 이용해 화학 반응 실험을 했고, 화학 반응에서 전체 질량이 언제나 동일하게 보존된다는 사실을 확인합니다. 라부아지에는 플로지스톤이라는 개념을 완전히 포기할 수 있음을 보여주었지요. 그는 화학 반응을 지금 우리가 아는 것처럼 설명했습니다. 즉, 금속이 연소하면 질량이 증가하는 것은 공기 중의 산소가 금속과 결합하기 때문이며, 반면 다른 것이 연소할 때는 이산화탄소나 수증기 같은 기체가 만들어져 공기 중으로 날아간다고 말입니다.

라부아지에는 현대 화학의 아버지로 여겨집니다. 그는 화학 원수의 개념도 재정립했지요. 그리고 다양한 화학 물질이 늘 (양적으로) 일정한 비율로 서로 반응한다는 것을 깨달았습니다. 이것은 이들 물질이 더 미세한 부분으로 구성된다는 결정적인 증거였습니다. 바로 원자 말입니다. 원자는 늘 특정 수의 다른 원자와 결합합니다.

따라서 플로지스톤설은 화학사에서 중요한 발전으로 이어졌지만, 그 기본 개념은 틀린 것이었습니다. 플로지스톤은 존재하지 않으니까요. 그로써 우리는 처음에는 믿을 만하고 유용한 것으로 여겨졌지만 시간이 지나면서 완전히 반증이 이루어져 남김없이 사라져 버린 이론의 예를 찾은 것일까요? 그러므로 현재 굉장히 믿음직한 과학적 인식도 어느 시점에 가면 흔들릴 수 있다는 말일까요?

그렇지 않습니다. 플로지스톤 개념은 당시 아직 완성되지 않은 이론이었습니다. 숱한 실험을 거치며 입증된 이론이 아니라, 그리 많지 않은 수의 실험 결과를 정리하는 개념이었지요. 플로지스톤 존재 자체가 당시엔 추측에 불과했습니다. 그리하여 플로지스톤의 존재가 부인되고, 이론의 몇몇 부분이 버려진 건 별로 놀랄 일이 아닙니다. 그 밖에 이 이론에서 반박되지 않은 부분들이 있고, 이는 현대 화학으로 명맥이 이어졌습니다. 플로지스톤 개념 자체는 폐기되었지만, 그 개념을 둘러싼 중요한 생각들은 살아남은 것입니다.

따라서 우리는 다음을 구별해야 합니다. 오늘날 우리가 과학에서 참이라고 여기는 각각의 생각은 거짓으로 드러날 수 있습니다. 반면, 그런 많은 생각·자료·명제로 이루어진 성숙하고 커다란 과학 이론은 현재 우리가 가진 가장 안정적인 것이지요. 총체적인 이론은 앞으로도 옳은 것으로 남을 겁니다.

빠른 중성미자의 수수께끼

하지만 우리가 이런 식으로 과학을 무오하고 반박할 수 없는 것으로 선언한다면, 이는 다소 종교적 교리를 떠올리게 하지 않나요? 그렇다면 자연 법칙은 어떤 종파에서 영원히 불변한다고 여기는 도그마와 같은 걸까요?

아닙니다. 전혀 그렇지 않습니다. 확고한 과학적 기본 원칙과 도그마 사이에는 결정적인 차이점이 하나 있지요. 자연 법칙은 그 누구도 단순히 믿어야 하는 것이 아니며, 언제든지 검증하고, 의심하고, 새로운 방식으로 고찰할 수 있습니다. 현대 과학이 신빙성 있는 원칙들을 다루는 방식은 전혀 교조적이지 않습니다. 2011년 '중성미자 이상 현상' 이야기도 이를 보여 줍니다.

2011년 당시 중성미자를 분석하기 위해 상당히 복잡한 실험이 수행되었습니다. 실험 결과는 상당히 혼란스러웠고, 아무도 이를 설명할 수 없었지요. 전 세계의 물리학 연구소에서는 정말 놀라운 측정 데이터가 무엇을 의미하는지 머리를 맞대었습니다. 그냥 단순히 어리석은 오류가 빚어진 것일까요? 아니면 방금 과학사의 가장 신뢰할 만한 자연 법칙 중 하나가 뒤흔들린 것일까요?

중성미자는 실제로 일반적인 물질과 전혀 상호작용하지 않는 기본 입자(소립자)입니다. 매초 1제곱센티미터당 수십억 개의 중성미자가 우리 몸을 관통하지만, 우리는 전혀 그것을 알아채지 못합니다. 태양에서 생성되어 지구에 이르는 중성미자는 종종 단 한 개의 원자와도 부딪히지 않은 채 행성을 가로지릅니다. 그러다 보니 중성미자는 검출하기 힘들지요. 지구의 온갖 곳이 중성미자로 득시글거리지만, 어느 정도의 확률로 아주 가끔씩 고작 몇 개의 중성미자를 검출하는 데에도 거대한 검출기가 필요합니다.

질량이 거의 없이 아주 가볍기에, 중성미자는 문제없이 아주 고속으로 모든 물질을 투과합니다. 2011년 연구자들은 바로 이런 중성미자의 속도를 연구하느라 열심을 냈습니다. 제네바에 있는 유럽 입자 물리 연구소CERN(세른)의 입자 가속기에서 양성자들을 흑연에 충돌시켜 중성미자를 만들어 내었습니다. 이들 중성미자는 이탈리아의 그란사소 연구소까지 700킬로미터 이상을 날아갔고, 중성미자 중 일부가 그곳에서 무게가 자그마치 5000톤에 달하는 중성미자 탐지기에 기록되었지요. 세른의 입자 충돌기와 그란사소의 탐지기 간의 거리는 오차 범위 1미터 미만으로 측정되었고, 중성미자의 비행 시간 역시 위성과 원자 시계를 통해 나노초(10억분의 1초)에 이르기까지 정밀하게 계산되었습니다.

이런 실험에서 연구자들은 놀라움을 감출 수가 없었습니다. 애초에 중성미자의 속도가 빛의 속도에 근접하리라고 예상했는데, 측정 결과는 중성미자들이 빛보다 빠르게 움직인다고 나타난 것입니다.

맙소사! 빛의 속도를 넘어서는 것은 현대 물리학의 세계상에서 가장 머리칼을 쭈뼛 서게 할 만한 기이한 규칙 위반입니다. 광속은 우주에서 절대적인 최고 속도이기 때문이지요. 빛보다 빠른 것은 없습니다. 입자도, 신호도, 정보도 빛보다 빨리 이동할 수는 없어요. 이것은 탁월하게 경험으로 증명되었을 뿐 아니라, 아인슈타인의 상대성 이론에 깊이 근거한 사실입니다. 코끼리가 신발 상자에 들어갈 수 없듯, 빛보다 빠르게 운동하는 입자는 현대 물리학에 부합하지 않습니다.

당연히 이런 측정을 했던 연구팀도 그것을 너무나 잘 알았습니다. 그래서 처음에 그들은 뭔가 오류가 있었다고 생각하고는, 측정 기기들을 살피고 오류를 일으킬 만한 원인을 제거한 뒤 다시 측정해 보았지요. 하지만 결과는 똑같았습니다. 제네바에서 그랑사소까지, 중성미자는 황당하게도 광속을 능가하는 속도로 비행하는 것처럼 보였습니다.

그리하여 연구자들은 그 결과를 그냥 있는 그대로 공개했습니다. 자연 법칙을 반박했다거나, 물리학을 근본적으로 바꾸었다는 무슨 거창한 목소리를 내거나, 심각한 요구를 하지 않은 채, 그냥 무엇을 측정했는지, 이런 놀라운 측정 결과를 어떻게 검증했는지, 오류 가능성을 어떻게 배제했는지를 담담하고 솔직하게 이야기했지요. 그리고 데이터를 기록하여 세심하게 살핀 뒤 발표했습니다.

과학이 도그마에 빠져 있었다면, 늦어도 이 시점에 세계저으로 분노의 물결이 일었을 것입니다. 그러나 그런 일은 일어나지 않았습니다. 연구자들 중 그 누구도 이단이라며 욕을 먹지 않았고, 실패자라며 대학에서 쫓겨나지 않았으며, 순수한 상대성 이론을 심각하게 거슬렀다는 이유로 파문을 당하지 않았습니다. 오히려 그 반대였어요. 전 세계의 연구자들은 이런 흥미로운 결과에 뜨거운 관심을 보였습니다. 대부분의 전문가는 그것이 뭔가 측정상의 실수에서 비롯된 결과일 거라고 확신했습니다. 그러나 여하튼 놀랍고 흥미로운 실수라고 보았지요. 때로는 이런 실수들에서 커다란 진실만큼이나 많은 것을 배울 수 있는 법입니다.

서로 다른 시계들이 제대로 동기화되지 않았던 건 아닐까요? 중성미자가 비행하는 동안에도 지구가 아주 약간 움직인다는 점을 제대로 고려하지 않아, 중성미자가 생겨난 장소와 탐지된 장소 사이의 거리 계산이 약간 잘못된 것이 아닐까요? 그 거리가 사실은 생각보다 더 짧았던 게 아닐까요? 아니면 좀 더 기발한 설명으로 혹시 공간에 추가 차원이 있어 중성미자가 그 차원을 통해 제네바에서 그랑사소까지 더 짧은 길로 비행한 것은 아닐까요?

여러 생각이 등장했습니다. 하지만 학자들은 여전히 회의적으로 고개를 갸우뚱거릴 수밖에 없었지요. 그도 그럴 것이 예전에 이미 초신성을 관측한 바가 있었기 때문입니다. 초신성은 나이든 별이 격렬하게 폭발하는 현상으로, 이때 중성미자뿐 아니라 전자기파가 방출되어 광속으로 우주에 퍼집니다. 그런데 만약 중성미자가 빛보다 더 빠르다면, 당시 초신성의 빛이 지구에 도달하기 전에 중성미자의 도착이 감지되어야 했을 것입니다. 하지만 그런 일은 일어나지 않았고, 초신성 폭발에서 방출된 빛과 중성미자가 동시에 지구에 다다랐습니다. 또 다른 학자들은 중성미자가 빛보다 더 빠르다고 가정하면 기존의 익히 검증된 유명한 물리학 공식들에 어떤 결과가 빚어질지를 숙고해 보았지요. 그런데 그 결과들은 이미 다른 실험에서 관찰한 바와 배치되었습니다.

몇 달 뒤인 2012년 2월, 결국 해답이 발견됩니다. 그 답은 생각보다

시시했습니다. 바로 전선 연결 상태에 문제가 있어서 측정 오류가 발생했고, 이 문제를 제거하자 그 기이한 효과가 갑자기 사라졌습니다. 중성미자는 다른 입자들처럼 아인슈타인의 우주 제한 속도를 고분고분 지키는 것으로 판명되었지요.

그리하여 빛보다 빠른 중성미자의 수수께끼는 굉장히 진부한 방식으로 해결되었습니다. 이 측정 결과를 통해 우주의 기본 법칙에 대한 새롭고 흥미로운 통찰이 열리기를 기대했던 사람들은 실망했을 터입니다. 하지만 최소한 2011년의 중성미자 이상 현상이 아주 분명하게 증명해 준 것이 있습니다. 머리칼이 쭈뼛 설 정도로 기존 공인된 과학적 토대에 모순되는 결과라 할지라도, 그것을 정직하게 열린 시각으로 발표하면 과학계가 진지하게 대한다는 사실 말입니다. 우리는 자신의 결과를 캐묻고 의문시하고 검증할 준비가 되어 있어야 합니다. 그리고 실수도 저지를 수 있지요. 실수가 드러난다 해도 웃음거리가 되지 않고, 정신 나간 사람 취급을 당하거나 사이비로 매도당하지 않는 것. 이것이 중요합니다.

제8장

가능하면 단순하게

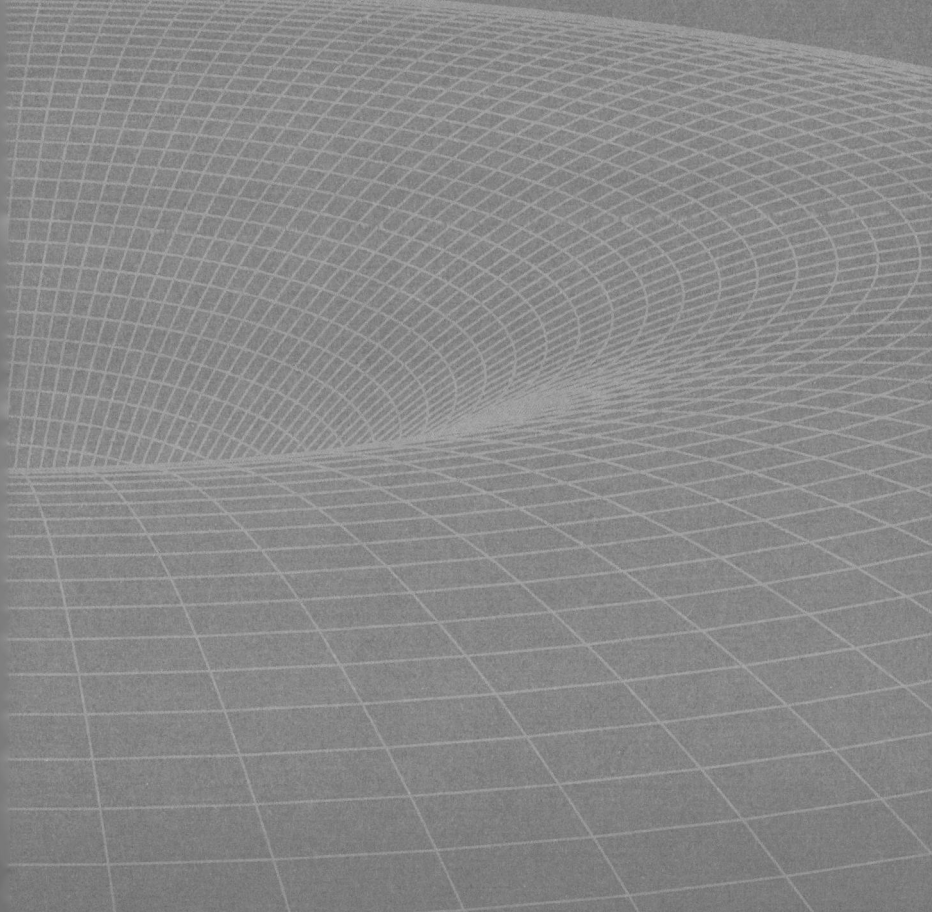

완벽한 것이 상당히 쓸데없는 이유
오컴의 면도날로 바지 정령에 대항하는 법
허황한 현상이 어느 날 진실로 부상한다면?

과학에서 중요한 것은 궁극적인 진실이 아니라
올바른 도구 선택이다

사람들은 대통령의 콧구멍에 공기 해머를 들이박았습니다. 하지만 대통령은 가만히 있었어요. 그도 그럴 것이 그 대통령은 돌로 만들어졌기 때문입니다. 사우스다코다주의 바위산인 러시모어산에서 14년간 미국 전직 대통령 네 명의 얼굴을 조각하는 작업이 진행되었습니다. 조지 워싱턴, 토머스 제퍼슨, 시어도어 루스벨트, 에이브러햄 링컨의 얼굴을 18미터 길이로 바위에 새겼지요.

그 작업에는 여러 방법이 동원되었습니다. 우선 작업자들은 다이너마이트로 바위의 대부분을 날려 버렸습니다. 얼굴의 대략적인 윤곽이 드러나기까지 엄청난 양의 돌덩어리가 우르릉 쾅쾅 소리를 내면서 계곡 아래로 굴러 내려갔지요. 그 뒤에 손에 든 건 바로 공기 압축 착암기. 작업자들은 밧줄을 타고 바위에 구멍을 뚫어 돌을 제거하기 쉽도록 했습니다. 그리고 마지막으로 끌을 가지고 바위 조각상 표면을 매끈하고 예쁘게 만들었습니다.

각각의 방법이 의미 있었습니다. 다이너마이트에서 착암기로 갈아탄 것은 다이너마이트가 불만족스럽기 때문이 아니라, 이제 그것이 할 일을 다했으므로 다른 도구가 필요해졌기 때문이었지요. 착암기 역시 그것이 반박되었거나 반증되어서가 아니라, 마지막에는 더이상 필요가 없어졌기에 치워 버렸습니다.

더 정밀한 결과를 원할수록 더 정밀한 도구를 사용해야 하며, 과학에서도 마찬가지입니다. 돋보기로 충분하지 않으면 현미경을 사용해야 하고, 단순한 이론으로 충분하지 않다면 더 복잡한 이론을 사용해야 합니다. 하지만 그렇다고 단순한 이론이 더 나쁘다는 뜻은 아닙니다.

너무 정확해도 틀린다

빈에서 뉴욕까지 날아가는 데에 시간이 얼마나 걸릴지 예상해 본다고 합시다. 비행기가 시속 약 900킬로미터로 날아간다면, 6800킬로미터를 비행하는 데 7~8시간이 소요된다는 계산이 나옵니다. 이착륙할 때 시간이 약간 지연되면 이보다 조금 더 걸릴지도 모르지요. 하지만 이런 단순한 계산으로 비행 시간을 대략 가늠해 볼 수 있습니다.

좀 더 정확히 알고 싶다면, 대서양 횡단 비행의 더 복잡한 모델을 생각할 수 있겠습니다. 예상 비행 경로를 더 세심히 살펴 가속과 감속 구간을 고려하고, 일기 예보를 바탕으로 풍향이 비행에 미칠 영향도 감안할 수 있지요.

이렇게 하여 비행 시간을 훨씬 더 정확히 예측할 수 있으며, 운이 좋으면 예측 시간과 나중에 정말 걸린 시간이 몇 분 차이 나지 않음을 확인할 수도 있습니다. 그러고는 예측이 잘 맞아떨어졌음에 기뻐하며 다음번에 비행할 때는 좀 더 정확하게 맞혀 보아야지 하고 마음먹을 수도 있고요. 어떻게 하면 더욱 정밀하게 예측할까 머리를 굴리며, 거리를 더 정확히 계산하기 위해 이착륙 활주로를 밀리미터 단위까지 정확하게 측정할지도 모릅니다. 그리고 모든 승객으로 하여금 비행기에 탑승하기 앞서 정확한 저울에 몸무게를 달도록 요청할지도 모르지요. 비행기가 싣고 갈 전체 무게를 정확하게 알아보겠다는 심산으로요.

그렇게 하면 우리의 예측이 훨씬 더 개선될까요? 아마 거의 그러지 않을 것입니다. 그냥 그렇게 하면 왠지 더 정확해질 듯한 느낌만 들 뿐이지요. 비행기가 활주로를 달리다 조금 더 먼저 이륙하든, 몇 킬로그램 더 싣고 하늘을 날든, 비행 시간에는 별로 영향을 못 미칩니다. 오히려 그보다는 여타 예기치 않은 일들이 더 영향을 끼칩니다. 가령 북대서양 상공에서 돌풍과 난기류를 몇 번 만난다든지, 파일럿이 화장실이 급해서 약간 성급하고 거칠게 착륙한다든지 등이 비행 시간을 더 좌우할 겁니다.

한 걸음 더 나아가 정밀한 계산을 위해 아인슈타인의 상대성 이론을 고려할 수도 있습니다. "음, 아인슈타인의 상대성 이론에 따르면 빠르게 이동하는 비행기 안에서는 시간이 약간 더 느리게 흐르잖아. 그 밖에도 비행 고도가 높아지면 지구의 중력이 조금 약해져서, 이 역시 상대성 이론에 따라 비행기 안의 시계들이 살짝 느리게 가게끔 해. 극도로 세심한 실험에서는 이런 효과들이 비행 시간 측정치를 몇 나노초 정도 변화시킬 수도 있어."

정말로 상대성 이론까지 우리의 계산 모델에 끌어들여야 할까요? 절대로 그렇지 않습니다! 그것은 쓸데없을 뿐 아니라, 과학의 규칙에 위배될 것입니다. 대서양 횡단 비행 시간을 계산하는 데에 아인슈타인의 정밀한 공식을 사용하는 것은 러시모어산에서 입자가 아주 미세한 사포로 바위를 문질러 대통령 얼굴을 조각하려는 것과 마찬가지로 잘못되었습니다.

우리는 모든 상황에서 적절한 도구를 선택해야 합니다. 과학에서 중요한 것은 가능한 한 복잡한 디테일을 가진 모델을 마련하는 일이 아닙니다. 관건은 문제 해결입니다. 우리는 가능하면 관찰에 잘 부합하는 현실적인 모델을 개발하고자 하지요. 추가 자료가 도움이 되기도 하지만, 그렇지 않은 경우도 있습니다. 불필요하게 세세하고 복잡한 이론을 사용하면서 일을 더 어렵게 만드는 것은 칭찬할 만한 열정이 아니라 비판받아야 할 학문적 실수입니다.

세계 공식도 해결책이 아니다

이런 생각은 언뜻 좀 혼란스러워 보일지도 모릅니다. 세세한 부분까지 시시콜콜 파고드는 것이 과학에서 중요할 때가 많지 않은가요? 특정 과제를 가능하면 빠르게 해결하고 싶을 때는 물론 단순함이 유용합니다. 하지만 새로운 이론을 발견하려 할 때는 어떨까요? 대부분 우리는 아주 작은 부분에 주의를 기울이고, 점점 더 자세히 보고, 갈수록 더 세부적으로 파고들면서 이론을 만듭니다.

어린 아이들도 이미 이런 방식으로 많은 것을 배웁니다. 장난감 기차는 특정 규칙에 따라 바닥을 굴러가는 알록달록한 물건이지요. 하지만 이제 그것을 분해해 볼 수 있습니다. 그러면 작은 금속 부속들이 수북이 쌓이게 되고 이것들은 더이상 굴러갈 수는 없지만, 엄마 신발에 가득 넣고 흔들면 재미있게 달그락거립니다. 같은 것을 더 세세하게 살펴보면 거기서는 갑자기 새로운 규칙들이 적용됩니다.

세부 사항에 더 자세히 주목하는 것은 굉장히 유용한 방법으로 드러났습니다. 그것을 통해 생물이 아주 작은 세포들로 구성된다는 사실을 알게 되어 세포 생물학도 탄생했지요. 이제 이런 세포의 특성 중에는 세포가 어떤 분자들로 구성되는지를 연구해야만 설명할 수 있는 것들이 있고, 그렇게 우리는 이미 분자 생물학에 당도했습니다. 그리고 이런 식으로 원자 물리학에까지 나아갔고요. 사실 이것이 얼마나 얼토당토않은 일인지 잊지 말아야 합니다. 우리가 인간 몸보다 수십억 배나 작은 원자들을 알아내겠다고 달려드는 겁니다. 마치 행성들이 맹장 수술을 하려고 덤비는 형국이라고 할까요.

하지만 우리는 이 수준에서도 멈추지 않았습니다. 원자는 음전하를 띠는 전자와 양전하를 띠는 원자핵으로 구성되며, 원자핵은 다시금 세 개의 쿼크로 이루어집니다. 우리는 이들 쿼크를 기본 입자로 보지요. 즉, 이들이 다른 더 작은 성분으로 구성되어 있지는 않다고 봅니다. 우리는 여기서 자연의 가장 디테일한 차원에 도달한 것처럼 보입니다.

하지만 이게 무슨 뜻일까요? 우리가 생물을 세포 생물학으로 설명할 수 있고, 세포를 화학으로, 화학을 입자 물리학으로 설명할 수 있다면, 모든 자연 과학은 응용 입자 물리학이라고 보아도 될까요? 우리가 우주의 가장 세밀한 것에 대한 완벽한 이론을 개발하면, 연구는 끝이 날까요? 인간이 그런 자연 과학을 갖게 된다면, 모든 연구소 문을 닫고 집으로 돌아가면 되는 것일까요?

이런 생각은 꽤 유혹적입니다. '모든 것의 이론Theory of Everything', 즉 세계의 기본적인 구성 요소와 그런 요소들이 따르는 모든 자연 법칙을 설명하는 '세계 공식'을 찾는다는 생각 말입니다. 이것은 과학의 성배라고 할 수 있습니다. 여러 영리한 학자가 그런 세계 공식을 찾아내려고 애써 왔지만, 아직 발견되지 않았지요.

알베르트 아인슈타인도 세계 공식에 관심이 높았습니다. 그는 굉장히 젊은 나이에 물리학을 흔들어 놓았지요. 불과 25세 때 특수 상대성 이론을, 35세의 나이에 굉장히 복잡한 일반 상대성 이론을 발표했습니다. 35세라! 이 나이는 소파에 깊이 파묻혀 멜랑꼴리한 심정으로 자랑스럽게 자신의 업적을 추억하기에는 아직 너무 젊은 나이입니다. 아인슈타인도 전혀 그럴 생각이 없었을 겁니다. 그는 새롭고 더 커다란 목표로 뛰어들었습니다. 그는 전체 물리학을 설명할 수 있는 '통일장 이론'을 개발하고자 했지요. 중력과 전자기력을 통합하여 커다란 새 이론을 만드는 것이 그의 계획이었습니다.

그는 거의 40년을 이 프로젝트에 할애했습니다. 하지만 통일장 이론을 완성하지는 못했지요. 생애 마지막 시기에 그는 자신이 올바른 과정을 밟고 있다고 확신했지만, 위대한 알베르트 아인슈타인조차 진정한 '세계 공식'은 찾아내지 못하고 1955년 76세의 나이로 눈을 감았습니다. 그는 중력 이론으로 세계에서 유명한 학자가 되었고, 지금까지도 그러합니다. 아마 그 자신은 이걸 마땅치 않아 할지도 모릅니다. "왜 사람들이 계속 내 중력 이론 이야기만 하는 거야? 나는 다른 쓸 만한 것도 많이 만들어 냈다고! 심지어 더 나은데 말이야"라고 탄식할지도 모르지요.

오늘날 우리는 최소한 아인슈타인의 통일장 이론이 '모든 것의 이론'이 될 수 없는 이유를 알고 있습니다. 아인슈타인은 중력과 전자기력 외에 원자핵 물리학에서 중심적인 역할을 하는 자연계의 다른 두 가지 힘을 무시했지요. '강력(강한 상호작용)'과 '약력(약한 상호작용)'이 그것입니다. 자연계의 이 두 힘은 양자 물리학으로만 설명할 수 있는데, 아인슈타인은 살아생전 양자론의 기이한 새로운 개념들과 결코 친해지지 못했습니다. 그가 상대성 이론을 발견한 공로가 아닌 양자론에 기여한 공로로 노벨상을 수상했음에도 이 사실은 달라지지 않았지요.

진정한 '모든 것의 이론'은 아인슈타인의 일반 상대성 이론을 양자론과 연결해야 탄생할 것입니다. 그동안 이것은 확실한 사실이 되었습니다. 하지만 지금까지 이 둘을 적절히 통합하는 데에 성공하지 못했습니다. 연구자들은 굉장한 노력을 들여, 머리칼이 쭈뼛 설 만한 복잡한 수학을 동원하여 세계 공식을 찾기 위해 애쓰고 있습니다. 이런 수학에 비하면 아인슈타인의 공식은 거의 어린애 장난처럼 보일 지경입니다. 이를테면 초끈 이론이 그렇습니다. 하지만 그럼에도 우리는 여전히 궁극적인 세계 공식, 근본적인 '모든 것의 이론'이 정말 있는지 알지 못하는 상태입니다.

문제는 우리에게 그게 정말 필요한가입니다. 현실의 가장 기본이 되는 이론을 발견한다면, 우리는 어디에 도달하게 될까요? 그러면 우리는 자연 과학 전체의 든든하고 믿을 만한 토대를 갖게 되는 것일까요? 이는 수학의 공리를 연상시킵니다. 한 걸음 한 걸음 생각을 발전해 나가기 위한 튼튼한 기본 가정들 말입니다.

우리가 궁극적인 '세계 공식'을 찾아낼 수 있다면, 자연 과학 전체가 수학처럼 논리정연해지는 걸까요? '세계 공식'을 토대로 한 발 한 발 물리학에서 화학을 거쳐 생물학에 이르기까지 차례차례 자연 과학 이론 전체를 정확히 증명할 수 있을까요?

아니요, 그럴 수 없을 겁니다. 왜냐하면 수학과 다른 모든 자연 과학은 기본적으로 다르기 때문입니다. 완벽히 정확하게 돌아가는 건 수학뿐이지요. 수학에서는 중요하지 않아 보인다고 해서 결코 무언가를 생략하지 않습니다. 그러나 모든 자연 과학에서는 단순하게 하고 누락하는 것이 굉장히 중요합니다. 이것이 과학의 원칙입니다.

행성 궤도를 계산할 때 원자핵에서 어떤 힘이 작용하는지는 우리에게 별 상관이 없습니다. 그에 대해 골머리를 싸매는 것은 과학적 실수일 테지요. 우리는 행성 궤도를 마치 원자가 없는 것처럼 단순화하여 계산합니다. 하지만 이는 모델을 더 나쁘게 만드는 단순화가 아니라 모델을 더 좋게 만드는 단순화입니다. 근삿값을 구하고 대략 어림하고 단순화하는 것은 좋은 과학의 요건입니다. 이것은 무마해야 할

흠이 아니라 경축해야 할 강점이지요.

그러므로 우리는 과학을 완전한 진리를 추구하는 것으로 여겨서는 안 됩니다. 우리는 '세계 공식', '모든 것의 이론'을 필요로 하지 않습니다. 선반을 벽에 고정하려 할 때 완전한 진리 따위는 아무래도 좋습니다. 과학은 문제를 해결할 수 있는 도구를 우리 손에 쥐여 주기 위해 존재할 뿐이지요. 이런 도구들이 완벽할 필요는 없습니다. 완벽에의 요구를 높이 끌어올릴수록 일이 힘들어지기 때문입니다.

오컴의 면도날과 바지 정령

과학에는 '경제성의 원리'라는 것이 있습니다. '필요한 만큼 복잡하게, 그러나 가능한 한 단순하게!'라는 법칙입니다. 고양이가 좋아하는 먹이를 알아내고자 한다면, 고양이가 원칙적으로 원자로 구성되어 있다 하더라도 굳이 원자 물리학 같은 어려운 걸 끌어들일 필요가 없습니다. 어떤 문제를 해결하려 하든 우리는 언제나 단순한 이론을 견지해야 합니다.

이것은 '오컴의 면도날'이라는 명칭으로 유명해진 옛 원칙을 떠오르게 합니다. 이 원칙은 중세 후기의 신학자이자 철학자인 오컴의 윌리엄 William of Ockham에서 이름을 딴 것으로, 특정 상황을 여러 가지로 설명할 수 있을 때 그중에서 더 간단한 설명을 선택해야 한다는 것입니다. 설명에 필요하지 않은 모든 추가 가설이나 가정, 세부 내용은 오컴의 면도날로 잘라 내야 하지요.

만약 제가 바지를 입으려고 하는데 너무 꽉 끼어서 더이상 맞지 않는다고 해 봅시다. 이에 대한 가장 간단한 설명은 제가 최근에 체중이 불었다는 것입니다. 그러나 저는 이렇게 주장할 수도 있습니다. 보아하니 밤마다 악의적인 바지 정령들이 제 집에 침입해서 비열하게도 제 바지 솔기를 뜯고서는 바지통을 줄여 다시 꿰매 놓았다고 말이지요. 두 명제는 똑같은 실험적 결과, 즉 바지가 몸에 꽉 째어서 단추를 끼울 수가 없는 현상을 설명합니다.

물론 문제의 원인을 파악하는 데 도움이 되는 여러 다른 측정 방법이 있습니다. 가령 저는 체중계에 올라가서 몸무게가 늘었다는 걸 알게 될 수도 있지요. 줄자로 배 둘레를 재어 볼 수도 있고요. 원한다면 밤에 잠을 자지 않고 뜬눈으로 망을 보면서 정말로 어느 순간 바지 정령이 나타나는지 유심히 볼 수도 있습니다. 하지만 바지 정령 명제를 반증하려는 시도를 무마하고자, 계속해서 이론을 점점 더 복잡하게 만들 수도 있습니다. "내 몸무게는 늘지 않았어. 바지 정령들이 체중계와 줄자도 조작한 거야!"라면서 말입니다. 어제 저녁에 바지 정령들을 발견하지 못했다면, 그것은 아마도 그들이 매일 밤 오는 것이 아니라 나흘에 한 번씩만, 또는 보름달이 뜰 때만, 또는 소수에 해당하는 날짜에만 나타나기 때문이라고 둘러댈 수도 있습니다.

이 모든 생각을 과학적으로 반박하려 한다면 끝이 없을 것입니다. 아무리 멍청한 사람이라도, 천재 과학자가 말도 안 되는 이론들을 과학적으로 반박해 내는 것보다 100배는 더 빠르게 갖가지 허무맹랑한 생각을 지어낼 수 있습니다. 과학에서 단순성의 원칙은 바로 이 때문에라도 중요합니다. 오컴의 면도날은 추가 주장이나 대상, 규칙을 입증할 책임은 그런 것들을 도입하는 측에 있으며 반대 측에 있지 않음을 분명히 해 줍니다.

바지 정령이 우리 집을 방문했다고 주장하든, 새로운 소립자를 발견했다고 주장하든, 저는 확실한 증거를 제시할 수 있어야 합니다. 그렇지 않으면 모두가—정당하게—단순성의 원칙에 따라 제 이론을 치워 버릴 것입니다. 우리가 기존의 많은 것들 외에 추가 가정까지 믿으면서 우리의 세계상을 복잡하게 만들 이유가 무엇이란 말인가요? 영국계 미국 작가인 크리스토퍼 히친스 Christopher Hitchens 는 "증거도 없이 우길 수 있는 주장은 증거 없이 무시하면 된다"라는 말로 실용적인 기본 원칙을 제안했습니다.

단, 제가 경험 많은 바지 정령 전문가들과 합세하여 망을 보다가 정말로 바지 정령들이 밤에 나타나 모의하는 모습을 관찰하고 영상으로 기록한다면, 이야기는 달라집니다. 그러면 갑자기 바지 정령 이론이 우리에게 있는 가장 간단한 설명이 됩니다. 이 이론으로 이제 바지가 맞지 않는다는 것뿐 아니라, 동영상에 찍힌 것, 목격자들의 증언, 바지 정령들이 남긴 흔적 등 훨씬 더 많은 자료를 설명할 수 있지요. 따라서 이 경우 우리는 바지 정령 명제를 받아들일 것이며, 오컴도 아마 동의할 겁니다.

오컴의 면도날은 일상에서 아주 유용한 규칙으로, 어떤 명제가 참이고 어떤 명제가 거짓인지 감을 잡는 데 도움을 줍니다. 제가 캠핑을 떠나 텐트 안에서 하룻밤을 보낸 뒤 두통이 생긴다면, 그 원인을 기이한 질병이 아니라 밤에 불편하게 목을 경직시킨 채 잠을 잔 데서 찾아야 합니다. 밖에서 말발굽 소리가 나면 일반적인 말을 떠올려야지, 남아프리카산 얼룩말을 떠올려서는 안 될 테고요. 그리고 사무실에서 직원이 내 인사를 시큰둥하게 받는다면 그건 그녀가 어떠한 연유로 기분이 안 좋기 때문일 뿐이며, 나를 잔인하게 불행으로 몰아넣고 싶어 하는 국제적 음모에 가담하고 있다고 보아서는 안 될 것입니다.

"과학은 아직 거기까지 못 미쳐요!"

오컴의 면도날로 무장하면 매일매일 밀려드는 말도 안 되는 이야기들을 방어할 수 있습니다. 확신에 찬 점성가들은 별이 우리의 연애 생활에 영향을 미친다고 말합니다. 다우저들은 점 지팡이로 수맥과 광맥, 기타 기이한 것들을 확실히 찾을 수 있다고 공언하지요. 머리 좋은 사업가들은 우리에게 놀라운 효과를 낸다며 에너지 워터를 팔려고 합니다.

과학적 근거가 없다며 반대의 목소리를 내면 이런 대답이 돌아옵니다. "과학은 아직 거기까지 못 미쳐요. 우리는 기존의 과학이 아직 설명할 수 없는 현상들을 이용한답니다. 언젠가 이것이 어떤 메커니즘으로 작용하는지 이론적으로 설명될 것이고, 그러면 우리 말이 맞았다는 걸 알게 될 거예요."

이런 말 뒤에는 과학에 대한 완전히 잘못된 상이 숨어 있습니다. "과학은 아직 거기까지 못 미쳤다"라는 말은 마치 과학 연구가 정복 전쟁이라도 되는 것처럼 들립니다. 점령지의 전선에서 전투를 거듭해 가며, 미지의 지역으로 밀고 올라가는 것 말입니다. 하지만 이는 엄청난 착각입니다. 물론 우리는 아직 알지 못하는 주제들에도 문제없이 과학을 적용할 수 있습니다. 과학은 완벽한 진리를 넣어 두는 보석 상자가 아니라 방법이자, 문제 해결 전략이자, 다양한 도구 모음이기 때문입니다.

아무도 점성술이나 광맥 또는 마법의 물을 설명하는 과학적·논리적 메커니즘을 알지 못한다는 말은 맞습니다. 하지만 이 모든 것을 과학적으로 연구힐 수는 있지요. 세심히게 실험을 계획하여 정말로 별점과 삶의 중요한 사건 사이에 연관이 있는지를 테스트해 볼 수 있습니다. 땅에 전선이나 수도관을 묻고 정말로 누군가가 점 지팡이로 그것들이 있는 자리를 신빙성 있게 감지하는지도 시험 가능하고요. 화분 식물들이 마법의 에너지 워터를 공급받았을 때 더 잘 자라는지를 과학적으로 실험할 수도 있습니다. 나아가 완전히 주관적 인상도 객관적·과학적으로 파악할 수 있습니다. 마법의 에너지 워터가 일반 물보다 더 맛이 좋은지, 아니면 내가 그냥 그렇다고 상상하는 것뿐인지를 세심한 블라인드 테이스팅으로 알아낼 수 있지요.

무언가에 정말 효과가 있는지를 검증하기 위해 그것이 어떻게 효과를 나타내는지를 알 필요는 없습니다. 실험해 보니 효과 자체가 아예 없다고 판명된다면, 효과를 발휘하는 원인을 연구하는 것은 완전히 무의미합니다. "과학은 아직 거기까지 못미쳤다"는 말은 이 경우 굉장히 쓸데없는 논거입니다. 일단 효과를 증명한 다음에야 그 효과를 어떻게 설명할까 하는 질문을 제기할 수 있기 때문입니다.

에른가르트와 기적

어느 날 미신을 신봉하는 것 같아 보이는 사람의 직감이 진짜 효과 만점으로 드러나면 무슨 일이 일어날까요? 일단 그런 이야기를 머릿속에서 한번 돌려 보면 재미있을 것입니다.

한스 에른가르트는 자신의 놀라운 능력에 자부심을 느낍니다. 그는 정신을 가다듬은 상태에서 보랏빛이 감도는 신기한 수정을 활용해 금속을 감지할 수 있습니다. 최소한 그 자신은 그렇게 할 수 있다고 주장합니다. 그는 전에 광부로 일했는데, 곧잘 수정을 활용해서 아주 좋은 광상을 찾아내곤 했지요. 그의 동료들은 그를 괴짜로 여겼지만, 에른가르트 자신은 신기하게도 수정이 자신을 올바른 방향으로 이끈다고 확신합니다.

작은 지역 신문이 이제 이 이야기에 주목하여, 한스 에른가르트가 집에서 자신의 묘기를 선보이는 모습을 자세히 보도합니다. 테이블 위에 은으로 만든 커다란 촛대가 있는데, 에른가르트가 그 촛대에 다가가자마자 그의 손에 들린 수정이 떨리기 시작합니다. 그 밖에 에른가르트는 카펫 밑에 숨은 동전도 감지할 수 있습니다. 심지어 벽 속의 전기 배선까지도 느낄 수 있는데, 보름달이 뜬 밤에는 특히나 민감하게 감지하지요.

이 보도가 나가자 신문사에는 분노한 독자들의 편지가 잇따릅니다. 그 지역 중학교의 화학 교사라고 밝힌 한 여성은 그런 식의 비과학적인 짓거리를 아무런 검증 없이 기사로 내보내는 처사에 분개합니다. 그러나 그 일은 점점 입소문을 타게 되어, 결국 지역 연구팀이 과학적으로 통제된 조건에서 그의 능력을 검증하고자, 실험실을 빌려 에른가르트를 정식으로 초청하지요. 에른가르트는 이 일을 흥미롭게 여기고, 일단 실험 책임자를 만나 실험을 정확히 어떻게 진행할지 함께 협의합니다.

이제 실험실에 열 개의 똑같은 플라스크가 쪼르르 놓이고, 실험 책임자가 그중 하나를 무작위로 골라 금속 조각 하나를 넣어 둔 뒤, 무의식적인 제스처로 에른가르트에게 힌트를 줄 가능성을 미연에 방지하기 위해 실험실에서 아예 퇴장해 버립니다. 그런 다음 에른가르트가 실험실로 들어가 수정을 이용하여 어떤 플라스크에 금속 조각이 놓여 있는지를 알아내야 합니다. 에른가르트가 주장하는 수정의 효과가 순전히 상상이라면, 에른가르트는 10퍼센트의 확률로 어떤 플라스크에 금속이 있는지를 때려 맞히게 될 것입니다. 그러면 이 실험을 20번 반복했을 때 두 번 정도 올바른 플라스크를 고를 테지요. 주최측은 에른가르트와 협의하여, 20번 시도해서 최소 7번을 알아맞힌다면 에른가르트가 이기는 것으로 했습니다. 그의 방법이 그냥 우연에 기초한다면, 20번 중 7번을 우연히 때려 맞힐 확률은 0.3퍼센트 이하입니다.

결과는 놀랍습니다. 에른가르트는 20번 중에서 8번 어떤 플라스크에 금속이 있는지 알아냅니다. 이것은 절반 이하의 적중률이긴 하지만, 여전히 엄청 놀라운 성공이지요. 의심 많은 연구팀은 당혹감을 감추지 못하지만, 그래도 연구 결과를 공개합니다.

반응은 엇갈립니다. 평소 미신을 잘 믿는 사람들은 환호하면서 에른가르트를 영웅으로 떠받들지요. "봐, 과학만 제일인 줄 아는 꽉 막힌 사람들에게 본때를 보여 줬잖아" 하면서, 이제 드디어 이성만으로는 설명되지 않는 신비한 힘이 존재한다는 게 증명되었다고 통쾌해합니다. 어떤 사람들은 이 일을 약간 덤덤하게 주시하면서, 왜 그런 일이 일어났을까를 생각하고요. 뭔가 속임수가 있지 않았을까, 혹시 손가락 끝 피하에 아주 작은 자석 같은 것을 장착한 건 아닐까 의심합니다. 또 다른 사람들은 에른가르트가 그냥 운이 좋았다고 봅니다. 순수한 우연으로 20번 중 8번을 맞히는 것이 굉장히 가능성이 없긴 하지만, 그래도 불가능하지는 않다는 것이지요.

그리하여 연구팀은 몇 달 뒤에 에른가르트를 다시 한번 부릅니다. 이번에는 학문적인 호기심만이 아니라 상금도 걸립니다. 국제 회의

주의자 협회가 통제된 조건에서 초자연적인 능력을 입증하는 최초의 사람에게 높은 상금을 주기로 한 것이지요. 첫 번째 실험 때보다 훨씬 세심한 통제가 이루어집니다. 에른가르트를 면밀히 관찰하기 위해 과학자들로 이루어진 배심원단이 배석합니다. 아주 많은 속임수를 알고 이미 여러 사기꾼을 적발해 낸 바 있는 유명한 마술사도 동석하고요. 그리고 금속 탐지기로 에른가르트가 혹시 몸에 금지된 도구를 지니진 않았는지를 검사하고, 여러 대의 카메라로 실험 상황을 촬영합니다.

다시금 속이 들여다보이지 않는 열 개의 상자가 준비되고, 역시 그중 하나에만 금속 조각을 비치합니다. 에른가르트는 정신을 가다듬기 위해 심호흡을 한 뒤, 손에 수정을 꽉 쥐고는 상자 주위를 차례차례 빙빙 돕니다. 그러다가 약간의 떨림이 감지되면 그 상자를 지목하지요. 실험은 총 60회 반복되며, 상금을 타려면 14회를 맞혀야 합니다.

실험이 종료되기까지는 여러 시간이 소요되고, 밤늦게 데이터가 분석됩니다. 한 판 한 판 에른가르트의 결과를 실험 책임자의 기록과 비교합니다. 실험 책임자만이 매 회 어느 상자에 금속이 들어 있었는지를 알기 때문입니다. 지켜보던 사람들은 놀라서 할 말을 잃습니다. 에른가르트가 60회 중 21회를 맞힌 것이지요. 정말 놀라운 승리입니다. 우연히 때려 맞혔다면 기껏해야 6회 정도 맞았을까요. 무작위로 골라서 60회 중 21회를 적중할 확률은 거의 없다고 볼 수 있습니다. 배심원단은 어안이 벙벙한 얼굴로 고개를 절레절레 흔들며, 이 일을 계속 연구해 보겠다고 공언합니다. 아무리 회의적인 사람이라도 에른가르트에게 상금을 수여하는 수밖에 없습니다.

이제 언론의 대대적인 보도가 이어집니다. 전 세계적으로 에른가르트 소식을 보도하지 않는 신문이 거의 없지요. 미신을 좋아하는 사람들은 현대적인 세계상이 무너졌다고 공언하며, 자연 과학 시대의 종말을 외칩니다. 또 다른 사람들은 말도 안 되는 일이라고 비웃으며 에른가르트를 과학을 바보로 만드는 사기꾼으로 치부합니다. 에른가르트 스스로는 텔레비전 인터뷰를 하고 토크쇼에 출연해 자신의 능력을 생방송으로 선보입니다.

하지만 한쪽에서 옥신각신하는 동안, 다른 쪽에서는 이 기이한 현상에서 뭔가를 배우고자 합니다. 한스 에른가르트는 여러 대학에 초청받아, 이 현상을 더 자세히 연구할 수 있게끔 도움을 제공하지요. 연구자들은 더이상 이런 신비한 능력이 존재하는지 묻기보다는, 에른가르트의 능력이 어떤 특성을 지니며 그것을 어떻게 활용할 수 있을지를 정확히 살펴보고자 합니다.

아무도 답을 알지 못하는 수많은 흥미로운 질문이 대두됩니다. 금속을 다른 재료로 차폐한 경우에도 이런 현상이 일어나는가? 실험하는 동안 에른가르트의 뇌파에 이렇다 할 특이사항이 나타나는가? 에른가르트는 어떤 종류의 수정을 사용하는가? 특별한 수정만 효과를 발휘하는가? 수정으로 모든 금속을 감지할 수 있는가, 아니면 특정 금속만 감지되는가? 금속 양이 더 많으면 적을 때보다 더 잘 감지되는가? 다른 사람도 에른가르트의 수정을 사용하면 이런 능력을 획득할 수 있는가? 여러 분야의 연구팀이 이 현상을 체계적으로 살펴 봅니다. 이것은 에른가르트에게 새로운 일입니다. 그는 지금까지 언제나 자랑스럽게 실험을 선보였을 뿐, 자신의 능력을 정확히 연구할 수 있다는 생각은 해 보지 못했거든요.

여전히 이런 기이한 현상을 어떻게 설명할지는 알지 못합니다. 하지만 서서히, 그런 현상이 어느 때 나타나고 어느 때 나타나지 않는지를 분별할 수 있게 되지요. 에른가르트의 원래 주장 중 몇 가지는 빠르게 반박됩니다. 그는 벽 속의 전기 배선을 감지할 수는 없고, 금속 감지 능력은 보름달과는 전혀 상관 없는 것으로 나타납니다. 그는 다만 특정 금속의 합금이 꽤 많은 양으로 존재할 때만 반응할 수 있는 듯합니다.

여러 연구소가 비슷한 결과들을 내어놓는 가운데, 몇 주 걸러 한 번씩 한스 에른가르트에 대한 새로운 연구 결과가 발표됩니다. 한스 에른가르트가 속임수를 쓴다는 완강한 비판도 서서히 잦아듭니다. 시간이 흐르면서 비슷한 능력을 가진 사람들도 나타납니다. 모두가 에른가르트처럼 높은 성공률을 보이지는 않지만, 몇백 명이 통계적으로 유의미한 금속 탐지 능력을 가진 것으로 드러나지요. 그로써 이 현상을 과학적으로 연구하기가 더 쉬워집니다.

그러한 연구는 곧 '에른가르트학'이라는 이름을 달게 되고, 이 주제의 학술 논문 수가 급속히 증가합니다. 생화학 연구들은 에른가르트 효과가 특정한 신경 전달 물질과 관계 있음을 보여 주고, 물리학 실험은 이 효과가 복잡한 기하학 구조를 가진 특정한 수정을 사용할 때만 나타난다는 사실을 밝힙니다. 이런 수정은 '에른가르트 수정'이라는 이름으로 새롭게 분류됩니다. 곧이어 한 실험실에서는 여러 개의 얇은 층으로 이루어진 인조 에른가르트 수정을 개발하고, 이런 크리스털을 활용하면 에른가르트 효과가 더 강하게 나타나는 것으로 드러납니다. 그리하여 성공률은 가파르게 상승하고, 거의 모두가 이런 수정을 활용해 놀라운 효과를 선보일 수 있게 되지요. 인조 슈퍼 에른가르트 수정은 불티나게 팔려 나갑니다.

자연 과학의 여러 분야가 에른가르트 물결에 휩싸입니다. 세계적으로 젊은이 수만 명이 에른가르트 현상을 주제로 박사 논문을 쓰고, 에른가르트학 연구로 학문적 커리어를 쌓고자 합니다. 이런 효과의 물리적 원인을 규명해 낸다면 그야말로 순식간에 과학계의 슈퍼 스타가 되어 세계적 유명세를 타게 될 것임을 모두가 알지요.

에른가르트 수정을 활용해 뇌파를 더 정확히 측정할 수 있는 것으로 확인되어, 뇌과학은 급속히 발전합니다. 이런 발견을 한 학자는 공로를 인정받아 노벨 의학상을 수상하고요. 에른가르트 수정 속의 전자들의 행동을 연구하던 연구팀은 그 와중에 부수적으로 고온 초전도 현상의 수수께끼를 풀어냅니다. 이제 실온에서도 전기적 저항이 전혀 없이 전류가 흐르는 신소재가 발견됩니다. 과학이 수십 년 전부터 꿈꾸어 오던 일입니다. 에른가르트 효과와 관련한 연구에 연달아 세 번의 노벨 물리학상이 수여되고, 두 번의 노벨 화학상이 뒤따릅니다.

한스 에른가르트는 기쁩니다. 학자가 아니라 실험 대상자로 연구에 참여했기에 자신이 노벨상을 수상한 것은 아니지만, 생각을 달리하여 과학계의 혁명을 불러온 사람으로서 그는 세계적으로 높은 존경을 받습니다. 세월이 흐르면서 부도 많이 축적하지요. 초자연적인 능력을 증명하여 회의론자들에게 받은 상금은 어느 날 돌려줍니다. 연구가 진행되면서 자신의 능력을 더이상 초자연적인 것이라 말할 수 없게 되었다는 이유에서입니다. 에른가르트 효과는 그동안에 어엿이 자연 과학의 본질적 구성 요소가 되었고 초자연적인 현상과는 별로 관계가 없게 되었습니다.

자, 이쯤에서 이 픽션을 끝내겠습니다. 에른가르트 효과가 어느 날 과학적으로 정확히 설명이 되었는지는 아무래도 좋습니다. 중요한 것은 상상이나 눈속임에 근거하지 않고 정말로 증명할 수 있는 효과가 존재한다면, 그런 효과는 또한 과학적으로 연구할 수 있다는 사실입니다.

진실은 과학이 된다

이성적 사고라는 광활한 세계는 물리학과 화학에서 생물학을 거쳐, 심리학과 사회학에 이르기까지 우리를 위해 많은 다양한 도구를 예비하고 있습니다. 누군가가 과학적으로 연구할 수 없는 이론을 정립했다고 우긴다면, 그는 반박당할까 봐 두려워하는 겁쟁이거나 과학이 어떻게 돌아가는지 모르는 사람입니다. 무언가를 관찰할 수 있다면 이런 관찰을 분류하고 평가하면 되고, 아무것도 관찰할 수 없다면 이야기할 만한 효과는 없는 셈이지요.

많은 위대한 과학적 발견은 처음에 작은 이상 현상으로 시작했습니다. 기묘한 것이 눈에 띄는데, 측정상의 오류거나 착각에서 비롯되었으려니 합니다. 밤하늘에서 빛나는 점이 예상과는 약간 다르게 보이거나, 어디에선가 안테나가 석연치 않은 무선 신호를 포착하지요. 또 어딘가에서 평균적으로 예상보다 조금 더 빠른 회복세를 보이는 환자들이 관찰됩니다.

새로운 효과가 탄생할 때 그것은 종종 아주 미세하고 약하고 별것 아닌 듯 보입니다. 그런 효과는 애정과 노력을 담아 크게 키워야 합니다. 하늘의 광점을 더 정확히 측정하기 위해 더 좋은 망원경이 필요할 수도 있습니다. 무선 신호를 명확히 살펴보기 전에, 안테나에서 깨끗한 수신을 방해하는 요소들을 제거해야 할지도 모릅니다. 특정 약물이 놀랍게 잘 듣는 환자군이 있는지를 확인하기 위해 환자 데이터를 더 정확히 확인해야 할 수도 있지요. 그러고 나면 후속 연구 단계에서는 다른 환자군을 누락하고 정확히 이런 환자군을 주시할 것입니다. 그러면 더이상 작은 효과가 아닌, 아무도 왈가왈부할 수 없는 분명하고 큰 효과가 갑자기 나타납니다.

전기가 기묘한 현상으로 느껴져 모두가 고개를 갸우뚱하던 시대에 이탈리아의 연구자 루이지 갈바니Luigi Galvani는 개구리 다리로 실험을 했습니다. 개구리 다리는 전기를 흘리면 움찔하고 움직였지요. 직관만을 도구로 사용했다면, 전기는 오늘날까지도 그저 미신적인 현상으로만 여겨졌을 것입니다. 하지만 학자들은 거기서 그치지 않고 열심히 연구하여 이런 현상을 더 정확히 관찰하고, 불필요한 것들을 제거하고, 배후의 중요한 법칙을 수학 공식으로 정리해 냈습니다. 그리하여 우리는 오늘날 전등빛 속에서 편리하게 생활하고, 전기레인지도 사용하고, 전동 칫솔로 양치질도 할 수 있지요.

과학을 하는 사람은 진보를 보고자 합니다. 오늘 희미하게 보이는 현상은 내일 혹은 미래엔 부인할 수 없이 명백하게 드러날 것입니다. 반면 미신이나 신비주의에서는 그렇게 되지 않습니다. 그냥 모호한 감으로 신비로움을 발견하는 데에서 만족하고 그칩니다.

과학은 닫힌 시스템이 아닙니다. 과학은 계속 넓어지고 새로운 인식들을 받아들이두록 되어 있습니다. 그리하여 과학과 미신이 대결하면 과학이 이길 수밖에 없지요. 미신적인 주장이 과학적으로 반박되거나, 아니면 미신적인 주장이 사실로 확인되어 과학적 진실로 편입되거나, 둘 중 하나입니다. 과학이 옳습니다. 그렇지 않을 때는, 옳은 것이 과학이 됩니다.

제9장

진실을 도구로 거짓말을 하는 법

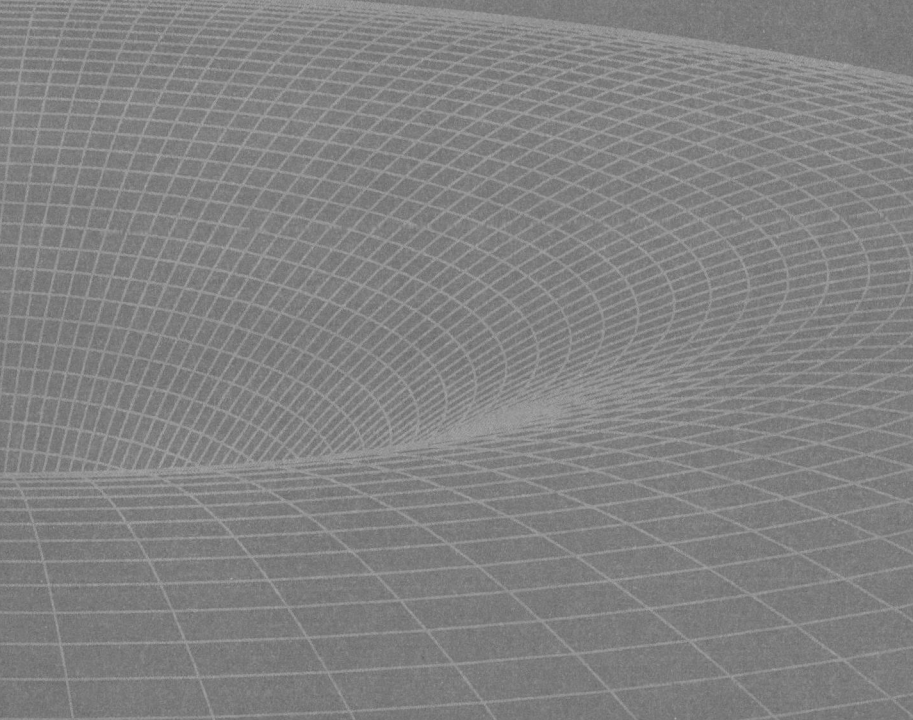

초콜릿이 다이어트 식품으로 둔갑한 경위

할머니의 기침약을 믿지 말아야 할 이유

매사에 논리적 연관을 살펴봐야 하는 까닭

학술적으로 공표된 연구 결과라고 해서

모두가 다 사실인 것은 아니다

"초콜릿이 체중 감량에 도움이 된다!" 센세이션을 일으켰습니다. 이것은 초콜릿 도매상의 광고 문구가 아니라 과학 연구에서 제시된 결과였습니다.

실험 참가자들은 두 집단으로 나뉘어 모두가 3주간 탄수화물 제한식을 했습니다. 단, 한 집단은 매일매일 쓴맛 나는 다크 초콜릿을 먹었고 다른 집단은 먹지 않았지요. 그런데 놀랍게도 3주 뒤에 몸무게를 측정하자, 초콜릿을 매일 먹은 집단이 초콜릿을 먹지 않은 집단보다 몸무게가 더 많이 빠진 것이 아니겠어요?

이로 인해 초콜릿이 다이어트 식품으로 새롭게 떠올랐습니다! 보도 자료가 배포되었고, 언론들은 뜨거운 반응을 보였지요. 독일에서 인도까지, 미국에서 호주까지, 2015년 전 세계 언론이 초콜릿의 신기한 체중 감량 효과에 대해 앞다투어 보도했습니다.

이런 통계적 연구는 과학 분야에 따라 중요도가 다릅니다. 가령 중력 법칙은 행성들을 서로 다른 집단에 무작위로 나누고 중력과 질량 간에 연관이 있는지를 통계적으로 평가하는 방식으로는 절대로 연구할 수 없습니다. 물리학에서는 분명하고 논리적인 연관들을 찾지요. 하지만 초콜릿을 먹는 사람들처럼 더 복잡한 대상을 다루는 분야에서는 그런 명백한 연구가 힘듭니다. 이런 곳에서는 통계가 기본적으로 유용한 도구입니다.

다만, 조심해야 합니다. 연구에서 관찰되는 효과가 우연에서 비롯되었을 수도 있기 때문입니다. 사람들을 두 집단으로 나누어 비교하면,

늘 어떠한 차이가 확실히 발견됩니다. 체중 감량을 원하는 사람들을 무작위로 둘로 나누어 첫 집단의 사람들에게 초록 모자를 씌우고 두 번째 집단에게 빨간 모자를 씌우면, 마지막에 둘 중 하나가 다른 집단보다 체중이 더 많이 감량된 것으로 나옵니다. 빨간 모자를 쓴 집단이 더 많이 감량되었을 확률은 50퍼센트이지요. 하지만 그렇다고 그것이 빨간 모자가 체중 감량에 도움이 된다는 증거는 아닐 것입니다.

통계적 유의미, 우연이라 하기엔 석연치 않은

무언가를 연구하기 위해 우선은 어떤 조건이 미치는 효과가 없다고 가정합니다. 이것을 영가설null hypothesis(혹은 귀무가설)이라 부릅니다. 초콜릿 실험의 경우 영가설은 초콜릿이 체중 감량에 아무런 영향을 미치지 않는다는 의미입니다. 따라서 두 집단 모두 기대되는 체중 감량은 동일하지요. 그럼에도 마지막에 순전히 우연히 두 집단 중 한쪽의 평균 체중이 더 많이 빠졌다고 나타날 것입니다.

여기서 중요한 질문은 "이 차이가 순전히 우연이라면, 실험에서 관찰되는 차이가 이렇게 우연히 발생할 확률이 얼마나 될까?"입니다. 연구 결과를 의미 있는 진실로 선포하기 전에 이 확률을 무조건 계산해 보아야 합니다. 어떤 현상이 우연히 나타날 확률을 종종 'p값p-value'이라 일컫습니다.

초콜릿을 먹은 집단의 참가자들이 다른 집단의 참가자들보다 다이어트 기간 마지막에 평균 12밀리그램 더 체중이 줄었다고 하면, 그 결과는 그다지 유의미하지 않습니다. 이 정도의 차이는 우연히 나타날 확률이 아주 크기 때문입니다. 따라서 두 그룹 사이의 차이가 적으면 p값이 커지고, 두 그룹 간의 차이가 크면 p값이 작아집니다. p값이 작은 경우는 흥미로운 사실을 발견한 것일 수 있어서, 영가설을 기각하고 실험 결과를 '통계적으로 유의미'하다고 볼 수 있지요.

우리가 매일매일 제기하는 추측 중 많은 부분은 이런 통계적 유의미성(유의성)의 장벽을 넘지 못합니다. 우리는 할머니가 특별히 만들어 준 기침에 잘 듣는다는 차를 마시고는, 기침이 평소보다 이틀 먼저 사라진 것처럼 느낍니다. 그리고 화분 식물에 2주간 미네랄워터로 물을 주고는, 식물들이 더 푸르러 보인다는 인상을 받지요. 무척 흥미롭지만, 순전한 우연으로도 설명할 수 있습니다 계산해 보면 통계적 유의미성과는 거리가 멀다고 나올 것입니다.

그렇다면 초콜릿 실험에서는 통계적 유의미성 테스트를 하지 않았을까요? 아니요, 그렇지 않습니다! 으레 그렇듯이 초콜릿 연구에서도 p값을 계산했고, 그 값이 약 5퍼센트(0.05)로 나와 통계적으로 유의미하다고 나타났습니다. 초콜릿에 효과가 없었다면, 모든 실험의 95퍼센트에서 두 그룹 사이에 실제 관찰된 것보다 더 적은 차이를 보였을 거라는 뜻입니다. 그러므로 이 정도의 p값이면, 정말 커다란 설득력을 지니진 않지만 충분히 유의미한 결과입니다. 보통 5퍼센트를 통계적 유의미성을 가늠할 경계로 봅니다(p값이 5퍼센트 이하면 통계적으로 유의미하다고 봅니다).

그럼에도 초콜릿 연구는 완전히 터무니없는 것이었습니다. 그리고 이 터무니없음은 연구자들이 완전히 의도했지요. 미국의 저널리스트 존 보해넌 John Bohannon 을 위시한 연구팀은 이런 연구에서 사실을 속이기가 얼마나 쉬운지, 그리고 과학 저널리즘이 이런 얼토당토않은 결과에 얼마나 열광적으로 달려드는지를 보여 주고자 이런 실험을 시행했습니다.

존 보해넌은 데이터를 조작하지도, 위조하지도 않았습니다. 'p해킹 p-hacking'이라 불리는 트릭을 사용했을 뿐입니다. 아이디어는 아주 간단합니다. 처음에는 무엇을 찾는지 정해 놓지 않고 될 수 있는 대로 많은 데이터를 수집하지요. 마지막에 자랑스럽게 내어놓을 수 있는 것을 발견하게 되리라고 희망하면서 말입니다. 이것은 보물을 찾는 사람이 자신이 무엇을 찾고 싶은지 발설하지 않은 채 정원을 두루두루 파헤치는 것과 같습니다. 그러다 보면 틀림없이 뭔가는 발견하게 될 테지요. 녹슨 나사못이라든지, 희귀한 달팽이 껍질이라든지, 또는 몇 년 전에 묻어 준 기니피그의 뼈를 찾을지도 모릅니다. 그러면 보물을 찾는 사람은 자신이 재능 있는 기니피그 뼈 감지 기술자라고 자랑스럽게 공언할 수 있게 됩니다.

초콜릿 실험에서 연구자들은 참가자들의 체중 감량치뿐 아니라 콜레스테롤 수치, 주관적인 컨디션, 혈압, 수면의 질 등등 다른 변수들도 조사했습니다.

약간의 초콜릿은 이 모든 수치에 사실 별 역할을 하지 못합니다. 그리하여 마지막에 어떤 수치는 초콜릿을 먹은 그룹이 더 좋고, 다른 수치는 초콜릿을 먹지 않은 그룹이 더 좋지요. 우연히 통계적으로 유의미하다고 여길(0.05 이하의 p값) 차이를 발견할 확률은 매번 5퍼센트에 불과합니다. 하지만 충분히 많은 수치를 시험하다 보면, 어느 순간에 이런 유의미한 기준에 드는 차이를 발견하기에 이릅니다. 순전히 우연하게 말입니다.

그들의 연구에서도 정확히 그렇게 되었습니다. 체중 감량 면에서 차이는 통계적으로 유의미하다고 볼 수 있을 정도로 컸지요. 그리하여 이에 대해 보도 자료를 작성하고, 별로 유의미한 결과가 나오지 않은 다른 변수들은 그냥 누락해 버렸습니다. 이런 실험을 다시 한번 시행한다면 아주 다른 결과가 나오겠지요. 그리하여 "초콜릿이 체중 감량에 도움이 된다"가 아니라 "초콜릿이 혈압을 낮춘다" 또는 "초콜릿이 수면의 질을 높인다"라는 제목으로 기사가 나갈 수도 있을 것입니다. 거의는 무언가를 찾아낼 테니까요.

이 비밀은 초콜릿이 살을 빼는 데 도움이 된다는 뉴스가 전 세계에 확산된 다음에야 누설되었습니다. 존 보해넌은 자신의 팀이 어떤 방법으로 그런 결과에 이르렀으며, 어떻게 의식적으로 속임수를 썼는지를 상세히 기술했습니다.

이런 트릭이 특히나 문제인 것은 모든 연구 결과가 다 공개되지는 않기 때문입니다. 이를 '출판 편향publication bias'이라고 부릅니다. 통계적으로 유의미한 결과를 보이는 연구는 유수의 전문 저널에 게재될 수 있습니다. 반면 통계적으로 유의미하지 않은 결과가 나온 연구는 별로 재미있게 설명할 거리가 없으므로 그냥 책상 서랍으로 직행하는 경우가 많지요. 결과들을 세심하게 적어서 전문 저널에 투고할 노력을 아무도 하지 않기 때문입니다. 또는 투고한다 하여도 전문 저널이 그런 논문에 별로 주목하지 않을 겁니다.

그러다 보니 억지로 데이터들을 주무르고 쥐어짜서 결국 고통에 일그러진 통계가 그 어떤 결과를 내놓고야 마는 조작된 연구들이, 통계적으로 유의미한 연관을 찾지 못하는 정직한 연구들보다 전문 저널에 실릴 가능성이 더 높아지기도 합니다. 연구에서 다루는 질문을 나중에 약간 변경하면 통계적으로 유의미하지 않은 결과가 0.05 이하의 p값을 갖는 유의미한 결과로 바뀌지 않을까요? 실험 참가자의 일부를 추후에 유효하지 않은 집단으로 누락한다면 어떻게 될까요? 이런저런 질문들을 그냥 없애 버린다면 또 어떻고요?

그러나 이런 속임수를 쓰지 않는다 해도 출판 편향은 문제가 됩니다. 중요한 전문 저널의 발행자가 통계적으로 유의미한 결과만을 게재한다면, 왜곡된 상이 생겨납니다. 순전한 우연으로 유의미한 결과가 나온 연구들은 계속 눈에 띄고, 확산되고, 읽히고, 인용되지요. 반면 아주 적절하게 하루 초콜릿 한 조각이 체중 변화에 이렇다 할 측정 가능한 영향을 미칠 수 없음을 보여 주는 연구는 결코 대중에게 공개되지 않을 것입니다.

이런 효과로 말미암아, 우리가 접하는 연구 결과 중 다수는 거짓말이 됩니다. 상상을 해 봅시다. 여기 검증해야 하는 1000가지 명제가 있습니다. 가령 그것이 살 빼는 데 도움이 될지도 모르는 1000가지 식품이라고 합시다. 그리고 그중 100가지는 실제로 효과가 있는 식품이라고 해 보지요. 다른 900가지는 원래 체중 감량 효과를 내지 못합니다. 하지만 순전한 우연으로 인해 때로는 이런 효과 없는 식품을 섭취한 그룹의 체중이 줄어든 것으로 나타날 수 있습니다.

p값이 5퍼센트 이하로 나오는 모든 결과를 '통계적으로 유의미'하다고 치면, 이런 900가지 식품에 대한 연구에서 우연히 통계적으로 유의미한 결과가 나올 확률이 5퍼센트입니다. 즉, 약 45개 식품에서 그런 결과가 나옵니다. 게다가 진짜로 효과가 있는 식품들에 대한 연구에서도 오류가 빚어질 수 있습니다. 그리하여 정말로 효괴기 있는 100가지 식품 중 90가지가 효능이 있다는 결과로 나오고, 10개가 효능이 없는 것으로 나온다고 합시다.

자, 이제 종합해 보면 총 135가지 식품이 살 빼는 데 효과가 있다고 인정받습니다. 하지만 그중 90가지만이 실제로 효과가 있지요. 이런 연구 결과들이 공개되면, 체중 감량에 효과가 있는 것으로 발표된 135가지 식품 중 45가지가 사실은 전혀 도움이 되지 않는데도 도움이 되는 것처럼 와전되고 맙니다.

어떤 것이든
사람을 살리기도 죽이기도 한다

따라서 초콜릿 실험은 일상에서 우리가 이런 일을 많이 겪고 있음을 분명히 보여 줍니다. 과학적인 연구 결과로 보이지만 사실은 믿을 수 없는 것이 많다는 이야기입니다. 특히 건강과 영양 분야에서는 굉장히 많은 연구 결과가 쏟아져 나옵니다. 이 분야의 정보는 금방 주목을 끌어 쉽게 화제에 오르기 때문이지요.

그러다 보니 우리는 곧잘 센세이션한 소식을 접합니다. 레드 와인이 수명을 연장해 준다! 올리브 오일이 주름 없이 매끈한 피부를 만들어 준다! 석류가 혈압을 안정시켜 준다! 식품과 암 발병 간의 연관을 다룬 연구는 특히나 인기가 많습니다. 생강, 강황, 레드 와인은 암을 예방해 준다고 하지요. 반면 소시지, 팝콘, 흰 밀가루는 사탄이 성수를 피하듯 또는 기적의 치료사가 통계 강의를 피하듯, 우리가 멀리해야 할 것처럼 여겨집니다. 이런 기사들의 학문적 신빙성은 사실 거의 0에 가깝습니다.

하버드 대학의 종양학자 조너선 D. 쉰펠트Jonathan D. Schoenfeld와 스탠퍼드 대학의 의학자 존 P. A. 이오아니디스John P. A. Ioannidis는 이런 사정을 자세히 살폈습니다. 그들은 올리브에서 쇠고기, 설탕에서 커피에 이르기까지 요리책에 나온 다양한 식품을 무작위로 선정하여, 이런 식품과 암 발병 사이의 연관을 다룬 의학 연구가 있는지를 찾아 보았습니다. 올리브 섭취가 암 발병률을 높이는지 낮추는지를 다룬 연구가 있을까요? 레몬을 많이 먹는 사람들은 그러지 않는 사람들에 비해 암에 걸리는 비율이 더 높을까요?

두 연구자는 놀랍게도 거의 모든 식품에 대해 그런 연구 결과를 찾을 수 있었습니다. 그런데 문제는 대부분의 식품이 암 발병 위험을 높인다고 입증되었다는 결과와 암 발병 위험을 줄인다는 결과가 동시에 존재하는 것이었지요. 그러므로 우리가 먹는 식품 대다수가 암을 유발하기도 하고, 반대로 암을 예방해 주기도 한다는 말입니다. 우리를 아주 들었다 놨다 합니다.

다른 연구 분야에서도 비슷한 문제에 다다릅니다. 가령 특정 유전자와 인간의 특성 내지 행동 양식 간의 통계적 연관을 찾는 연구를 할 수 있습니다. 그리고 연구 과정에서 무언가가 발견되면, 학자들은 그 결과를 학술지에 발표하고 언론은 이에 가끔은 섬뜩할 정도로 자극적인 제목을 달아 보도하지요. 이를 테면 "살인자의 유전자'를 찾았다", 뭐 이런 식으로 터무니없는 용어가 동원되기도 합니다.

심리 질문지를 배부한 뒤 통계적 상관성을 찾을 수도 있습니다. 그러면 비디오 게임을 즐기는 취미가 폭력 성향과 상관 관계가 있는 것으로 나올 수 있지요. 또는 대중교통에서의 무례한 행동이 높은 지능과 관계 있다고 나오기도 합니다. 종교와 동정심에 대한 연구를 수행한 뒤 무신론자와 사이코패스 간에 유사점을 찾았다고 주장할 수도 있겠습니다. 그리고 다시금 이러한 결과가 학술지에 실립니다! 하지만 이러한 현상은 우리에게 무슨 말을 해 줄까요?

와인은 수명을 늘리고, 키 큰 사람은 위험하다?

이런 연구만으로는 별로 신빙성이 없습니다. 그런 연구는 여러 이유에서 무가치할 수 있지요. 결과가 순전히 우연에서 비롯되었기에, 후속 연구에서는 전혀 다르게 나올 수도 있습니다. 원하는 결과를 얻기 위해 속임수를 사용했을 수도 있으며, 혹은 상반된 결과가 나온 실험들이 있지만 출판 편향 효과로 말미암아 결코 노출되지 않았을 수도 있고요.

하지만 모든 것을 제대로 했다고 합시다. 결과는 실제로 유의미하고, 효과를 부인할 수 없으며, 아무도 속임수를 쓰지 않았고, 다른 연구팀이 진행한 후속 연구에서도 같은 효과가 나타났다고 해 보지요.

그렇다면 우리는 흥미진진한 새로운 효과를 발견한 것일까요? 그렇다고 볼 수는 없습니다. 가령 와인을 마시는 것과 기대 수명 간에 정말로 관련성이 있을지도 모릅니다. 하지만 그 원인이 정말로 와인 때문일까요? 소득이 높은 사람들이 평균적으로 와인을 더 많이 마시는 동시에 건강 관리도 더 잘하기 때문은 아닐까요? 병원 중환자실에 누워 있는 사람은 와인을 마시지 못할 것이고, 기대 수명도 퍽 낮을 것입니다. 통계를 바로잡겠다고 영양 튜브를 통하여 포도주를 환자의 위 속으로 펌프질해 넣을 수는 없겠지요.

우리는 체격과 폭력 성향 사이의 통계적 연관을 연구하고, 유의미한 상관 관계를 발견할 수도 있습니다. 이에 근거하여 키가 큰 사람들은 위험하다고 예리한 결론을 내릴지도 모릅니다. 그러므로 아이들에게 태어난 시점부터 성장 지연 호르몬을 주사해서 150센티미터 이상으로 크지 못하게 억제해야 할까요? 그러면 폭력 범죄 건수는 거의 0에 수렴할까요?

여기서 무엇이 잘못되었는지 분명합니다. 바로 상관성을 인과성과 혼동한 것입니다. 여자들은 남자들보다 평균적으로 키가 작습니다. 그리고 대부분의 폭력 범죄는 남자들이 저지르지요. 아이들은 키가 더 작고 폭력 범죄 통계에 거의 잡히지 않습니다. 그로써 신장과 폭력은 상관 관계를 보입니다. 하지만 그것이 큰 키가 폭력의 원인이 된다는 뜻은 전혀 아닙니다.

단순해 보이지만, 사실 상관성과 인과성을 혼동하는 오류는 놀랄 만큼 자주 벌어집니다. 그리하여 위험한 선입견을 만들어 내고 극심한 인종 차별을 불러오기도 합니다. 사람들을 피부색에 따리 분류한 다음, 어떤 그룹이 가장 높은 빈도로 대학을 졸업하고, 어떤 그룹이 가장 높은 빈도로 감옥에 들어가는지를 연구할 수 있습니다. 그러고는 인종 간에 되돌릴 수 없는 타고난 차이가 있음이 수학적으로 확실히 증명되었다며 으스댈 수 있지요.

하지만 그것은 통계적 방법을 활용한 세련된 거짓말과 다름없습니다. 실제로 단순한 상관성을 발견했을 뿐, 인과성을 발견한 것은 아니지요. 어찌하여 피부의 멜라닌 색소 양이 지능이나 폭력 성향에 인과적 영향을 미치는지 아무도 설명할 수 없습니다. 반면 사회적 지위,

부모와 조부모의 수입, 혹은 사회적으로 뿌리 깊은 차별이 일생 동안 성공의 기회를 좌우한다는 사실에는 아무도 이의를 달지 못할 것입니다. 인과적 연관은 바로 여기에 있고, 이 연관은 다양한 연구에서 논리적으로 이해할 수 있게 증명이 가능합니다.

그러므로 과학은 단순히 연관을 감지하는 것이 아니라 연관을 설명하는 학문입니다. 우리는 그저 관찰로 만족해서는 안 되며 논리적 이음매를 찾아야 하지요. 원인과 결과를 서로 연결하는 이론을 개발해야 합니다.

이것은 어떤 분야에서는 더 힘듭니다. 공중으로 던진 돌이 포물선을 그리며 다시 땅바닥으로 떨어지는 이유를 논리적·인과적으로 설명하기는 쉽습니다. 하지만 복잡한 사회적 혹은 정치적 사안들을 논리적으로 분류하고, 명확한 인과적 연관을 분별해 내는 것은 훨씬 어렵지요. 그럼에도 그렇게 하려고 해야 합니다. 분야를 막론하고 모든 과학의 목표는 동일하기 때문입니다. 검증된 관찰을 토대로 새로운 생각을 논리적으로 기존의 커다란 망 안에 통합할 때에야 비로소 과학은 진보합니다.

제10장

우리를 지탱하는 세심히 연결된 망

태양보다 지구 생명이 오래 진화한 경위

날아다니는 유니콘이 욕실에 살고 있다면?

다양한 연구 분야가 함께 협력해야 하는 까닭

과학적 사실은 다른 많은 팩트와

논리적으로 엮일 때라야 비로소 믿을 만하다

"태양은 이미 빛이 꺼졌어야 하는데, 어떻게 된 걸까?"

당대 가장 유명한 물리학자 중 한 명이었던, 켈빈 경lord kelvin이라는 이름으로도 잘 알려진 윌리엄 톰슨William Thomson은 이런 의문을 품었습니다. 그는 19세기에 지구와 태양의 연대를 규명하고자 노력했지요. 태양을 이글이글 타오르는 거대한 석탄 조각 같은 화염구로 상상한다면, 태양의 연료는 언젠가 바닥이 나야 할 것입니다. 이런 생각으로 윌리엄 톰슨은 약 3000년이 지나면 연료가 바닥나리라는 계산을 내어놓았습니다. 하지만 이는 틀림없이 잘못된 계산입니다. 우리 인간은 이미 훨씬 더 오랜 세월 태양을 관찰해 왔기 때문이지요.

그래서 켈빈 경은 또 다른 이론을 개발했습니다. 그는 태양이 무수한 운석들의 충돌로 탄생했다면서, 이 충돌 에너지가 지금까지 어마어마한 열기를 일으켰다는 의견을 제시했습니다. 그로 말미암아 태양이 최소 2000만 년 이상 빛을 발할 수 있다고 말이지요.

하지만 같은 시기에 또 한 사람의 위대한 자연 연구가가 켈빈의 계산과 부합하지 않는 견해를 내었습니다. 바로 찰스 다윈이 지구상의 생명은 최소 수억 년에 걸쳐 천천히 진화해 왔다고 주장하는 진화론을 발표했던 것입니다. 켈빈 경은 굉장한 모순에 봉착했습니다.

"태양은 2000만 년 정도 빛을 발하는 듯한데, 어떻게 지구의 생명이 그보다 훨씬 더 장구한 세월 동안 진화를 해 왔다는 말인가!"

당시엔 태양 광선에 대한 이론이 아직 여물지 않은 상태였습니다. 여러 생각이 있었으나, 그 결과들은 조화로운 전체 그림으로 싸맞춰

지지 못했지요. 이런 상황은 세월이 많이 흘러 20세기에 원자핵 물리학을 이해하기 시작하면서 비로소 달라졌습니다.

오늘날 우리는 태양 광선이 하늘의 석탄 더미에서 나오는 것도 아니고, 소행성들의 연쇄충돌로 인한 것도 아니며, 다윈과 켈빈 그리고 그들의 동시대인들은 꿈도 못 꾸었던 핵융합을 에너지원으로 한다는 사실을 압니다. 별 내부의 어마어마한 압력과 극도의 열기 속에서 원자핵들은 서로 결합합니다. 수소 원자핵이 헬륨 원자핵으로 합쳐지는 과정에서 에너지가 방출되고, 이 에너지의 일부가 빛의 형태로 우리 지구에 도달하는 것이지요.

이는 어찌하여 켈빈 경의 계산보다 더 믿을 만할까요? 켈빈 경이 틀렸다면, 오늘날 핵융합 이론도 언젠가는 틀린 것으로 밝혀지지 않을까요? 어떤 이론을 확실히 믿어도 좋다면 그 이유가 무엇일까요?

결정적인 단서는 그것을 믿어도 좋을 확실한 이유가 하나만이 아니라는 것입니다.

과학의 망, 서로 맞물리는 사실들

태양 광선에 대한 현대의 이론은 나머지 지식들과 상관없이 공중에서 툭 꺾을 수 있는 동떨어진 주장이 아닙니다. 그 이론은 다양한 연구 영역에서 알려진 수많은 이론·관찰·계산과 긴밀히 연결되어 있습니다.

핵 물리학은 원자핵들이 서로 융합한다고 말합니다. 거기서 얼마나 많은 에너지가 방출되는지는 아인슈타인의 유명한 상대성 이론 공식 $E=mc^2$으로 계산할 수 있지요. 우주 물리학은 그 모든 것이 별들의 압력과 온도와 어떻게 연관되는지를 이야기해 주며, 이런 결과를 천문학 관찰들과 비교할 수 있습니다.

게다가 지구에서 인공적으로 핵융합 반응을 일으킬 수도 있습니다. 태양을 빛나게 하는 바로 그 효과가 수소 폭탄의 어마어마한 파괴력을 만들어 냅니다. 핵융합로에서 통제하에 의도적으로 핵융합을 진행시키면 되지요. 따라서 우리는 여러 방식으로 가벼운 원자핵들이 융합할 때 별처럼 환한 빛이 난다는 사실을 보여 줄 수 있는 것입니다. 이 모든 결과는 서로 잘 맞아떨어집니다. 양립할 수 없는 모순은 어디에도 없습니다.

과학적 신뢰성을 만들어 내는 중요한 요소들은 이렇습니다. 첫째, 우리의 이론은 원인과 결과가 논리적으로 연결됩니다. 별과 수소 폭탄이 밝고 뜨겁다는 것을 관찰할 뿐 아니라 왜 그런지도 설명할 수 있지요. 둘째, 각각의 이론뿐만 아니라 전체의 망이 있습니다. 서로 다른 방법에 기초한 서로 다른 논증이 실처럼 얽혀 서로를 지지해 줍니다. 모든 것이 세계에 대해 이미 알려진 사실들과 놀랍게 엮이며, 우리가 이미 신뢰하는 다른 주장들과 이 모양 저 모양으로 이어집니다.

이런 이론은 직감 이상의 것입니다. 그 논증의 사슬은 단순히 체인 하나가 망가진다고 곧장 끊거 버리지 않습니다. 카드를 하나 제거하면 순식간에 와르르 무너지는 카드 집처럼 기능하지 않지요. 이런 이론은 자료·팩트·관찰로 이루어진 망이며, 이런 망은 거대한 학문의 망으로 엮여 들어갑니다. 우리는 바로 이런 망을 신뢰할 수 있습니다. 어딘가 매듭이 하나 풀리거나 실이 끊어진다고 해도 여전히 끄떡없이 지탱되는 네트워크. 이런 망에는 거침없이 뛰어들 수 있지요.

모든 커다란 과학 이론은 그렇게 구성됩니다. 여러 예에서 이를 살펴볼 수 있습니다. 찰스 다윈의 진화론을 봅시다. 생물은 다양한 형질을 후손에게 전달합니다. 이런 형질 중 일부는 후손이 생존할 확률을 높이고, 그러면 살아남은 후손들이 이런 형질을 더 많은 자손에게 전달할 수 있지요. 그로써 이런 형질은 세대를 거쳐 점점 더 흔해집니다. 이것은 세월이 흐르면서 특정 종으로부터 완전히 다른 종이 발달해 나올 수 있는 이유를 아주 논리적으로 설명해 줍니다.

진화론은 기존 과학의 망에 잘 엮여 들어갑니다. 고생물학은 화석을 연구하고, 물리학과 지질학은 화석의 연대를 규명합니다. 이를 통해 동식물 종이 계속 변화를 거듭해 왔음을 확인할 수 있지요. 이런 결과들은 또한 인류가 수천 년 전부터 동식물을 사육하면서—교배시키거나 품종을 개량하는 가운데—관찰한 사실들과 맞아떨어집니다. 또한 실험실에서 여러 세대에 걸쳐 박테리아나 초파리를 연구하면서 진화를 직접 관찰할 수도 있습니다. 아울러 분자 유전학은 이런 모든 현상이 DNA와 어떻게 관계되는지를 설명합니다.

갑자기 어떤 유명한 화석의 연대가 잘못 추정된 것으로 밝혀지면 무슨 일이 일어날까요? 그 어떤 유전 기술 실험의 통계 분석에서 계산 실수가 발견되면 어떻게 될까요? 누군가가 박물관에 전시된 오스트랄로피테쿠스의 뼈가 위조품임을 폭로한다면 진화론은 어떻게 되는 것일까요?

아무렇게도 되지 않습니다. 진화론의 증거는 아주 많기 때문에 그중 어떤 것이 사라진다 해도 별 상관이 없지요. 물론 진화 생물학의 세세한 부분들은 새로운 인식을 통해 바뀔 수 있지만, 진화론이 남김없이 반박될 수는 없습니다.

대륙 이동설도 마찬가지입니다. 아프리카와 남아메리카의 해안선이 의심스러울 정도로 비슷해 보인다는 사실을, 몇백 년 전부터 아주 많은 사람이 주목했습니다. '두 대륙이 언젠가 같은 대륙이었다가 서로 분리되어 서서히 멀어진 것일까?' 정말 흥미로운 상상이었지요. 하지만 상상만으로는 과학이 되지 못하므로, 이런 가설은 오랫동안 진지하게 받아들여지지 않았습니다.

20세기 초에야 독일의 자연 연구가 알프레트 베게너Alfred Wegener가 대륙이 이동했다는 대담한 생각을 꽤 솔깃하게 논증하여 발표했습니다. 아프리카와 남아메리카 대륙이 해안선뿐 아니라 지질 구조도 눈에 띄게 서로 맞물린다고 했지요. 특정 동식물 화석이 두 대륙에서 공통으로 발견되므로, 이 동식물들이 과거 어느 때에는 같은 대륙에서 살았을 것으로 보인다는 점도 지적했고요. 과거 빙하기에 빙하가 남긴 흔적도 두 대륙이 전에 같은 대륙이있음을 보여 준다고 했습니다.

이 모든 주장에도 불구하고, 알프레트 베게너가 1930년 그린란드를 탐험하다가 사망할 때까지도 대륙 이동설은 여전히 받아들여지지 않았습니다. 그 이유는 베게너가 대륙이 이동하는 메커니즘을 제대로 설명해 내지 못했기 때문입니다.

그러나 세월이 흐르면서 연구자들은 우리 행성의 내부에서 무슨 일이 일어나는지 이해하기 시작했습니다. 지각 아래의 뜨거운 유체 덩어리는 움직임 없이 식기만을 기다리지 않지요. 지구 내부에는 움직임이 있고, 강력한 대류 현상이 일어나 대륙판을 움직이게 합니다. 연구자들은 대서양 해저를 조사하고, 비교적 젊은 암석으로 구성된 화산 활동 지대인 중앙 해령을 발견합니다. 대륙이 서로에게서 떨어져 나가면, 결국 어딘가에서 새로운 지각이 만들어져 그 사이를 채워야 했지요. 중앙 해령이 바로 그 지점이었습니다.

그리하여 베게너가 세상을 떠난 지 불과 몇십 년 되지 않아 대륙 이동설에 대한 의심은 완전히 불식되었습니다. 대륙 이동설이 지질학·고생물학·지구물리학 등 관련 과학들과 굉장히 조화를 잘 이루었기에, 베게너의 이론을 계속 부정하는 것은 어리석어 보였지요.

오늘날 지구 온난화설도 마찬가지입니다. 우리 인간이 이산화탄소처럼 기후를 변화시키는 기체들을 대기 중으로 뿜어 대어 지구 기온이 상승하고 있습니다. 우리는 어떤 메커니즘으로 기후가 변화하는지를 논리적으로 설명 가능합니다. 대기 중의 이산화탄소는 태양 복사선은 대부분 투과시키지만, 지구에서 방출되는 열복사선은 파장이 더 길어서 차단합니다. 결국 열이 우주 밖으로 나가지 못하게 하지요.

　기온 데이터는 전 세계에서 수집되기에, 지구의 기온이 오른다는 점은 오래전부터 누구도 의심하지 않았습니다. 현재 빙하가 줄어들고 극지방의 빙붕이 녹고 있습니다. 이렇듯 극지방의 얼음과 빙하가 녹은 물, 그리고 열팽창 현상으로 말미암아 해수면도 상승하고 있지요. 열로 인해 더워진 물은 차가운 물보다 더 많은 공간을 차지하기 때문입니다. 팽창 효과는 미미하지만, 대양이 아주 깊다 보니 명백하게 측정이 가능합니다.

　대기 중 이산화탄소 양이 증가하면 대양이 일부를 흡수해서 산성화됩니다. 이 역시 측정 가능합니다. 이 모든 현상이 생태계를 교란하고, 우리는 이미 동식물의 대량 멸종을 목도했습니다

　우리에게는 해양 연구에서 대기 물리학, 동물학에 이르기까지 서로 독립적인 과학 분야의 측정 데이터가 있습니다. 이런 측징 데이터는 서로 부합하며 뒷받침해 줍니다. 그러므로 인간의 활동으로 인한 기후 변화는 내적 논리가 탄탄한 이론이며, 나머지 과학과 밀접하게 연결됩니다. 이런 이론은 믿을 수 있지요.

매듭이 많을수록 튼튼한 이론

　흔들리지 않는 과학적 진리들이 있습니다. 지구는 태양 주위를 돌고, 우리 모두는 원자로 구성되며, 죽은 금붕어를 만시작거리면 건강

에 좋지 않다는 점은 분명한 진실입니다. 하지만 과학의 모든 것이 그렇게 신뢰할 만하지는 않습니다. 추측에서 논쟁의 여지가 없는 진실로 옮아가기까지 과도기를 거칩니다. 우리는 간혹 한 번씩 이상한 관찰을 하게 되거나, 수긍이 가지 않는 전문가의 의견을 접하고 고개를 갸우뚱거리거나, 뜻밖의 측정 결과에 당혹해합니다. 이런 결과들은 흥미롭지만 신뢰성이 높지는 않지요.

어떤 학문적 결과의 신뢰성을 높이는 가장 간단한 방법은 단순한 반복입니다. 우리는 다른 사람들의 실험을 따라 하며 같은 결과가 나오는지를 점검할 수 있습니다. 이것은 어떤 분야에서는 다른 분야보다 더 쉽지요. 화학 실험을 한다면, 오늘 캐나다에서 진행하는 화학 반응과 2년 전 남중국에서 진행한 반응은 동일할 확률이 높습니다. 그러나 사회과학·심리학·의학의 경우는 실험을 똑같이 반복하기가 훨씬 어렵습니다. 그런 학문에서는 완벽하게 통제할 수 없는 훨씬 복잡한 요인에 따라 결과가 달라지기 때문입니다.

그리하여 그런 연구 분야에서는 옛 연구를 반복했을 때 다른 결과가 나오기 특히나 쉽습니다. 이런 점은 문제가 되지요. 모든 학문 분야에서는 연구 결과를 재현할 수 있어야 하니까요. 그도 그럴 것이 오늘은 이런 결과가 내일은 저런 결과가 서로 다르게 진실로 나오면, 무엇을 믿을 수 있겠어요?

새로운 연구에서 옛 결과들을 확인할 수 없는 일이 자주 일어나는 상황을 '재현성 위기replication crisis'라고 합니다. 2015년, 대규모 국제 연구팀인 열린 과학 협력체Open Science Collaboration는 주목할 만한 분석 결과를 공개했습니다. 이 연구팀은 예전에 이루어졌던 100가지의 심리 연구를 반복하여, 새로운 결과를 옛 자료와 비교했습니다. 그러자 새로운 연구와 옛 연구의 결과가 맞아떨어지는 경우는 생각보다 훨씬 적은 것으로 나타났습니다. 원래의 심리학 실험에서 관찰했던 효과는 반복된 실험에서 평균 절반밖에 확인되지 않았지요. 그마저도 대부분은 효과가 너무 약해서 통계적으로 유의미한 기준에 미치지 못했습니다. 원래 연구는 97퍼센트가 유의미한 결과(p값이 0.05 미만)를 내었으나, 반복된 연구는 36퍼센트에서만 유의미성을 보였던 것입니다.

이런 문제를 어떻게 예방할까요? 처음부터 모든 연구를 여러 번 수행하고, 결과들이 어느 정도 일치하는 경우에만 연구를 발표해야 할까요? 이 역시 해결책이 될 수는 없습니다. 연구의 기본 개념에 심각한 오류가 있어, 실험을 여러 번 반복해도 이런 오류가 계속 따라다닐 수 있기 때문입니다.

하지만 학문을 망으로 상상하여 그 안에서 여러 길을 통해 이 매듭에서 저 매듭으로 다다를 수 있다고 보면, 아주 다른 통제 가능성이 생겨납니다. 데이터, 측정 방법, 관점을 달리하면 어떨까요? 우리를 같은 목표에 이르게 하는 대안적인 길이 있을까요?

1930년대 초반에 이루어졌던 유명한 연구가 사회 과학에서 어떻게 대안을 찾을 수 있는지 보여 줍니다. 당시 빈 근처 노동자들의 거주지인 마리엔탈 마을은 황량하기 그지없었습니다. 주변의 커다란 직물

공장이 문을 닫는 바람에 하루아침 사이 온 마을 주민들이 실업자가 되었던 것이지요. 사회 심리학자 마리 야호다 Marie Jahoda 는 사회학자 폴 라자스펠트 Paul Lazarsfeld 및 다른 연구자들과 더불어 이 일이 마을 주민들의 정신에 어떤 영향을 미쳤는지를 연구했습니다.

연구자들은 실업자가 되어 버린 마을 주민들의 마음속에 사회에 대한 반감과 혁명적인 생각이 싹트지 않을까 예상했습니다. 하지만 조사 결과는 그렇지 않았지요. 주민들이 느끼는 지배적인 감정은 오히려 우울감·절망감·무감각(무관심)으로 나타났습니다.

마리 야호다와 동료들은 그냥 심리 질문지를 돌리며 쉽게 연구할 수도 있었을 것입니다. 하지만 연구팀은 한낱 질문지로 만족하지 않았지요. 연구자들은 여러 방법을 동시에 활용했습니다. 인터뷰를 하고, 보고서를 분석하고, 통계 데이터를 수집하고, 심지어 일기와 편지까지도 살펴봤습니다. 이런 다양한 접근은 서로 모순되지 않는 전체적으로 일관된 상으로 모아졌지요. 바로 이런 다양한 접근 덕에 1933년 공개된 '마리엔탈 실업자' 연구는 지금까지 사회학 분야의 고전적인 연구로 가치를 인정받고 있습니다.

이런 전략을 '삼각 검증 triangulation'이라고 부릅니다. 단순히 비슷한 데이터를 더 많이 모으는 것이 아니라 여러 측면에서, 가장 좋게는 여러 방법으로 문제에 접근하는 전략입니다.

이런 전략은 다른 연구 분야에도 중요합니다. 새로운 약이 정말로 효과가 있는지 어떻게 해야 신뢰할 수 있을까요? 새로운 약을 먹었을 때 병을 앓는 기간이 단축되는지를 통계적으로 연구할 수 있습니다. 하지만 여기에 그치지 않고 분자 생물학적 차원에서 정확히 무슨 일이 일어나는지를 이해하기 위한 실험을 수행할 수도 있지요. 이렇게 서로 다른 접근으로, 결과에 대한 우리의 신뢰가 쑥 올라갑니다.

이론 물리학에서도 이런 전략을 활용할 수 있습니다. 때는 2012년, 새로운 입자가 발견되었습니다. 측정 결과가 알려지자 과학자들은 대단히 열광했지요. 이 입자가 아주 오래전부터 찾고 있던 힉스 입자로 보였던 것입니다. 그런데 이 입자를 측정하기 위해 동원한 방법 또한 신뢰할 만했습니다. 과학자들은 유럽 입자물리 연구소CERN의 대형 강입자 충돌기에 두 개의 커다란 검출기 아틀라스ATLAS와 시엠에스CMS를 설치했어요. 두 검출기는 기술적으로 상이했으며 서로 다른 연구팀이 개발했는데, 둘 다 같은 결과를 내었습니다. 새로운 입자를 이중으로 측정하는 데에 성공한 셈입니다. 그랬기에 이 센세이션한 결과를 더 자신 있게 발표할 수 있었습니다.

이런 식으로 여러 방법을 동원하여 입증하는 것은 멋진 일입니다. 하지만 이것도 아직 충분하지 않습니다. 새로운 주장이 이미 사실로 인정되는 기존의 다른 인식들과 합치되는지도 보아야 합니다. 그리고 서로 어긋난다면, 문제가 기존 개념에 있는지 새로운 개념에 있는지 정확히 살펴야 하지요. 만약 기존의 인식들과 일치한다면, 새로운 주장이 충분히 맞는다고 볼 수 있습니다. 여러 방면에서 이미 알려진 사실들과 논리적으로 연결되는 명제는 참일 확률이 높지요.

오늘날 자연 과학에서 우리가 이루어 낸 상호 연계성은 상당히 괄목할 만합니다. 자연 과학 분야는 서로서로 연결됩니다. 과학은 각각 독립적인 논리 망을 이루는 서로 다른 하위 영역으로 따로따로 쪼갤 수 없습니다. 모든 연구 분야는 서로 밀접하게 연결되어 있지요. 그러므로 물리학은 믿으면서 화학을 반박하려 하는 것은 완전히 우스운 노릇입니다. 세포 생물학을 연구하면서 신경학을 거부할 수는 없으며, 알프스의 지질학을 연구하면서 지구 물리학, 열역학, 역학을 부인할 수는 없습니다. 이는 각 과학 분야가 사실 다 똑같아서 하나의 분야를 다른 분야로 집어넣을 수 있다는 의미가 아닙니다.

  어떤 분야도 다른 분야와 연결 없이 외롭게 존재하지 않습니다.

  그러나 미신은 그렇지 않지요. 거기에는 체계나 연결 구조가 없으며 개별 주장만이 난무합니다. 어떤 사람은 주술 치료사가 되는 교육을 받고, 어떤 사람은 죽은 자와 접촉하고자 향을 피우고, 어떤 사람은 켈트족 달력을 참고하여 손톱을 잘라도 되는 시기를 판단합니다.

  이런 생각들은 우리의 자연 과학 지식에 모순될 뿐만 아니라 어느 것 하나 서로가 논리적으로 이어지지 않습니다. 점성술과 외계에서 온 UFO 사이에는 전혀 연결점이 없지요. 점 지팡이는 텔레파시를 신빙성 있게 설명하는 데에 조금도 도움이 되지 않으며, 치유 에너지를 발한다는 수정으로는 유니콘, 천사, 여타 마법의 존재들을 설명한다는 5차원 진동 주파수에 대해 아무것도 규명할 수 없지요.

  과학에서는 새로운 매듭이 지어지면 이를 훌륭하게 증명된 사실들로 이루어진 망과 연결하려 시도하는 반면, 미신에서는 모두가 각자 자신만의 좁은 망을 구성합니다. 어느 커다란 망과 연계할 필요가 없으며, 다른 사람들이 이미 주장한 것들과 부합할 필요도 없습니다. 실한 오라기 한 오라기가 공중에 그냥 흩어져 있지요. 바로 이런 이유로 미신은 과학에 가망 없이 패하는 것입니다.

칼 세이건과 욕실의 유니콘

원칙적으로 과학의 기존 망에 부합하는 것이라야 새로운 인식으로 인정받을 수 있습니다. 생물학자이자 작가인 크리스티안 바이마이어 Christian Weymayr는 이런 특성을 '과학 능력 Scientabilität'이라는 신조어로 칭했습니다. 새로운 생각이 진지하게 받아들여지려면 적어도 우리가 기존에 아는 것과 이론적으로 연결될 수 있어야 합니다.

누군가가 열광적인 목소리로 자신이 아기 고양이를 입양했다고 말한다면, 저는 그의 말을 믿어 줄 용의가 있습니다. 그것은 우리가 이미 세계에 대해 알고 있는 사실과 부합하니까요. 저는 사람들이 고양이를 흔히 입양한다는 걸 알고, 개인적인 경험으로도 아기 고양이를 열렬하게 좋아하는 것은 자연 법칙과 문제없이 어울릴 수 있음을 압니다. 상대가 제게 자신이 입양한 고양이 사진을 보여 준다면, 저는 더이상 그의 아기 고양이 명제를 의심할 생각을 하지 못할 거예요.

그러나 누군가가 제게 날아다니는 유니콘이 자기 욕실에 살며 주식으로는 샴푸를 먹는다고 말하면 사정이 다릅니다. 이 명제는 제 머릿속에 이미 있는 사실들의 망에 부합하지 않습니다. 그가 제게 엄청 귀여운 유니콘을 두 팔로 사랑스럽게 감싸 안은 사진을 보여 준다 해도, 저는 그것을 위조 사진으로 여길 것입니다.

'유니콘은 어디 사는 동물이지? 이런 동물이 어떻게 그동안 발견되지 않을 수 있었을까? 유전공학 실험의 산물인가? 유니콘이 샴푸를 먹고 산다는 게 말이 돼? 그리고 그런 동물이 어떻게 날 수 있으며, 다 떠나서 어떻게 그런 동물을 욕실에서 키울 수가 있단 말이지?'

따라서 우리는 두 주장에 대해 같은 수준의 증거를 요구할 수는 없습니다. 이것은 편견이나 선입견이랑은 상관이 없지요. 불공평하지 않으며, 과학에서 절대적으로 중요한 사항입니다. 천문학자이자 과학 저술가인 칼 세이건 Carl Sagan 은 이를 두고 "특별한 주장은 특별한 증명을 필요로 한다"라는 규칙으로 정리했습니다.

결국 어떤 명제는 결코 혼자서 시험대에 오를 수 없고, 늘 그와 논리적으로 연관된 다른 주장들과 함께 점검되어야 합니다. 제가 무無로부터 에너지를 만들어 내는 기기를 연구한다고 천명하면, 그냥 이런 기기 하나만이 아니라 에너지 보존 법칙을 건드리겠다는 뜻입니다. 저는 0에서 시작하지 않으며, 수백 년에 걸쳐 쌓인 풍부한 경험의 보고寶庫를 토대로 하지요. 이런 경험의 보고를 의심하도록 상대를 설득하려는 사람은 특히나 인상적이고 분명한 논거를 제시해야 할 것입니다.

욕실 안의 날아다니는 유니콘도 마찬가지입니다. 우리는 전 세계의 동물학 연구에서 아직 그런 동물이 발견된 적 없음을 알고 있습니다. 우리는 또한 말처럼 생긴 동물은 물리학적인 이유에서 날 수가 없다는 사실도 알지요. 그리고 샴푸는 동물들에게 적절한 음식이 되지 못한다는 것도 상식입니다. 그러므로 상대가 우리를 설득하려 한다면, 일단 이런 엄청난 무게의 논거들을 엄청난 반대 논거들로 무력화해야 합니다.

방법과 내용

우리는 이런 방식으로 과학이란 무엇인지를 정의할 수 있습니다. 과학은 기존의 커다랗고 튼튼한 과학의 망에 새로운 실을 덧대어 그 망이 더 크고 튼튼해지게 만드는 작업입니다.

종종 과학을 다르게 설명하기도 합니다. 과학에서 지켜야 할 규칙들을 가지고 정의하지요. 과학은 관찰로써 검증 가능한 대상을 연구하고, 그 과정에서 원칙적으로는 거짓으로도 드러날 수 있게끔 명제를 정리해야 한다고 말이지요. 이것은 칼 포퍼가 제시한 비판적 이성주의의 기본 생각입니다. 또한 우리는 언제나 여러 이론 중에 우리의 관찰에 더 잘 부합하는 이론을 선택해야 합니다. 이것은 수백 년 전부터 입증된 원칙입니다. 그리고 여러 이론이 하나의 관찰 결과를 설명한다면, 더 단순한 이론을 활용하는 것이 좋습니다. 이는 우리가 '오컴의 면도날'이라는 이름으로 살펴보았던 바입니다. 이 모든 규칙이 아주 영리하게 고안되었지만, 그 어느 것도 늘 예외 없이 들어맞지는 않습니다.

1924년 빈에서 출생한 과학철학자 파울 파이어아벤트 Paul Feyerabend 는 바로 이 점을 비판적으로 주시했습니다. 과학사를 보면 어떤 규칙이든 어느 순간에는 깨졌지요. 규칙을 깬 사람들은 그럼에도 과학을 한 걸음 더 진보시킨 장본인이었습니다. 그러므로 언제나 모든 시대에 모든 과학 분야에 적용되는 학문 방법, 행동 규범, 기본 원칙은 없습니다.

이로부터 파이어아벤트는 이렇게 결론을 지었습니다. "방법을 미리 규정하는 모든 시도는 무의미하고 불가능하다. 그러므로 우리는 방법에 대한 강박에서 벗어나 규칙에 얽매이지 말고, 그때그때 좋을 대로 무정부주의적으로 연구에 임해야 한다." 파울 파이어아벤트는 기우제를 지내는 것도 기상학만큼 인정할 만하다고 보았고, 선거 예측이나 점성술에서의 별 관찰도 비슷한 신뢰성을 지닌다고 여겼습니다. 파이어아벤트는 '어떤 것이든 좋다 anything goes'라는 가치를 표방하여 1970년대에 유명세를 탔지요.

어떤 방법도 모든 문제에 답을 주지 않는다는 파이어아벤트의 관찰은 옳았습니다. 그러나 그것이 그리 놀라운 인식은 아닙니다. 예외 없이 언제 어디서든 모든 요리 레시피에 활용할 수 있는 주방 용품은 없지요. 하지만 그럼에도 부엌에 무정부 상태를 선포하여 커피 필터로 레몬즙을 짜고 핸드블렌더로 계란 껍데기를 벗기는 것은 과히 영리한 일이 아닙니다.

  어떤 방법을 모든 곳에 두루두루 적용할 수 없다고 하여, 규칙을 준수하는 것이 절대로 무의미하지는 않으며 어떤 방법을 활용하든 전혀 무관하지도 않습니다. '방법적으로 옳은 과학'을 정확히 정의하기는 어려울 겁니다. 하지만 그렇다고 과학 연구와 사이비 과학적인 직감이 구분되지 않는다는 말은 아니지요. '과학이란 무엇인가'를 한 문장으로 설명할 수 있는 일반적인 정의는 존재하지 않겠지만, 그 질문에 그저 한 걸음 한 걸음 조금씩 조금씩 더 접근해 갈 수는 있습니다. 별로 나쁜 상황은 아닙니다. 정의하기 힘든 것이 과학 말고도 많기 때문입니다. 가령 '동물 애호적인 행동'이라는 말도 정의하기가 쉽지 않지요. 이 역시 단순한 규칙은 없으나, 그럼에도 우리는 보통 누군가가 동물 애호가인지 아닌지를 꽤나 신빙성 있게 평가할 수 있습니다. 큰 칼을 가지고 강아지의 배를 확 갈라 버리는 사람은 '응용 동물 애호성'의 범주에도 들지 못할 것입니다. 하지만 같은 방법으로 강아지의 생명을 구하는 수술을 할 때는 사정이 달라집니다. 특수 상황에서는 '동물 애호가라면 강아지의 배를 함부로 갈라선 안 된다'는 규칙을 깨야 하는 일이 생깁니다. 하지만 그렇다고 그 규칙이 의미가 없는 건 아니지요.

공통점과 차이점

모든 학문에는 거의 언제나 염두에 두어야 할 몇몇 아주 간단하고 중요한 기본 원칙이 있습니다. 우선 가능하면 논리적으로 이해할 수 있게끔 논증을 해야 합니다. 원자 물리학의 계산 실수나 심리 질문지 분석에서의 계산 실수나 부적절하기로는 매한가지입니다. 두 경우 모두 그런 실수를 기존의 것을 뒤집는 신선한 창조적 사고로 퉁칠 수 없지요. 모든 연구 분야에서 주장을 할 때는 어떻게 그런 주장이 나왔는지를 밝혀야 합니다. "꿈에서 계시를 받았어요"라는 말은 충분하지 않습니다. "내가 옳아요. 지금까지 이 주제에 대해 의견을 피력한 모든 사람이 그냥 무능한 바보인 거예요"라는 말은 상응하는 강력한 증명을 내놓지 않는 한 받아들여질 수 없습니다.

하지만 분야마다 서로 다르게 해석되는 규칙도 있습니다. 입자 물리학을 연구하는 방식은 생물학과는 다릅니다. 사회학 연구도 화학 실험실에서의 연구와는 다르게 진행되고요. 연구 결과를 공개할 수 있으려면 예측이 얼마나 정확하고 신빙성 있어야 할까요? 설명 모델은 얼마나 복잡해야 할까요? 얼마나 많은 수학을 활용해야 할까요? 이에 대한 물리학의 답변은 사회학과는 차이가 납니다. 다루는 대상이 어떤 학문은 더 단순하고, 어떤 학문은 더 복잡하기 때문입니다.

물리학은 어려운 공식과 헷갈리는 자연 법칙을 내용으로 하는 까다로운 과학 분야지만, 사실은 단순합니다. 원자핵 충돌이나 별 주위를 공전하는 행성의 궤도를 계산할 때는 몇 개의 수를 동원하여 상황을 정확하게 묘사할 수 있습니다. 우주에 있는 대부분의 다른 것들은 그냥 무시해 버리지요. 행성의 기분이 어떤지 고려하지 않아도 되며, 원자핵의 문화사적 배경 같은 걸 이해할 필요도 없습니다. 물리학은 단순합니다.

화학도 물리학과 비슷합니다. 하지만 생물학만 해도 상황은 훨씬 복잡해집니다. 생물학이 다루는 연구 대상은 때로 의견을 가지고 있거나, 생식을 하거나, 서로 잡아먹습니다. 이런 행동으로 말미암아 오류가 빚어질 만한 원천이 대폭 늘어납니다.

어떤 생물들은 특이한 생각을 지닌 복잡한 신경계를 발달시켰고, 이런 생각은 심리학의 연구 소재입니다. 그리고 특이한 심리적 특성을 가진 많은 사람이 복잡한 사회에서 함께 살아가면 더 이상한 일들이 많이 일어나는데, 이것은 사회 과학의 연구 대상이지요. 이를 연구하려면 사회 과학에서는 자연 과학과는 전혀 다른 규칙·방법·전략이 필요합니다.

몇만 개의 전자를 가지고 물리학 실험을 하는 경우, 그 결과가 미흡하면 이번엔 100만 개의 전자로 실험하면 됩니다. 그러나 의학에서 희귀 질병을 연구할 때는 몇십 명의 연구 참가자를 동원하는 것으로 만족해야 합니다. 어느 인류학자가 동아프리카에서 몇백만 년간 묻혀 있던 넙다리뼈를 딱 하나 발견한다면, 이런 뼛조각에서 최대한 많은 정보를 끌어내려 할 것입니다. 그러다 보니 연구 결과는 그다지 신빙성을 지니지 못하지요. 하지만 이것이 그 학자가 능력이 부족하다거나 이 학문이 시시껄렁한 분야라는 뜻은 아닙니다. 그 학자는 다만 다른 분야에는 없는 문제들과 씨름해야 할 따름입니다.

새로운 약물을 시험하고자 할 때는 이중맹검법을 활용합니다. 이중맹검법에서 어떤 실험 참가자는 진짜 약물을 받고, 다른 참가자는 효과가 없는 위약(플라세보)을 받습니다. 누가 어떤 그룹에 속하는지는 환자 본인도 모르고 실험 주재자들도 모릅니다. 의학에서 이는 아주 일상적으로 용인되는 연구 방법입니다. 반면 전체주의 사상이 어떤 식으로 사회에 확산되는지를 알고 싶다고 하여, 진짜 전체주의 정권과 비교한답시고 통계적으로 선별한 국가에 플라세보 독재자를 심어 놓는 식의 실험을 진행할 수는 없을 것입니다.

한 연구 분야에서 주로 활용하는 방법을 그 분야와 거리가 떨어진 분야에도 적용하는 짓은 무의미합니다. 이웃한 과학 분야를 서로 연결하는 것은 중요하지요. 그러나 서로 다른 문제는 서로 다른 도구를 필요로 합니다. 유감스럽게도 학계에는 서로 다른 분야의 학자들이 서로를 거의 이해하지 못하는 전통과 문화가 팽배한 듯합니다. 특정 전문 분야에서 훈련을 받고 나면 자기 분야의 규칙을 당연시하면서, 다른 분야 사람들이 아주 다른 규칙을 활용하는 모습을 보면 경멸적으로 고개를 설레설레 젓곤 하는 걸 볼 수 있습니다. 이것은 큰 문제입니다.

심리학이나 사회 과학은 소수점 이하 다섯째 자리까지 규정하는 정확한 예측을 해낼 수 없다는 이유로 자연 과학자들이 사회 과학자들을 비웃는다면, 무척 잘못된 일입니다. 심리학이 물리학보다 정확한 예측을 내어놓지 못하는 것은 심리학자들이 자연 과학자들보다 멍청하거나 수학 수업을 덜 들었기 때문이 아닙니다. 심리학에서는 물리학과는 비교도 안 되게 복잡한 대상을 연구하기 때문입니다. 그런 학문이 다루는 대상은 원자·톱니바퀴·행성과는 달리 수학 공식으로 잘 정리가 안 됩니다.

자연 과학은 사회적·역사적·문화적 맥락과 전혀 무관하게 단순히 벌거벗은 수만 제시한다는 이유로 사회 과학자들이나 정신 과학자들이 자연 과학자들을 비웃는다면, 그 역시 잘못입니다. 자연 과학이 사회 과학보다 더 객관적인 것은 자연 과학자들이 사회 과학자들보다 멍청해서 사회 문제를 도외시하기 때문이 아닙니다. 그것은 자연 과학이 누군가가 어떤 시대에 어떤 상황에서 발언했는지와 무관하게 정확하고, 신뢰성 있고, 참인 진술만을 허락하기 때문입니다. 해무장 정책에 찬성하든 반대하든 상관없이 핵물리학 공식은 아무도 부인할 수 없는 사실이라는 점에 놀라지는 말아야겠지요.

자연 과학자들은 어떤 주제들은 단지 문화적·역사적·정치적 맥락에서만 논의될 수 있다는 것을 배워야 합니다. 정확한 답을 찾을 수 없는 학문적 질문도 있지요. 그럼에도 그런 질문을 연구하는 학문은 가치 있고, 연구하는 가운데 이루어지는 인식들은 소중합니다.

사회 과학자와 정신 과학자들은 자연 과학이 어마어마한 정확성과 신뢰성만을 허락한다는 것을 배워야 합니다. 영원히 믿을 수 있는 답이 존재하는 학문적 질문도 있습니다.

　사람에 따라 다른 방법을 선호하지만, 그럼에도 학문에서 우리 모두는 동일한 망으로 연결되어 있습니다. 물리학과 사회학, 화학과 심리학은 서로 경쟁 관계가 아닙니다. 다른 분야에 몸담은 사람들이나 그들의 방법을 나쁘게 말하는 데에서 그 누구도 이익을 얻지 못합니다. 사실 우리는 같은 목표를 추구합니다. 우리 모두 세상을 더 잘 이해하고자 하지요.

　우리는 태양이 왜 빛나는지, 대륙이 왜 움직이는지, 포유류가 어떻게 생겨났는지, 인간이 왜 그렇게 복잡한 종인지를 알려고 합니다. 이 모든 질문이 어떻게 연결되어 있는지를 이해할 수 있다면 더욱 좋겠습니다.

제11장

거인의 어깨 위에서

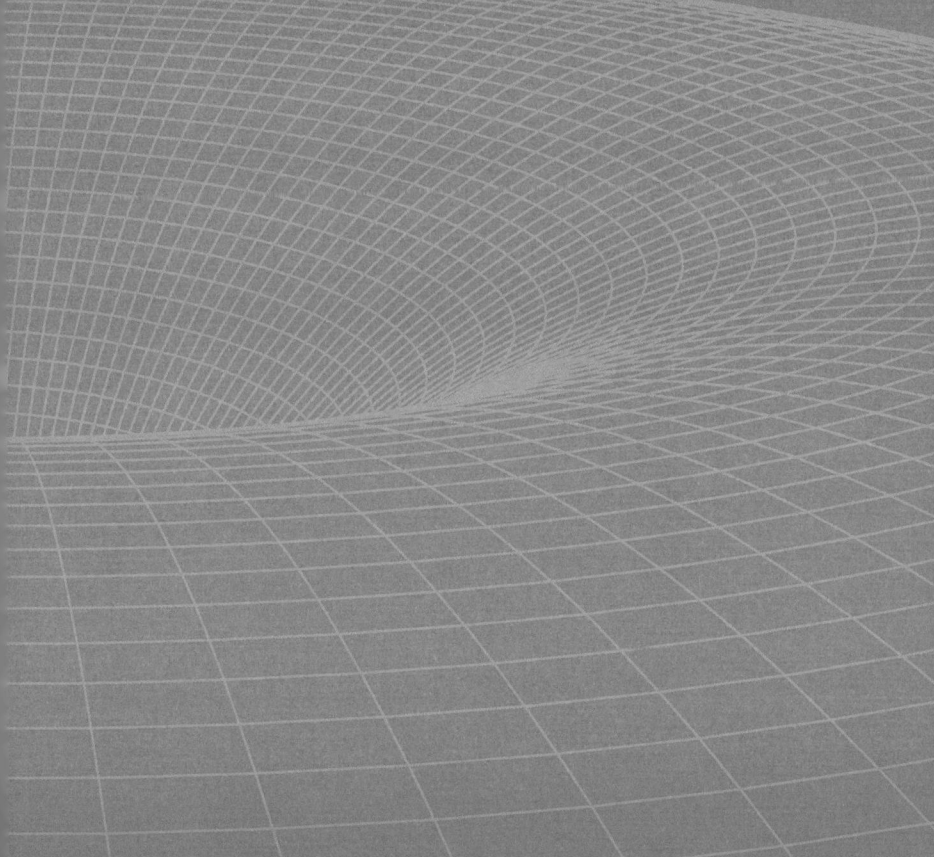

연구 결과 위조가 멍청한 짓인 이유
그럼에도 그런 일이 일어나는 까닭
왜 혼자보다 함께하는 연구가 더 영리한 방법일까?

함께하면 덜 어리석어진다
과학은 언제나 공동 프로젝트다

혼자 엘리베이터를 타면 어떤 사람은 노래를 부르고 어떤 사람은 콧구멍을 후빕니다. 하지만 윌리엄 서머린 William Summerlin 은 엘리베이터를 혼자서 타고 가던 중, 검은 마커펜 한 자루로 자신의 연구 커리어를 단번에 망쳐 버립니다.

서머린은 뉴욕의 메모리얼 슬로언-케터링 암 연구소의 연구원이었습니다. 세계적으로 유명한 면역학자 로버트 굿 Robert Good 이 소장으로 있는 연구소였지요. 굿과 서머린은 장기 이식 기술을 혁신하고자 했습니다. 장기를 이식하면 빠르게 거부 반응이 나타나곤 했어요. 하지만 서머린과 굿은 이식 전에 조직을 적절한 방식으로 배양액에 처리하면 거부 반응을 막을 수 있다고 믿었습니다.

이를 동물 실험으로 테스트했습니다. 검은쥐에게서 피부 조직을 조금 채취하여 특별 처리를 한 다음 흰쥐의 가죽에 이식했을 때, 모든 것이 잘 되어 거부 반응이 일어나지 않으면 흰쥐는 가죽에 계속 검은 얼룩을 갖게 될 터였지요.

처음에는 상황이 나쁘지 않아 보였어요. 서머린의 연구는 다소 이목을 끌었습니다. 그런데 다른 연구자들이 서머린의 실험을 되풀이하자 긍정적인 결과가 나오지 않았고, 이제는 서머린 스스로도 더 이상 만족스러운 결과를 내지 못하는 형편에 내몰립니다. 쥐에게 다른 쥐의 검은 가죽을 이식시켜 검은 점을 갖게 만드는 일은 그리 쉽지 않은 듯했지요.

그러던 어느 날 서머린은 연구소장인 로비트 굿의 연구실로 가야 했습니다. 로버트 굿이 면담을 하자며 서머린을 불렀던 것이지요. 실험쥐들을 가지고 굿의 연구실로 향하는 엘리베이터에 오른 순간, 서머린에게 아이디어가 떠올랐습니다. 그리하여 서머린은 곧바로 주머니에 있던 검은 마커펜을 꺼내고 말았습니다. 소장의 연구실이 있는 층에 도착했을 때, 서머린이 데려간 쥐들의 털가죽에는 갑자기 아름다운 검은 얼룩이 생겨나 있었고, 연구 결과는 순식간에 근사하게 돌변한 참이었지요.

하지만 서머린이 쥐들을 사육사에게 돌려보낸 뒤 범행은 들통났습니다. 사육사가 멀쩡하던 쥐에게 갑자기 검은 얼룩이 생긴 게 의아해서 알코올로 씻어 보니 얼룩이 흔적도 없이 지워졌던 것입니다. 사육사는 로버트 굿에게 이 사실을 알렸고, 로버트 굿이 확인해 보니 서머린은 이번 건 말고 다른 건들에서도 속임수를 썼던 것으로 드러났습니다. 서머린은 예전에 토끼의 두 눈에 거부 반응 없이 성공적으로 인간 각막을 이식했다고 주장한 바 있었습니다. 이 주장 역시 진짜라면 더할 나위 없이 근사했겠지만, 다른 연구원들은 약간 못 미더워했지요. 그런데 이 토끼도 전혀 눈 수술을 받은 바가 없었던 것으로 밝혀졌습니다. 스캔들이 공개되자 서머린은 짐을 싸서 연구소를 영영 떠나야 했습니다.

자기기만과 속임수 사이

과학의 멋진 점은 그것이 사람에 의해 만들어지고, 사람은 참 대단하다는 것입니다. 과학의 끔찍한 점은 역시나 사람에 의해 만들어지고, 사람이 참으로 무섭다는 것입니다.

우리 모두가 함께 만들어 내는, 세심하게 연결된 진리의 망인 과학은 그 자체로 멋지고 고귀하며 영원히 진실하지요. 하지만 과학이 만들어지는 판은 완전히 다릅니다. 그곳에서는 인간의 허영심이 부글부글 끓어오르며, 사회의 다른 영역과 마찬가지로 거짓과 속임수, 권력 투쟁이 난무합니다.

'필트다운인Piltdown人'은 이를 보여 주는 유명한 예입니다. 필트다운인은 1912년 공개된 센세이션한 고인류 화석으로, 고고학자 찰스 도슨Charles Dawson이 영국의 필트다운 마을에서 발견했지요. 그는 이전까지 그 어느 곳에서도 보지 못했던 두개골 조각들을 찾아냈습니다. 머리뼈는 현대 인류의 것을 닮았고, 고도로 발달된 큰 뇌를 담을 수 있을 정도로 상당히 컸습니다. 반면, 아래턱뼈는 유인원의 것과 흡사해 보였습니다. 과학계는 대단히 흥분했지요.

"오매불망 찾던 '미싱 링크', 즉 유인원과 인간을 이어 주는 연결고리가 드디어 발견되었단 말인가!"

하지만 그 뒤 몇십 년이 흐르면서 점점 의심이 불거졌습니다. 필트다운인은 다른 곳에서 발견된 화석들과 조화를 이루지 못하고 혼자서 튀는 발굴물이었으며, 정확히 연구해 본 결과 그것이 인간의 머리

뼈에 오랑우탄의 아래턱뼈를 합쳐 놓은 것임이 드러났지요. 치아는 인공적인 줄질로 마모되었고, 뼈는 오래된 것처럼 보이기 위해 화학적으로 착색되어 있었습니다. 조작이 밝혀졌을 때는 찰스 도슨이 오래전에 고인이 된 상태였으므로, 오늘날까지 그가 스스로 화석을 날조했는지 아니면 그도 속아 넘어갔는지 밝혀지지 않았습니다. 처음에는 장난스레 시작했던 일이 일파만파로 번져 나간 것인지도 모릅니다.

물리학자 얀 헨드릭 쇤 Jan Hendrik Schön의 연구 결과도 사실보다는 소망에 가까웠습니다. 1997년 미국 뉴저지의 벨 연구소에서 연구를 시작했을 때 쇤의 나이는 겨우 27세였지요. 그는 무엇보다 초전도체 연구에 몰두했습니다. 초전도체는 저항 없이 전류가 흐르는 물질로서, 보통은 굉장히 낮은 온도에서만 초전도 상태가 됩니다. 하지만 쇤은 그보다 한참 높은 온도에서도 작동하는 초전도체를 발견했다고 발표했습니다. 이는 과학에 센세이션을 불러일으켰습니다. 쇤은 이에 그치지 않고, 자신의 실험실에서 일구어 낸 또 다른 놀라운 연구 결과들도 속속 발표하기에 이릅니다. 그는 곧 과학계의 총아가 되었고, 노벨상 후보로 점쳐졌습니다.

쇤의 학문적 생산성은 보통 수준을 훌쩍 뛰어넘는 듯이 보였습니다. 다른 곳에서는 전문 저널에 투고할 만한 짧은 논문 하나를 완성하려면 연구에 몇 개월 혹은 몇 년씩 소요되는데, 쇤은 며칠 혹은 몇 주에 한 번씩 새로운 논문을 써내며 학계를 놀라게 했던 것이지요. 다른 연구팀들이 아무리 애를 써도, 도저히 쇤의 생산성에는 발꿈치에도 미칠 수가 없었습니다.

학계에서는 차츰 의심이 고개를 들기 시작했고, 얼마 지나지 않아 미심쩍은 정황이 포착되었습니다. 쇤이 쓴 여러 논문을 살펴보던 중에, 서로 다른 실험을 다루었는데도 데이터들이 정확히 똑같음을 확인할 수 있었지요. 이제 조사 위원회가 꾸려졌고 일련의 부정 행위들이 드러났습니다. 논문에 사용된 데이터는 조작되거나 허구로 만들어진 것이었습니다. 쇤은 벨 연구소에서 해고되었으며 박사 학위까지 박탈당하고 맙니다.

이렇듯 의식적으로 조작하고 속임수를 쓰는 경우는 다행히 드뭅니다. 잘못된 행동은 매우 불순한 의도보다는 자기기만, 부주의, 성과에 대한 압박감이 결합되어 나타날 때가 많습니다. 당사자는 연구 결과가 어떻게 나올지 자신이 정확히 안다고 확신합니다.

"단지 이 멍청한 실험이 제대로 된 결과를 내지 못하고 있을 뿐! 실험 기기가 약간 잘못 조정된 듯하군. 그러니 다음 주에는 제대로 된 결과가 나올 거야. 하지만 연구소장이 데이터를 내일 당장 보여 달라고 하네? 게다가 연구비 신청 서류 제출 기한이 이번 주까지란 말이지. 어차피 다음 주면 정확한 결과가 나올 테니, 오늘은 결과를 약간 조작하면 어떨까?"

쥐들에게 마커펜 얼룩을 새긴 윌리엄 서머린도 아마 그랬을 것입니다. 서머린은 틀림없이, 팔짱을 끼고 안락의자에 게으르게 앉아 어떻게 하면 자신의 연구 결과를 가장 잘 위조할 수 있을지 머리를 굴리지는 않았을 거예요. 열심히 연구했겠지요. 실제로 그의 쥐들에게 다른 쥐의 털 조각을 이식했을 테고, 자신의 방법으로 이식에 성공할 수 있으리라 확신했을 겁니다.

하지만 연구에 성공해야 한다는 부담과 압박이 컸을지도 모릅니다. 그는 이미 기자들에게 새로운 방법으로 잘 될 듯하다고 이야기했고, 연구비도 많이 따냈습니다. 그러니 뭔가 그럴싸한 결과를 내야 하지 않았겠어요?

하지만 아무리 애를 써도 바라는 결과는 아직 나오지 않은 상태. 흰쥐에겐 명백한 검은 털 조각 대신 보기 싫은 연회색 얼룩이 보일 따름이었습니다.

"뭐지? 이식이 실패했다는 표시일까? 아니면 제대로 되고 있는 걸까? 이런 곤란한 문제를 왜 하필 이 시점에 연구소장과 논의해야 한단 말인가? 마커펜의 도움을 빌려 일단 그냥 넘어가는 편이 더 간단하지 않을까?"

물론 그런 행동은 받아들여질 수 없으며 처벌받아야 합니다. 하지만 인간적으로는 도무지 이해가 안 가는 것도 아닙니다. 특히 젊은 사람들은 학계에서 살아남기가 정말 쉽지 않습니다. 많은 학자가 계약직으로 일하는 가운데 학문적인 커리어를 어떻게든 이어가고자 기를 씁니다. 연말까지 주목을 끌 만한 연구 결과를 내지 못하면 다음 해에 일자리를 잃을 수도 있는 형편이지요.

학술 논문을 많이 발표하면 성공한 사람으로 여겨집니다. 이런 논문들에 몇몇 억지로 끼워 맞춘 부분이 들어 있다고 해도 대부분은 눈에 띄지 않습니다. 반면 결과를 두 번, 세 번 다시 확인하기 위해 몇 달간 추가로 시간을 들이는 사람은 결국 발표할 수 있는 학술 논문 수가 적어지고, 경쟁이 치열한 학계에서 살아남을 확률이 줄어듭니다.

연구 규칙을 소홀히 하는 과학자들의 머릿속에서는 미신 신봉자들이나 사이비 과학자들의 머릿속에서와 비슷한 사고가 진행됩니다. 민간 치료사나 점성가, 미신에 근거한 물품을 파는 상점 주인들도 악의적인 회심의 미소를 띠고 세상을 속이고자 하는 나쁜 사기꾼들은 아닐 것입니다. 아마 의식적으로 약간 과장하고 왜곡하겠지만, 대부분의 사람들이 그럼에도 자신들의 말은 전반적으로 사실이라고 믿습니다.

"그냥 아픈 부위에 손을 얹었더니 환자가 나았어. 진짜 기적이야!" 그 환자가 안수만 받은 게 아니라 항생제도 복용했고 그것이 효력을 발휘했겠지만, 그 사실은 그냥 제낍니다. "그건 그냥 세부적인 사항일 따름이야. 항생제가 없었더라도 틀림없이 병이 나았을 테니까."

"영구 동력 장치를 천재적으로 구상했는데, 이상하게도 막상 조립해 보니 현실에서는 아직 제대로 작동하지 않네? 기술적으로 미세한 무언가가 어긋난 것뿐이겠지! 이 기계는 아직 완성되지 않았으니까. 그러니 일단 작은 전기 모터를 사용해서 움직이게 하자. 오늘은 먼저 멋진 홍보 영상을 찍어야 하니까 말이야. 케이블은 동영상에 찍히지 않게 감쪽같이 숨길 수 있어. 다음 주에 미숙한 점들을 제거하고 나면 영구 동력 장치는 외부에서 전기를 공급받지 않고도 저절로 작동하게 될 거야. 확실해!"

함께하면 덜 어리석어진다

우리 인간은 끊임없이 스스로를 속입니다. 이런 경향에서 완전히 벗어날 수는 없습니다. 우리가 머릿속을 아무리 일관되게 정리한다 하여도, 때로는 어쩔 수 없이 직관에 놀아나게 됩니다. 르네 블롱들로의 신비한 N선에서부터 서머린이 그려 넣은 쥐 얼룩에 이르기까지, 이런 일이 종종 빚어지지요. 그러나 과학사는 설령 과학이 잘못을 저지르더라도 진보가 저지될 수는 없음을 보여 줍니다. 속임수는 발각되고, 실수는 바로잡아지고, 잘못은 밝혀집니다. 과학계 내부의 통제 메커니즘은 언제나 잘 작동하지요.

성공 비결은 단순합니다. 바로 협동입니다. 과학은 여러 사람이 아이디어를 모으고 결과를 비교하여 서로 수정해 주면서 진행됩니다. 바로 이것이 수백 년이 흐르며 과학계에 자리 잡은 많은 행동 규칙의 목적입니다.

복잡한 주제를 연구자들이 협력하여 연구하는 데에 도움이 되는 규정들을 합하여, 오늘날 '바람직한 연구 수행 good scientific practice'이라 칭해지는 활동이 이루어집니다. 우선 우리는 학문을 하면서 비밀을 간직

해서는 안 됩니다. 우리가 어떻게 실험했는지 공개적으로 정직하게 설명해야 합니다. 타인의 아이디어를 취했다면 어디서 그런 아이디어를 얻었는지 분명히 밝혀야 하고, 자신의 생각을 다른 사람들이 이해하기 쉽도록 전달해야 하지요. 염화구리를 연소하니 아름다운 빛을 내더라는 보고는 별 도움이 되지 않습니다. 염화구리가 불꽃 반응에서 청록색을 보였다고 말하는 편이 훨씬 정확합니다. 관찰 결과를 숫자로 기록하면 가장 좋습니다. 수는 모든 사람에게 똑같으니까요.

학계에는 공동으로 실수를 감지해 내는 통제 메커니즘이 많습니다. '동료 심사peer review(동료 평가)' 원칙도 그중 하나입니다. 연구자는 연구 결과를 일반적으로 공인된 전문 학술지에 공개합니다. 그러면 그 학술지의 편집진은 그 논문을 우선 비슷한 분야의 전문가들에게 보내어 심사하게끔 하지요. 거기서 잘못이 발견되면, 그 논문은 거부되거나 일단 잘못을 수정해야 합니다.

물론 이 메커니즘이 완벽하게 작동하지는 않습니다. 인간이 개입된 일 중 완벽한 것은 없겠지요. 동료 심사를 거쳐 전문 학술지에 실린 논문이라고 문제가 전혀 없지는 않지요. 오류가 간과되는 때도 있고, 원래는 탁월한 생각인데 쓸모없다고 치부되기도 합니다. 우정, 적대감 또는 연구의 최신 경향으로 인해 좋은 연구인데 거부되고, 시답지 않은 연구인데 실리는 경우도 있습니다. 그러나 다행히 모든 것이 그리 완벽하게 돌아갈 필요는 없습니다. 좋은 생각이 나쁜 생각보다 더 잘 관철되기만 한다면 과학 발전에는 지장이 없을 것입니다.

과학과 군집 지능

사람들이 연구하면서 서로서로 실수를 지적해 줄 수 있다는 점은 그다지 놀랍지 않습니다. 그보다 더욱 놀라운 점은 개개인이 협력하면 혼자서는 닿을 수 없는 더 근사한 결과에 도달한다는 것입니다. 전체가 부분의 합보다 더 커지는 현상이 일어나지요.

과학은 동물계에서 알려진 '군집 지능swam intelligence'과 비슷한 데가 있습니다. 떼 지어 나무 위를 날아가는 무수한 새들은 함께 위험을 피하고 먹이를 찾습니다. 그들의 움직임은 자연스럽고 우아하며, 어지럽게 방향을 바꾸다가 서로 부딪혀 무리에서 떨어지는 새는 한 마리도 없지요. 그래서 새들이 함께 안무를 훈련했나 하는 의심이 들기도 합니다. 어떤 명령 체계가 있어서 각각 지시대로 움직이는 것이 아닌가 하고 말입니다. 하지만 그렇지 않습니다. 다른 새들을 지휘하는 새들의 왕 같은 것은 없습니다. 새들 간에 끊임없이 교환하는 작은 신호들이 연결되어, 한 마리 한 마리의 새들은 보여 줄 수 없는 일사불란한 군무를 만들어 낼 따름입니다.

과학도 비슷하게 기능합니다. 함께 작업하기는 까다롭고 쉽지 않지만, 그래도 중요하지요. 국회에서 법안을 통과시키는 것은 이에 비하면 정말 간단합니다. 그 법안에 찬성하는 사람도 있고 반대하는 사람도 있으니, 투표해서 다수결로 진행하면 됩니다. 하지만 과학에서는 그렇게 되지 않습니다. 과학적 진실은 제아무리 전문가들이 모였다 해도, 그렇게 협의해서 결정할 수 없지요. 진실은 저절로 자랍니다. 사람들 사이에 끊임없이 교환되는 많은 작은 신호로부터 전체적으로 더 커다란 진리가 생겨납니다. 한 사람의 생각보다 훨씬 더 똑똑한 것이 배태됩니다.

과학은 책이나 학술 논문에서만이 아니라, 연구자들이 쉬는 시간에 커피를 마시면서 나누는 이런저런 두서없는 잡담에서도 나타납니다. 한 교수가 퇴근길에 그날 어떤 학생이 했던 기습적인 질문을 떠올립니다. 다시금 따져 보니 '언뜻 보기보다 그리 황당한 질문은 아니네?'라는 생각이 들지요. 과학은 이렇게도 이루어집니다. 국제 학회가 열리는 동안 전 세계에서 온 학자들이 함께 저녁 식사를 하면서, 이런저런 어리숙한 농담과 새로운 생각들을 나누다 냅킨에 공식을 끼적여 봅니다. 늦은 밤까지 그렇게 하다가 오류가 어떻게 빚어졌는지 드디어 깨닫곤 하지요. 과학은 그렇게도 생겨납니다. 연구자들은 다른 사람들과 머리를 맞댈 수밖에 없습니다.

뇌세포 단독으로는 생각을 하지 못합니다. 많은 세포가 하나의 뇌로 뭉칠 때에야 비로소 생각을 할 수 있습니다. 마찬가지로 한 사람으로는 과학을 하지 못합니다. 많은 사람이 하나의 망으로 뭉칠 때에야 비로소 진정한 과학이 탄생할 수 있습니다.

한 사람의 머리에 다 들어가지 않는 생각

지능(지성)이란 머릿속에서 세계에 대한 모델을 만들고 이 모델이 현실과 어떻게 연관되는지를 이해하는 능력입니다. 동물에게도 지능이 있습니다. 고양이도 머릿속에 단순한 모델을 넣고 다닙니다. 이 모델에는 이웃집 개, 화분 식물의 냄새, 먹거리가 나오는 금속 캔이 등장하지요. 하지만 원자핵, 염색체 쌍, 은하단 같은 것은 고양이의 모델에 속하지 않습니다.

우리 인간은 성능 좋은 뇌를 가지고 있어서 더 복잡하고 다면적이고 정확한 세계상을 만들 수 있습니다. 그러나 아무리 똑똑한 사람에게도 한계가 있지요. 개개인은 모든 것을 기억할 수 없습니다. 우리의 삶은 모든 걸 경험할 만큼 길지 않으며, 인간은 복잡한 이론을 세세하게 이해할 수 있을 만큼 영리하지 않아요.

과학은 이러한 한계를 뛰어넘습니다. 개개인의 머릿속에는 들어갈 수 없는 커다란 생각을 공동으로 발전시킵니다. 그렇기에 우리의 제한된 사고 능력은 극복 불가능한 한계로 작용하지 않습니다. 현대 과학은 온 도서관을 가득 채우고도 남을 만큼 포괄적이고 다면적이며 조망할 수 없이 복잡한 현실 모델입니다. 각자 이 모델의 극히 일부만을 이해할 수 있지만, 인류 전체로서 우리는 그것을 모두 이해합니다.

우리가 과학을 얼마나 잘할 수 있는지 특기할 만합니다. 지난 세기에 학자들은 자신의 반생을 바쳐 어려운 문제를 숙고하고, 그에 대한 자신의 생각을 세심하게 피력했습니다. 그렇게 발견된 수학 공식은 오래된 책들에 실렸고, 우리는 오늘날 필요에 따라 그 수학 공식을 취해서 계속 써먹을 수 있지요. 우리는 이 공식이 발견되기까지의 오랜 세월에 걸친 사고 과정을 반복하지 않아도 됩니다. 선배들이 생각을 멈추었던 곳에서 바로 시작하면 돼요. 이건 정말 엄청난 사치가 아닐 수 없습니다.

물론 과학 서적을 이해하는 것도 만만치는 않습니다. 그러나 거기에 수록된 내용을 손수 발견하는 것과는 비교할 수 없이 쉽지요. 우리는 고집스러운 착오와 화를 돋우는 측정상의 오류, 시간을 잡아먹는 헷갈림을 줄일 수 있습니다. 그것은 빽빽한 원시림을 걸어가는 것과 비슷합니다. 누군가가 앞서서 길을 개척해 놓으면 뒤따라 가는 사람은 훨씬 편해집니다.

그리하여 과학은 다음과 같이도 정의할 수 있습니다. 과학은 다른 사람에게 전달할 수 있는 공유된 진리입니다. 과학이란 다른 사람들이 믿을 수 있는 지식을 만들어 내는 것이지요. 연구를 할 때 우리는 자신의 눈으로만 보지 않습니다. 우리는 이전에 같은 질문에 천착했던 모든 이의 눈을 함께 활용합니다.

오늘날 학교 교과서에 실린 내용들을 알아내기 위해 뉴턴, 다윈, 아인슈타인 같은 천재들은 얼마나 애를 써야 했던가요. 우리 한 사람 한 사람은 그들보다 영리하지 못하지만, 우리는 후배로서 그들보다 훨씬 더 폭넓은 과학 교육을 받았습니다.

우리는 거인의 어깨 위에 서 있기에 그들보다 조금 더 멀리 볼 수 있습니다. 거인의 어깨 비유는 과학의 발전을 설명할 때 애용되는 비유이지요. 하지만 우리가 발을 디딘 거인이 그리도 커 보이는 것은 그들 역시 다른 사람들의 어깨 위에 서 있기 때문입니다. 그러므로 사실 거인은 없고, 서로 키가 다른 난쟁이들로 이루어진 거대한 피라미드만 있을 뿐인지도 모릅니다.

제12장

똑똑한 사람도
헛소리를 한다

타협이 늘 바람직한 해결책이 아니라면?
과학 논문 한 편에 5154명이 이름을 올린 경위
노벨상 수상자의 헛소리가 더 무서운 이유

전문가 의견은 귀담아들어야 한다
하지만 전문가라고 늘 진실만 말한다는 보장은 없다

그날 밤 공기는 슬쩍 봄 냄새가 났습니다. 약간의 맥주 냄새와 휘발유 냄새도 풍겼지요. 밤이 깊어 지하철은 끊긴 지 오래였습니다. 젊은 대학생이었던 저는 귀가 중이었고 빈의 슈베덴 광장에서 29번 야간 버스를 기다리고 있었습니다.

얼마 안 가 버스가 느릿느릿 모퉁이를 돌아 왔고, 지친 사람들은 힘겹게 버스에 올랐습니다. 그때 갑자기 광장 저편에서 굉장히 바쁜 움직임이 느껴졌습니다. 두 청년이 연로한 남성을 부축하여, 반쯤은 밀고 반쯤은 끌어당기다시피 하면서 버스 쪽으로 오고 있었지요. 셋은 29번 야간 버스가 출발하기 직전 가까스로 버스에 오르는 데 성공했고, 제 바로 옆에 털썩 자리를 잡고 앉았습니다.

"젊은이들이 참 친절하구먼! 나를 버스까지 데려다주었으니 고마워서 어쩌나그래!"

연로한 남성이 외쳤습니다. 두 청년은 미소를 지으며 괜찮디먼시, 자기들이 빈 야간 버스 노선을 잘 알고 있으니 기꺼이 도움을 드리는 것이 당연하지 않겠냐고 말했습니다.

"요즘 세상에는 당연한 일이 아니지. 그럼, 아니고말고!"

연로한 분은 그렇게 말하며 계속해서 소리 높여 청년들의 고귀한 행동을 칭찬했지요. 두 청년이 상당히 무안한 표정이 될 지경이었습니다. 얼마 뒤 두 청년이 공손히 인사하고 내렸습니다.

그러자 연로한 남성은 미소를 지으며 제 쪽을 쳐다보더니 이렇게 말했습니다.

"사실 난 이 버스를 타려던 게 아니었다우. 하지만 저 두 청년이 하도 친절해서 내가 타려던 버스가 아니라는 말을 못했지. 그래서 공교롭게도 플로리드스도르프로 가게 되었으니, 기왕 이렇게 된 김에 그 마을에서 4차로 한잔 더 마시고 집에 가야겠구먼."

전문가 문제

많은 사람이 스스로를 전문가로 여깁니다. 다른 사람들의 말을 귀담아 듣는 것이 더 좋을 상황에서도 말입니다. 앞의 친절한 두 젊은이는 자신들이 빈 야간 버스 노선망 전문가들이니 노신사에게 적절한 귀갓길을 안내하고 있다고 확신했지요. 하지만 그들의 판단은 빗나갔습니다.

오늘날 우리에게 가장 중요한 능력은 능력을 올바로 평가하는 것일지도 모릅니다. 다른 사람의 능력뿐 아니라 자신의 능력도 올바로 평가해야 하지요. 어떤 문제에서 스스로를 신뢰할지, 자신의 지식이 충분하지 않으니 다른 사람의 말을 들어야 할지, 그렇다면 어떤 사람의 말을 들어야 할지 익혀야 합니다.

때로는 아주 헷갈립니다. 전염병이 발생하면 갑자기 주변 사람들이 다들 바이러스 전문가연합니다. 정부는 전문가 위원회와 상의하고 위원회는 극히 조심할 것을 당부하지만, 저의 이모가 다니는 병원 주치의는 이 모든 것을 별것 아니라고 여깁니다. 그 역시 전문가가 아닐까요? 서로 다른 의견이 팽팽하게 대치할 때 우리는 어떻게 해야 할까요?

전문성에도 여러 수준이 있음을 감안해야 합니다. 우리가 특정 주제에 대해 전혀 모를 때, 우리 눈엔 그 주제를 상세히 다룬 신문 기사 세 꼭지만 읽은 사람도 전문가로 보입니다. 그러나 여러 해 동안 그 분야를 전공한 사람들도 있습니다. 그들은 신문 기사 세 개에 나와 있는 지식보다는 훨씬 더 많이 알겠지요. 그런가 하면 오랜 세월 이 질문에 천착해 온, 국제적으로 공인된 전문 연구자들도 있습니다. 그들에게는 더 높은 신뢰성을 기대할 수 있을 것입니다.

그러다 보니 본인이 보통 사람들에 비해서는 많이 알지만, 진짜 전문가들에 비하면 여전히 별로 아는 게 없는 상황도 발생합니다. 이것은 부끄러운 일이 아닙니다. 하지만 우리는 자신의 의견을 어느 정도 비판적으로 보아야 하지요.

바로 이런 일이 많은 사람에게 쉽지 않습니다. 그들은 23분가량 인터넷으로 열심히 자신의 질병 증상을 조사한 뒤, 자기들이 의사의 말을 반박할 수 있다고 믿습니다. 정원에서 토마토를 성공적으로 키운 뒤, 현대 농업이 어떻게 돌아가야 할지를 알겠다고 확신하지요. 어린 시절 무더웠지만 멋졌던 여름날을 상기하며, 전문가들에게 기후 변화도 그렇게 나쁜 건 아니라고 말하고요.

이는 교양이 부족해서가 아니라, 오히려 그 반대입니다. 특정 분야의 전문가라는 사람들이 특히나 자기 전문성의 한계를 쉽게 간과하곤 합니다. 모든 것은 어떻게든 물리적으로 구성된다며, 스스로를 전체 과학의 전문가처럼 여기는 물리학자들이 있습니다. 결국 모든 것은 수와 관련된다며, 스스로를 전체 과학의 전문가로 여기는 수학자들도 있지요. 오직 철학만이 우리를 위해 어떤 관점을 고려할 수 있을지를 고려할 수 있게끔 사물을 일반적으로 고려하기 때문에(참으로 철학자다운 말장난입니다), 스스로를 거리낌없이 모든 것의 전문가로 여기는 철학자들도 있습니다.

하지만 제아무리 똑똑한 사람이라도 거의 모든 주제에 문외한일 수밖에 없습니다. 물론 문외한으로서 자신의 의견을 공표해도 전혀 무방합니다. 비전문가의 의견도 흥미롭고 가치로울 수 있으니까요. 하지만 문외한으로서 진짜 전문가들의 의견에 반박할 수 있다고 믿는다면, 조심해야 합니다. 그것은 예외적으로 좋은 논거를 가지고 있을 때만 가능한 일입니다. 전문가의 의견을 의심하려 한다면, 자신의 의견은 더더욱 의심해 보아야 하지요.

바람직하지 않은 타협

우리는 진짜 전문성을 갖춘 경우와 반쯤 아는데 자신감이 넘치는 경우를 구별할 필요가 있습니다. 언론에서 이것은 특히나 까다롭습니다. 미디어에서는 보통 양편 모두에게 동일한 발언권을 주기 때문입니다. 여당이 뭔가를 주장하면 야당이 자기들 시각에서의 반론을 제시하는 것은 중요하지요. 하지만 과학적으로 증명된 사실과 서둘러 급조된 직감 사이의 토론이라면, 그 둘을 동등한 자격으로 세워서는 안 됩니다.

텔레비전 쇼에서 아이들에게 위험한 질병에 대한 예방 접종을 해야 하는지 논의합니다. 주최측은 몇십 년간 관련 연구를 해 온 노련한 의사를 초빙했습니다. 옆에는 몇몇 사례를 들먹이며 예방 접종이 위험하다고 분노에 싸여 주장하는 백신 반대론자가 자리하지요. 둘은 같은 발언 시간을 부여받고, 모니터에도 똑같은 비중으로 비추어집니다. 기후학자들이 기후 변화를 부인하는 사람들과 같은 눈높이에서 토론하고, 정치학자와 음모론자가 마주 앉으며, 양자 물리학자가 ―에너지 보존 법칙을 깨뜨리고 영구 동력 장치를 만들겠다는― 야심찬 아마추어와 동등한 자격으로 프로그램에 출연합니다.

여기서 어떤 가정·주장·명제는 애초부터 신뢰성이 떨어진다는 점이 중요합니다. 그럼에도 그들을 동일하게 취급하는 것은 공정이 아니라 중대한 실수입니다. 모든 인간은 동등한 가치를 지니지만, 모든 의견이 동일한 가치를 지니지는 않습니다.

어떤 명제는 연구 분야 하나가 통째로 그것을 떠받칩니다. 여러 똑똑한 사람이 수많은 실험·연구·논문으로 그 명제를 증명했지요. 반면 다른 쪽에는 몇몇 괴짜와 아웃사이더들이 마음대로 사실을 왜곡합니다. 두 진영이 동등한 자격으로 언론에 출연해 마주앉으면, 청중은 둘 사이에 견해 차가 있음을 확인하고 이런 결론을 내리지요.

"아하, 진실은 중간 어디쯤에 있겠네요. 그냥 타협을 합시다!"

그것은 영리하고 성숙하고 이성적인 판단처럼 들리지만, 틀립니다. 모든 타협이 중요하지는 않으며, 진실이 늘 중간쯤에 놓여 있지도 않습니다. 제가 저희 집 욕실에 유니콘 네 마리가 산다고 주장하면, 제 말을 믿으시겠어요? "좋아요. 그런데 네 마리는 과하니, 두 마리만 있다고 합의합시다!"라면서? 때때로 이쪽 명제는 아주 옳고, 저쪽 명제는 그냥 틀립니다. 지구가 평평한 원반이라고 주장하거나, 우주의 기를 이용해 암을 치료한다거나, 욕실에 유니콘이 있다고 말하는 사람은 옳지 않습니다. 약간이 아니라 아예 틀리지요. 진실과 터무니없는 것 사이에서 타협을 한다면, 그건 터무니없는 쪽으로 향하겠다는 뜻입니다.

전문가의 말을 거룩한 진리처럼 숭배해야 한다는 말이 아닙니다. 정반대이지요. 전문가의 의견도 계속해서 캐묻고, 비판하고, 논박하는 것이 과학입니다. 아무도 자신의 옳음을 보증하는 라이센스를 지니고 있지 않습니다. 우리는 전문가의 의견을 진지하게 받아들여야 하지만, 그들의 의견이 진실이라는 보장은 없습니다.

전문가의 의견은 그가 더 훌륭하고 고귀하고 우월한 사람이기에 무게를 갖는 것이 아닙니다. 그가 과학적 방법을 사용하기 때문에 그 의견에 무게가 실리는 것입니다.

우리는 전문가들이 그들의 분야에서 특히나 비중 있는 학술 문헌이나 자료를 많이 알며, 최신 연구 동향을 소상히 파악하고 있으리라고 기대합니다. 그들이 축적된 경험으로 말미암아 믿을 만한 팩트와 의심스러운 주장을 구별하고, 과학의 현 수준에 맞추어 신뢰성 있는 실험을 수행하며, 세심한 자료들을 준비할 거라고 생각하지요. 전문가의 의견은 이런 과정을 거쳐 가치 있어집니다. 그렇게 할 수 없다면 진짜 전문가가 아닙니다.

그러므로 전문가란 훈장처럼 가슴에 달고 다닐 수 있는 개인적인 명예직이 아닙니다. 자신을 전문가라 칭한다면, 그것은 검증된 사실과 방법을 알며 그 분야에 정통한 다른 전문가들과 계속 연결되어 있음을 의미합니다. 전문가의 의견 수준은 그가 몸담은 과학의 수준에 비례하지요. 그러니 전문가의 의견이 그냥 직감에만 귀 기울이는 사람들의 의견보다 수준 높다는 건 의심할 바 없습니다.

과학은 각개전투가 아니다

과학을 하는 데 필요한 여러 재능을 두루 지닌 사람들이 있습니다. 굉장히 똑똑하고, 짧은 시간에 아주 복잡한 것들을 간파해 냅니다. 적시에 적절한 질문을 던질 줄 아는 직감도 갖추었지요. 오랜 시간 열심을 다해 연구에 몰두하고, 실패를 받아들이고, 해답을 찾을 때까지 일관성 있게 밀고 나갈 준비가 된 사람들입니다.

그들은 아주 중요합니다. 우리는 그런 사람들이 있다는 걸 기뻐해야 하지요. 아이작 뉴턴, 마리 퀴리, 알베르트 아인슈타인 같은 사람들은 몇백 년이 지나도록 후배들에게 두고두고 본보기로 여겨집니다. 그들의 동상이 만들어지고, 그들의 이름을 딴 대학이 설립되며, 대학 기념품 가게에 가면 고개가 까닥까닥 흔들리는 작고 귀여운 플라스틱 피규어로도 그들을 만나 볼 수 있습니다.

하지만 우리는 과학사를, 앞선 시대를 살았던 우월한 거장들의 긴 반열로 상상해서는 안 됩니다. 고귀한 품위와 범접할 수 없는 지능을 가진 거장들이, 벽에 원목 패널이 대어진 연구실에서 거룩한 과학 문서들을 배출하고, 그다음 우리가 이 문서들을 고분고분 떠받드는 이미지는 과학과 거리가 멉니다.

과학의 진보는 한 세대에 한 번 천재가 세상을 뒤집는 식으로 이루어지지 않습니다. 만약 그렇다면 우리는 대학을 없애고, 손에 꼽는 슈퍼 스타들을 위한 소수정예 집중 엘리트 교육 프로그램만 운영해도 되겠지요. 그렇게 하면 돈도 엄청나게 절약될 것입니다. 하지만 과학의 진보는 많은 똑똑한 사람이 여러 날카로운 질문에 관해 다양하게 정답을 찾는 가운데 이루어집니다.

물론 빛나는 아이디어를 제시하여 과학사에 영원히 이름을 남긴 천재들도 있습니다. 그러나 그런 천재 한 사람의 옆에는 그와 비슷하게 똑똑한 인재로서 어느 연구소의 좁다란 방에 앉아 이름 없이, 빛도 없이 묵묵히 연구를 수행했던 무수히 많은 연구자가 존재합니다. 과학의 커다란 돌파구는 시대가 무르익었기에 열리는 것이지, 세상에 구원자가 탄생했기에 열리는 것이 아닙니다.

아이작 뉴턴은 과학을 어마어마하게 진보시켰습니다. 하지만 뉴턴이 그렇게 할 수 있었던 것은 다른 사람들이 이미 신뢰할 수 있는 천문학 데이터를 어마어마하게 수집해 놓은 뒤였기 때문입니다. 또한 그는 자신보다 앞서 다른 사람들이 생각해 낸 수학 개념들을 활용했습니다. 미적분은 아직 존재하지 않았기에 스스로 개발해야 했지만, 사실 거의 같은 시기에 고트프리트 빌헬름 라이프니츠Gottfried Wilhelm Leibniz도 미적분을 고안한 바 있습니다. 그러므로 아이작 뉴턴이 아니었다 해도 오늘날 우리는 적분 푸는 법을 알았을 것입니다.

찰스 다윈의 진화론은 생물학 전체에 혁명을 가져왔습니다. 하지만 그 혁명 역시 빛나는 한 천재만의 소산물은 아니었지요. 1858년, 자신의 이론을 정리하던 다윈은 자연 연구가 앨프리드 러셀 월리스Alfred Russel Wallace로부터 편지를 받아, 그가 자신과 비슷한 생각을 가지고 있음을 알게 되었습니다. 다윈은 서둘러 이론 정리를 마무리해야 한다고 느꼈고, 부리나케 그의 유명한 저작 《종의 기원On the Origin of Species》을 써서 1859년에 출판했지요. 그러므로 다윈이 천재적이고 비중 있는 학자임에는 틀림없지만, 그가 없었다 해도 오늘날 학생들은 학교에서 진화론 수업을 들었을 것입니다. 다만 그것은 '월리스의 진화론'이라 불렸겠지만요.

알베르트 아인슈타인은 물론 과학계에서도 독보적인 천재에 속합니다. 업적을 나열하기만 해도 거의 간담이 떨어질 정도로, 그는 숨막히게 독창적인 사람이었습니다. 아인슈타인은 1905년 스물다섯의 나이에 특수 상대성 이론을 발표했으며, 아울러 양자론의 본질적인 토대 중 하나인 광전 효과를 설명하는 유명한 논문을 써서 나중에 노벨상을 수상했습니다. 그리고 같은 해에—원자와 분자의 존재를 입증하는 데에 엄청나게 기여한—브라운 운동에 대한 선구적인 논문을 발표했고, $E=mc^2$이라는 유명한 공식과 더불어 질량과 에너지 사이의 관계를 논한 또 한 편의 논문을 써냈습니다.

하지만 아인슈타인의 아이디어 역시 아무것도 없는 데서 난데없이 솟아오른 것이 아닙니다. 아인슈타인에 앞서 다른 학자들이 이미 상대성 이론에 담긴 몇몇 영리한 생각을 개진한 바 있었지요. 아인슈타인은 이런 생각들을 더욱 대담하게 급진적으로 해석하여 생각을 몇 걸음 더 발전시켰습니다. 아인슈타인이 아니었다면, 다른 사람이 상대성 이론을 완성하기까지 몇 년 혹은 몇십 년은 더 걸렸을 것입니다. 하지만 누군가는 그 일을 해냈을 테지요. 많은 경우 학문적 돌파구는 비구름처럼 공중에 걸려 있습니다. 곧 비가 내리기 시작한다는 것은 거의 기정사실이지요. 다만 정확히 첫 방울이 누구의 코에 떨어질지는 예측하기 힘듭니다.

과학사의 다른 걸출한 인물들에 대해서도 이와 비슷한 이야기를 할 수 있습니다. 방사능의 위대한 선구자 마리 퀴리, 엑스선을 활용해 DNA 구조를 해독한 로절린드 프랭클린Rosalind Franklin, 농학 분야에서 혁신적인 연구 성과를 내어 무수한 사람을 기아에서 구한 노먼 볼로그Norman Borlaug에 대해서도 말입니다. 이런 사람들은 우리가 본받을 만한 훌륭한 일을 해냈습니다. 하지만 과학은 커다란 본보기뿐만 아니라, 작은 사람들 여러 명의 온갖 작은 성취로 이루어집니다.

이것은 특히나 대규모 과학 프로젝트에서 여실히 드러납니다. 2012년 힉스 입자higgs boson를 발견했을 때의 기쁨은 정말 컸습니다. 정말 오랫동안 그것을 찾았거든요. '힉스 장higgs field'을 기술한 첫 논문은 이미 1960년대에 나와 있었지만, 세계에서 가장 크고 강력한 입자 가속기도 오랜 세월 힉스 입자를 검출해 내지 못했지요.

'대형 강입자 충돌기Large Hadron Collider'가 완성되고 나서야 비로소 힉스 입자를 측정할 수 있었습니다. 이 기기는 그동안 인간이 만든 것 중 기술적으로 구조가 가장 복잡했습니다. 프랑스와 스위스의 국경 지대 지하에 매설한 원형 터널은 길이가 26킬로미터가 넘으며, 이 터널 안을 거의 완벽한 진공 상태인 강철관이 지나갑니다. 이런 원형 강철관을 통해 미세한 입자들이 질주하는데, 이들이 올바른 경로를 유지하도록 하려면 강력한 전자석이 필요하고, 이 전자석을 액체 헬륨으로 냉각해 주어야 하지요. 원형 터널을 따라 거대한 입자 탐지기들이 설치되어 어마어마한 양의 데이터를 쏟아 내고, 최신 성능의 컴퓨터들이 그 데이터를 처리하여 입자 탐지기가 과연 쓸 만한 것을 측정했는지 확인합니다.

힉스 입자의 존재를 증명하기 위해 아주 다양한 연구 분야에서 수많은 영리한 사람들이 동원되었습니다. 실험 물리학자들이 적절한 탐지기를 개발해야 했고, 엔지니어들이 성능 좋은 전자석을 만들어야 했습니다. 조망 불가능한 데이터 홍수에서 중요한 정보를 거르고 저장하기 위해 유능한 컴퓨터 과학자들이 필요했으며, 누군가는 케이블을 제대로 연결하고, 누군가는 헬륨 용기를 관리해야 했지요. 누군가는 터널을 파고, 누군가는 건물을 깨끗이 관리하고, 누군가는 유럽 입자물리연구소의 식당에서 식사를 준비하여 미래에 노벨상을 받을 만한 연구를 하는 학자들이 한 사람도 굶지 않도록 해야 했습니다.

2005년, 드디어 힉스 입자에 대한 정확한 측정 결과가 발표되었을 때, 그것을 보고하는 논문은 33쪽에 달했습니다. 그런데 그중 실제 작업 내용에는 9쪽만 할애되었고, 나머지 페이지에는 이 논문의 공동 저자들 목록이 적혀 있었습니다. 자그마치 5154명이 거기에 이름을 올렸습니다. 물론 그들조차 실제로 몇십 년간 직간접적으로 이 프로젝트가 성공하는 데에 기여한 무수한 사람들의 극히 일부였을 따름입니다.

이런 업적에 노벨상을 수여하려 한다면, 누가 상을 받아야 할까요? 상은 피터 힉스Peter Higgs와 프랑수아 앙글레르François Englert에게 돌아갔습니다. 둘 모두 이 입자가 발견되기 몇십 년 전에 이미 힉스 보손을 이론적으로 연구하고 논문을 발표했던 학자입니다. 물론 이 성과에 기여한 사람이 한둘이 아님을 생각하면, 다른 학자가 수상해도 전혀 이상하지는 않았을 테지요.

세계 최고의 과학적 진보에 노벨상을 수여하고자 한다면, 원래는 연구자 개인이 아니라 전체 연구 분야에 상을 주어야 할 것입니다. 수

상자로 선정된 스타 과학자들에게만 메달을 수여하는 노벨상 시상식 대신에, 특정 질문에 답하기 위해 오랜 시간 투입된 수많은 사람을 축하하는 대규모 노벨상 축제를 여는 것이 더 타당할지도 모릅니다.

그러나 노벨상을 다르게도 볼 수 있습니다. 특별하고 대담한 아이디어를 고민하도록 하는 자극제로서 말이지요. 우리는 일생 동안 그냥 고만고만한 연구를 할 수도 있습니다. 점잖고 성실하게 과학의 흐름 속에서 함께 유영하며, 늘 가던 방향으로 작은 문제들을 하나씩 하나씩 해결해 나갈 수도 있지요. 그것도 좋은 일이지만, 그런 식으로는 노벨상을 받을 수 없습니다. 과학에서 때로는 생각을 좀 달리해야 합니다. 그러므로 노벨상이 연구자들로 하여금 새롭고 대범하고 기발한 생각을 하도록 고무한다면, 과학에 아주 큰 도움이 될 수 있습니다. 물론 이런 대범하고 기발한 생각들의 대다수는 어느 순간 터무니없는 것으로 밝혀지고, 노벨상 근처에도 못 가겠지만 말입니다

노벨상병

물론 노벨상에는 그늘진 면도 있습니다. 특이하고 엉뚱한 생각을 좋아하는 연구자만 노벨상을 받다 보면, 세월이 흐르면서 당연히 이상하고 기이한 노벨상 수상자들도 생겨날 수밖에 없지요. 그리하여 진지하고 총명하던 학자들이 노벨상을 받은 뒤 괴상한 사이비 과학으로 빠져들어 말도 안 되는 아이디어에 열광적으로 몰두하는 일이 심심치

않게 일어납니다. 이것을 '노벨상병 nobel disease'이라 부를 수 있습니다.

영국의 물리학자 브라이언 조지프슨 Brian Josephson은 이에 대한 인상적인 예입니다. 양자 효과를 연구할 때 그의 나이는 불과 스물두 살이었고, 11년 뒤 이 연구로 노벨상을 받았습니다. 하지만 그 뒤부터 그는 계속 특이한 아이디어로 구설수에 오르기 시작합니다. 유사 과학에 빠져들어 텔레파시, 염력, 초심리학과 같은 초자연적 현상에 천착했던 것이지요.

이런 행동은 원칙적으로 비난거리가 못 됩니다. 조지프슨이 초자연적 현상을 설명하는 과학적 증거를 찾아냈다면, 과학계는 열광하면서 그에게 또 하나의 노벨상을 안겨 주었을 테니까요. 그리고 그가 어느 순간에, 그런 현상을 연구해 봤는데 증거는 못 찾겠더라고 인정했다면, 그는 최소한 미신적인 망상에 대항하는 가치 있는 논증을 제공한 셈이 되었을 것입니다. 하지만 유감스럽게도 두 가지 모두 일어나지 않았습니다. 그리하여 현재 브라이언 조지프슨은 과거 위대한 업적을 남긴 과학자도 사이비 과학에 걸려드는 것을 막을 수 없음을 보여 주는 다소 슬픈 예로 여겨집니다.

생화학자 캐리 멀리스 Kary Mullis는 1993년에 노벨 화학상을 받았습니다. 그는 DNA 복제를 가능케 하는 중합효소 연쇄 반응을 고안했지요. 이 기술은 현대 분자 생물학에서 어마어마한 가치를 갖습니다. 동물을 복제하거나, 질환을 유발하는 유전자의 유무를 판별하거나, 혹은 바이러스를 진단하는 데에 이런 기술이 활용됩니다.

그러나 이후 그는 인체 면역결핍 바이러스HIV에 대해 그리 귀담아 들을 가치가 없는 발언을 했습니다. HIV를 제대로 연구한 적도 없는 멀리스는 이 바이러스가 에이즈와 전혀 상관이 없다고 주장했던 것입니다.

과학적으로 이것은 말도 안 되는 이야기입니다. HIV와 에이즈 사이의 연관은 아주 명백히 입증되어, 전문가들 사이에서는 더이상 논란거리가 아닙니다. 한편 2008년에는 에이즈 병원체 HIV를 발견한 공로로 바이러스학자 뤼크 몽타니에Luc Montagnier에게 노벨 의학상이 수여되었습니다. 그러므로 이제 사람들은 적어도 몽타니에를 HIV 발견자로, 에이즈 및 HIV와 관련하여 믿을 만한 권위자로 여길 테지요. 하지만 몽타니에도 나중에 'HIV는 건강한 식생활로 퇴치할 수 있으므로 굳이 약이 필요 없다'는 입증할 수 없는 명제를 내세워 학계의 빈축을 샀습니다.

그런 주장들은 전문가들 사이에서는 빠르게 반박되고 기껏해야 못 말린다는 듯 비웃음을 사고 끝나지만, 일반 대중에게는 그렇지가 않습니다. 노벨상 수상자가 무슨 발언을 하면 신문에 기사가 나고, 사람들은 곧잘 그 말을 믿지요. 모든 사람이 때때로 말도 안 되는 소리를 하지만, 그 사람이 노벨상 수상자라면 이야기는 달라집니다. 그래서 이런 헛소리가 더 커다란 피해를 야기할 수 있습니다.

라이너스 폴링Linus Pauling은 노벨상을 두 번이나 탔어도 비과학으로부터는 안전할 수 없음을 보여 줍니다. 폴링은 1954년 노벨 화학상을 받았고 1962년에는 노벨 평화상을 받았습니다. 그런 존경할 만한 사람이 어떻게 말도 안 되는 이야기를 할 수 있을까요? 하지만, 그럴 수도 있습니다. 폴링은 65세에 의학을 연구하기 시작했고, 비타민 광신자가 되었지요. 그는 비타민 C로 암을 예방할 수 있다고 굳게 확신했습니다. 이런 믿음에서 나온 '정분자 의학Orthomolecular Medicine(분자교정의학)'은 과학적으로 입증되지 않았고 민간 치료나 미신의 영역에 속합니다.

우리 중 제아무리 똑똑한 사람도 가끔은 틀린 말을 한다는 것을 보여 주는 사례들입니다. 여기서 살펴봤듯, 개개인의 의견은 과학에서 별로 비중을 갖지 못합니다. 설령 천재의 의견이라 하여도 말이지요.

과학적 합의는 개별 의견보다 훨씬 더 믿을 수 있습니다. 전문가 중 압도적인 다수가 특정 문제에서 생각이 같으면 그 생각은 대부분 맞지요. 하지만 전문가의 대다수가 어떤 의견을 지지하는지를 우리에게 말해 줄 수 있는 전문가는 누구일까요? 이 문제는 굉장히 복잡하며 단순한 해답은 없습니다. 전문가 의견의 신빙성을 그때그때 새롭게 점검해 보는 수밖에 없겠지요.

무턱대고 똑똑한 사람의 의견을 믿는 것은 어리석은 일입니다. 그러나 전문가도 늘 옳지만은 않다는 이유로 전문가의 의견을 거부하는 것도 어리석습니다. 시계가 늘 완벽히 정확한 시각을 가리키지는 못할 수도 있습니다. 하지만 시간을 알고자 한다면 그럼에도 시계를 보아야지, 마술 지팡이를 공중에 내던질 수는 없는 노릇입니다.

제13장

감으로 하는 과학

콘서트홀에서 수학을 기대하면 안 되는 이유
스파이더맨은 아담과 이브와 무슨 관계가 있을까
과학이 정말 근사한 까닭

이성과 감성 사이에 모순을 느끼는 사람은
그 둘 모두가 부족한 사람이다

"환희여, 아름다운 신의 광채여!"

베토벤 교향곡 9번의 마지막 합창이 콘서트홀을 가득 채웠습니다. 하지만 카를 프리드리히 가우스Carl Friedrich Gauss는 별 감흥이 없었지요. 1820년대 중반 가우스는 세계에서 가장 위대한 수학자 중 한 사람으로 존경받았지만, 음악에는 전혀 관심을 두지 않았습니다. 콘서트에 온 건 그의 동료이자 친구이자 열렬한 음악 애호가인 요한 프리드리히 파프Johann Friedrich Pfaff가 함께 가자고 졸라 댔기 때문이었습니다. 마침내 콘서트가 끝나자 가우스가 물어봅니다. "그래서 뭐가 증명되었는데?"

정말로 가우스가 그렇게 물었는지, 세월이 흐르면서 이야기가 와전되었는지는 알 수 없습니다. 하지만 확실한 점은 루트비히 판 베토벤Ludwig van Beethoven이 과학적 진리를 설파하기 위해 교향곡 9번을 작곡하지는 않았다는 것입니다. 콘서트홀에서 과학적 증명을 찾는 사람은 실망하게 될 거예요.

'과학은 믿을 수 있다.' 우리는 이 사실을 알며, 왜 믿을 수 있는지 이유도 압니다. 과학은 원칙적으로 반박이 불가능한 수학과 논리학 방법들을 사용합니다. 과학 이론은 영원하고 완전한 진리를 제공하라는 요구에 부딪혀 좌절하지 않습니다. 스스로에게 아예 그렇게 요구하지 않기 때문입니다. 과학은 살아 있고 끊임없이 발전합니다. 그것은 문제를 해결할 수 있는 도구들의 모음이지, 권위적으로 제정된 교리의 모음집이 아닙니다.

한번 유용하다고 입증된 도구는 영원히 유용한 것으로 남습니다. 이런 의미에서 과학은 반박되지 않는 것이지요. 미래 세대는 더 개선되고 정확해진 이론을 발견하게 될지도 모릅니다. 하지만 그렇다고 오늘날의 세계상이 언젠가 어리석고, 틀리고, 쓸모없게 보일 거라는 의미는 아닙니다.

과학은 촘촘히 연결된 망입니다. 바로 그 연결이 과학을 안정되고, 믿을 수 있고, 튼튼하게 만듭니다. 과학은 관찰·사실·이론으로 짜이고 여러 영리한 사람으로 이루어진 사회적 네트워크입니다. 이들은 머리를 맞대고 혼자서는 할 수 없는 생각들을 해냅니다. 하지만 오늘날 우리가 믿을 만한 과학 이론을 많이 알고 있다고 해서, 그것들을 삶의 모든 분야에 적용할 수는 없습니다. 때로 과학적 신뢰성은 필요하지도 중요하지도 않지요. 특정 상황에서는 과학만으로 문제가 해결되지 않습니다.

우리가 우주의 모든 힘을 완벽히 설명하는 세계 공식을 안다 할지라도, 저는 여전히 오늘 저녁에 무엇을 해 먹을지 알지 못할 것입니다. 포유류의 생화학을 마지막 분자까지 모두 해독했다 할지라도, 여전히 제 옆의 고양이가 지금 기분이 안 좋은 이유를 설명할 수는 없을 테지요. 음향 법칙과 귀의 생물학과 뇌의 모든 신경 신호를 연구한다 하더라도, 누군가에게 베토벤 교향곡의 숭고함을 설득하는 데에는 도움이 되지 않을 겁니다.

지나치게 이성적인 것은 비이성적이다

때로는 최고의 과학 이론조차도 소용이 없습니다. 직감에 의존하는 것밖에 방법이 없지요. 이성적 사고나 과학적 방법이 좋지 않다는 말이 아닙니다. 오히려 그 반대입니다. 우리 인간이 단순한 수학 공식으로 기술할 수 없는 복잡한 감정과 욕구를 지녔음은 학문적으로 증명 가능한 사실이지요. 그러므로 그런 사실을 무시하는 세계관은 굉장히 비과학적이며, 삶의 이성적인 면만 고려하는 것은 굉장히 비이성적인 짓입니다.

우리가 살아가려면 물, 산소, 음식이 있어야 합니다. 또한 공동체, 정서적 친밀감, 의례, 전통, 문화도 필요하지요. 이 모든 필요를 이해하려면 그런 것들을 숙고하기에 적합한 이론·방법·도구를 골라야 하지만, 자연 과학은 삶의 본질적인 질문은 다루지 않습니다. 사랑, 증오 혹은 성의 같은 것에 대해서는 자연 과학이 별로 해 줄 이야기가 없어요. 이런 이유로 자연 과학이 불완전하고 모자라는 학문이라고 비판하는 사람은 과학이 무엇인지 제대로 이해하지 못했습니다.

학문의 기본 규칙 중 하나는 모든 학문 모델이 제한된 효용성을 갖는다는 것입니다. 사람의 감정이나 삶 속의 의례 같은 것을 물리학으로 설명하려는 시도가 무의미한 건 과학에서 그런 문제를 다루는 것이 금지되어 있기 때문이 아니라, 그런 문제를 다루는 데는 물리학이 잘못된 도구이기 때문입니다. 그러므로 물리학이 그런 것들을 다루려 하는 것은 과학 내부의 규칙에 위배됩니다.

그러므로 누군가가 양자 역학으로 의식을 설명할 수 있다고 하거나, 우리의 행동이 이미 DNA에 다 기록되어 있다고 하거나, 신경학 연구 방법으로 정의나 자유 의지를 측정할 수 있다고 말한다면, 의심해야 합니다. 모든 이론마다 제각기 사용 영역이 있습니다. 어떤 연장을 제 용도가 아닌 일에 사용한다면 결과가 안 좋아도 놀라지 말아야겠지요. 드릴로 이를 닦는 사람은 불미스러운 사태가 벌어져도 한탄해서는 안 됩니다.

물론 감정, 인간 관계, 전통, 문화와 관련된 주제들도 학문의 연구 대상입니다. 하지만 그것은 자연 과학의 과제가 아니라, 심리학·사회 과학·정신 과학의 과제이지요. 우리는 다양한 의례가 서로 다른 문화에서 세월이 흐르며 변천한 원인을 연구할 수 있습니다. 화음이 달라지면 같은 멜로디인데도 왜 갑자기 다르게 느껴지는지 숙고할 수도 있고요. 금슬 좋은 파트너 관계가 기대 수명에 어떤 영향을 미치는지 살펴볼 수도 있습니다.

그러나 어떤 중요한 질문에서는 학문적 방법이 더이상 도움이 안 된다는 것도 받아들여야 합니다. 이번 해 할머니 생신 잔치를 어떻게 할지 알고자 한다면, 할머니 본인이 원하는 바를 여쭙는 게 제일 좋습니다. 객관적으로 가장 적절한 답을 찾는답시고 응용 생일론 교과서 같은 학술서를 뒤적이는 사람은 없을 겁니다. 누군가가 우리에게 생소한 음악을 들려주면, 우리는 단박에 그 음악이 마음이 드는지 안 드는지를 느낍니다. 그걸 알기 위해 음악학적 분석 따위는 필요가 없지요. 고양이가 우리에게 쓰다듬어 달라고 치대면 우리는 순순히 그렇게 해 줍니다. 이런 일에 수의사의 소견은 필요하지 않습니다. 어차피 고양이는 자신의 의지를 관철할 테니까요.

정치에서도 종종 뚜렷한 과학적 답이 없는 문제들이 대두됩니다. 정치를 순수 과학으로 대신한다면 어떤 일이 벌어질까요? 세상에서 가장 똑똑한 사람들이 시대의 주요 사안들을 수학적으로 정확히 분석하여, 각자 어떻게 행동해야 할지를 말해 주는 합리적 이성의 파라다이스가 열릴까요? 아마 상당히 엉망진창이 되고 말 것입니다.

정치는 단순히 과학적으로 맞는 것들을 실행에 옮기는 일이 아닙니다. 다리 건설을 건축가에게 맡기듯 나라의 운영을 단순히 과학 전문가에게 위임할 수 있다고 생각하면 큰 착각입니다. 정치는 자유와 정의, 안전과 편익, 소수를 위한 큰 유익과 다수를 위한 작은 유익 사이에서 세심한 고민이 이루어지는 장입니다. 이런 고민을 해결해 줄 측정기 같은 것은 없지요. 어떤 수학 공식도, 물리학·생물학 실험도 어느 정치 이데올로기가 옳은지 말해 주지 못합니다.

물론 그럼에도 좋은 정치는 사실을 기반으로 삼아야 합니다. 정치하는 사람들이 학문적 인식들을 알고, 진지하게 여기고, 고려하는 것이 중요하지요. 그러나 그렇게 하더라도 막상 정치적 결정을 내릴 때는 도덕·전통·문화 등등이 중요한 영향을 미칩니다. 우리는 과학과 직감, 두 가지 모두 필요합니다. 이것은 정치에서나 다른 많은 삶의 영역에서나 똑같습니다.

사실과 진실은 다를 수도 있다

인간은 본질적으로 이야기꾼입니다. 이것은 중요한 특성으로서, 우리는 계속 새로운 이야기를 준비합니다. 자신에 대해, 나머지 세계에 대해, 전혀 존재하지 않는 것들에 대해 이야기를 풀어냅니다. 어떤 이야기는 독백으로 하고, 어떤 이야기는 다른 사람에게 전하며, 어떤 이야기는 하도 자주 털어놓다 보니 중간에 스토리가 완전히 바뀌기도 합니다.

자연 과학과 친하다면 우리는 물리적 세계, 원인과 결과, 논리적 연관, 우주의 법칙에 대해 이야기할 것입니다. 그러나 아예 다른 목적으로 고안된 전혀 다른 이야기도 있습니다. 실생활에서는 이렇듯 서로 다른 이야기를 구분하는 것이 중요합니다.

어떤 이야기는 세계적으로 널리 알려졌습니다. 가령 스파이더맨의 이야기가 그렇지요. 피터 파커는 벤 삼촌과 메이 숙모네 집에 얹혀 사는 평범한 10대인데, 어느 날 학교에서 소풍을 갔다가 방사성 거미에 물립니다. 그 직후 그는 자신의 몸이 변하고 있음을 확인하지요. 근력이 강해지고, 감각이 예리해지며, 몸을 아주 능숙하게 쓸 수 있게 됩니다.

처음에 그는 이런 새로운 능력을 어떻게 주체해야 하는지 잘 알지 못합니다. 그래서 권투 쇼에서 근육질 남자를 때려 주고 돈을 법니다. 하지만 결국 그는 자신의 힘을 더 좋은 세계를 만드는 데 사용해야 한다는 것을 깨닫습니다. "커다란 힘엔 커다란 책임이 따르는 법이지."

벤 삼촌의 말을 들은 피터 파커는 자신의 삶에 새로운 의미를 부여합니다. '스파이더맨'으로서 그는 알록달록한 거미 복장을 하고 시내를 누비지요. 손목에서 끈적한 거미줄을 쏴서 그것에 몸을 지탱하여 엄청난 속도로 공중을 붕붕 떠다니며, 쏜살같이 사건 현장에 도착해 좋은 일을 하고 나쁜 일을 막습니다.

이 이야기를 과학적 관점에서 보면 허무맹랑한 점이 몇 가지 있습니다. 우선 거미에 물려 인간의 몸이 그렇게 근본적으로 달라진다는 것은 말이 안 됩니다. 아무리 방사성 거미라 해도 말이지요. 인간의 근육은 하루 사이에 그렇게 엄청난 능력을 갖게 되지 못합니다. 그리고 맞은편 벽에 쐈을 때 꽉 달라붙어 순식간에 튼튼한 밧줄처럼 기능하여 그것에 의지해 거리 위를 붕붕 떠다닐 수 있게 해 주는 물질은 세상에 존재하지 않습니다.

하지만 이런 오류를 지적하며 스파이더맨 이야기를 비판한다면 그 의미를 이해하지 못한 것입니다. 이 이야기가 자연 과학적인 팩트에 부합하지 않는다고 열을 내는 건, 콘서트가 끝나고 피아니스트에게 왜 건반을 고르게 쓰지 않냐고, 왜 어떤 건반은 더 자주 사용하고 어떤 건반은 사용하지 않느냐고 비판하는 것과 마찬가지입니다.

스파이더맨 이야기는 청소년이 어른으로 성장하는 가운데 느끼는 혼란스러운 감정을 이야기합니다. 몸은 변하고, 인생이란 무엇인지 잘 모르겠고, 인생에 대해 모르는 게 당연한지도 잘 모르겠고…. 이렇게 자신이 어떤 인간이 되고 싶은지 알아내려는 와중에, 무언가를 책임지는 법도 배워야 합니다. 아이는 결국 감정적 혼란을 극복하고 중요한 깨달음에 이르지요. 모든 재능, 능력, 초능력은 그것으로 의미 있는 일을 해야 한다는 도덕적 의무를 동반한다는 인식입니다. '큰 힘에는 큰 책임이 따른다.' 이것은 의심할 바 없는 진실이지요. 그러므로 스파이더맨의 이야기는 과학적 사실에 배치되더라도 진실되고 올바른 이야기입니다.

종교와 신화

많은 종교적 텍스트도 비슷합니다. 하느님은 첫 사람인 아담을 흙으로 빚어 호흡을 불어넣습니다. 그리고 아담에게 강과 식물과 동물이 있는 파라다이스를 마련해 주지요. 그럼에도 아담은 세상에서 하나뿐인 인간으로 외로움을 느낍니다. 그러자 하느님은 그를 위해 이브를 창조합니다. 파라다이스에서 아담과 이브는 책임질 일도 죄도 없습니다. 그들은 선악을 분별할 수도 없기 때문입니다. 하지만 그들이 하느님이 따 먹지 말라고 한 선악과를 따 먹으면서 이런 상황은 바뀝니다. 그들은 이 일로 인해 하느님에게 벌을 받아 파라다이스에서 쫓겨납니다. 그리고 이제부터는 고통스럽게 일하면서 힘들고 고된 삶을 살아가게 됩니다.

우리는 여기서 파라다이스에서의 삶을, 어려운 결정을 내릴 필요가 없고 아무 걱정 없이 보살핌을 받았던 천진난만했던 유년기로 볼 수도 있습니다. 그리하여 이 신화를, 그 유년의 기억을 가지고 파라다이스에서 쫓겨나 이제부터는 무언가를 책임지고 옳은 일을 하는 어려운 과제를 맡으며 어른이 되어 가는 이야기로도 읽을 수 있지요. 또는 문화사적으로도 해석 가능합니다. 인류가 일찍감치 특히나 비옥했던 지역에 살다가, 차츰 다른 지역으로 옮겨 가면서 삶이 더 힘들어졌음을 떠올리게 하는 텍스트로서 말입니다.

그러므로 아담과 이브의 이야기를 생물학적 사실 보고로 파악하는 것은 완전히 그릅니다. 먼 옛날 첫 사람이 진흙으로 빚어졌다는 건 과학적 사실이 아닙니다. 이 이야기가 정말로 측정할 수 있는 사실을 알리기 위해 쓰였던 걸까요?

아담과 이브의 이야기는 창세기 2장과 3장에 걸쳐 나옵니다. 그런데 놀랍게도 1장에는 완전히 다른 창조 이야기가 등장합니다. 1장에 따르면 세상은 6일 동안 창조됩니다. 처음에는 모든 것이 황량하고 혼돈스러웠으며, 하느님의 영이 수면 위에 떠다닙니다. 그런 다음 하느님은 첫째 날에 빛이 생겨나게 하고, 둘째 날에는 하늘을 만들고, 셋째 날에는 땅과 바다를 만들고 땅에 식물이 자라게 합니다. 이어서 넷째 날에는 해와 달과 별이 생겨나고, 다섯째 날은 동물 차례가 되며, 여섯째 날에 마지막으로 사람을 짓습니다.

여기서 1장의 창조 이야기와 2, 3장의 아담과 이브 이야기가 서로 맞지 않는다는 것을 쉽게 알 수 있습니다. 사람을 먼저 만들고 동식물을 만든 걸까요, 아니면 동식물이 먼저고 사람이 나중에 탄생한 걸까요? 모든 것이 물 없는 흙투성이 사막으로 시작된 걸까요, 아니면 뭍이 없이 혼돈스러운 태곳적 홍수로 시작된 걸까요? 두 텍스트를 서로 다른 시기에 서로 다른 사람이 썼다는 사실이 과학적 방법을 통해 밝혀졌습니다. 아담과 이브의 이야기가 1장의 창조 신화보다 몇백 년 더 오래되었지요.

두 이야기를 한데 엮은 사람이 누구건 간에 그는 이야기들 사이에 모순이 있음을 알았을 것입니다. 하지만 그것을 문제로 보지 않았겠지요. 무엇이 문제겠어요? 애초에 이 텍스트는 과학적 진실망에 논리적으로 엮여 들어가는 검증 가능한 사실을 보고하는 글이 아닌데 말이지요. 친구들을 초대하여 긴긴밤에 영화를 여러 편 연달아 본다고 해 봅시다. 이때 영화 내용이 서로 모순된다 하여도 아무런 상관이 없습니다. 첫 번째 영화는 형이상학적인 능력으로부터 놀라운 힘을 부여받은 특이한 외계인이 알록달록한 광선검을 들고 나오고, 두 번째 영화에는 그런 능력은 없지만 이 우주선에서 저 우주선으로 순간 이동할 수 있는 외계인이 나옵니다. 도무지 서로 맞지 않지요! 그럼에도 우리는 두 영화 모두 마음에 들어 할 수 있습니다.

텍스트를 이해하려면 종류가 다른 이야기를 분별하는 감이 있어야 합니다. "엔지니어 한 사람, 물리학자 한 사람, 수학자 한 사람이 스코틀랜드행 기차에 탔거든." 여기까지 들으면 우리는 이미 이것이 우스운 이야기라는 걸 눈치채고, 앞으로 30초 안에 유머 포인트가 나오기를 기대합니다. 우리는 여행자들의 이름이나 정확한 날짜 혹은 기차

시간표 따위를 묻지 않을 것입니다. 이 이야기는 사실 보고가 아니니까요. 카를 프리드리히 가우스와 베토벤 교향곡 9번의 일화도, 설령 그것이 허구로 드러난다 해도 그 의미가 사라지지는 않습니다.

"어떤 사람이 예루살렘에서 여리고로 내려가다가 강도를 만났다"(「누가복음」 10장 30절)라는 성서의 구절도 마찬가지입니다. 흔히 "선한 사마리아인 비유"라 불리는 예수의 가장 유명한 비유는 이런 구절로 시작합니다. 이 구절을 읽고, 이것이 당시 여리고의 공식적인 범죄 통계와 부합하는지를 묻는 사람은 이야기의 목적을 잘못 이해했습니다. 다른 고대 신화들 역시—종교적인 텍스트건 아니건 간에—과학이 아니라 상징적 차원에서 읽히도록 기록된 것입니다.

법령문은 학술 논문과는 다르게 읽어야 합니다. 소설 역시 일기장에 끼적인 글과는 다르게 봐야 하지요. 그리하여 종교적 근본주의에 매몰되어 자기 종교의 경전을 처음부터 끝까지 순수한 사실이라고 주장하는 사람은 잘못을 이중으로 범하고 있습니다. 첫째, 그는 홍수, 기적의 치유, 세계 창조에 관한 옛 이야기들이 과학적으로 오래전에 반박되었다는 사실을 무시하는 것이고, 둘째, 현대적인 의미의 과학이 존재하지 않았던 시절에 탄생한 신화들이 완전히 다른 의도에서 서술되었음을 간과하는 것입니다. 그런 신화들은 결코 과학으로 검증할 수 있는 사실의 반대 명제로서 존재하지 않습니다.

그러나 굉장히 이성적인 인간이 이런 고대 신화에 과학적 인식과 확연히 배치되는 내용이 포함되어 있다는 이유로, 이런 텍스트가 어리석고 터무니없고 무의미하다고 말한다면, 그 역시 같은 실수를 저지르는 셈입니다. 과학적 사실과 배치된다는 것은 신화가 쓸데없다는 논거가 될 수 없습니다. 그것은 다만 이런 신화를 사실 보고로 읽어서는 안 된다는 뜻일 뿐이지요.

종교는 과학이 정답을 줄 수 없는 삶의 영역에서 많은 사람에게 중요한 역할을 합니다. 종교는 의식, 의례 등을 바탕으로 공동체에 소속되고 싶은 감정과 같은 인간의 내적 욕구를 만족시켜 줍니다. 전통을 계승하는 가운데 우리는 우리 삶이 생판 모르는 데서 새로 더듬어 나가는 것이 아니라, 인류의 오랜 전통 안에 튼튼하게 뿌리내렸음을 의식하게 됩니다. 이러한 깨달음은 아주 근사한 느낌으로 다가오며, 정서적으로 우리를 지지해 줍니다.

물론 전통을 계승한답시고 과거의 한물간 도덕을 억지로 끌고 나가려 해서는 안 될 것입니다. 그간 때로는 종교 권력의 반대를 무릅써가며 낡아 빠진 도덕적 표상을 극복하느라 많은 수고가 들어갔기 때문입니다.

그러나 명확한 답이 있는 문제에서 과학을 반박하려고 열심을 낼 때 종교는 문젯거리로 등장합니다. 지구가 생성된 지 정말로 몇천 년밖에 안 되었다거나, 어떤 신성한 샘에 가면 병이 낫는다거나, 기도로 자연 재해를 막을 수 있다거나 하는 말들을 과학적 사실처럼 곧이곧대로 받아들여선 안 됩니다. 종교 텍스트를 사실 보고처럼 신뢰하는 것은 마치 방사성 거미에 물리면 스파이더맨과 같은 초능력이 생긴다고 믿는 것과 마찬가지로 그릇됩니다. 그런 문제에는 과학이 답해야 합니다.

과학은 무엇을 위해 존재하는가?

과학적 사실로 명확하게 대답할 수 있는 질문의 경우, 맞는 답 외에 다른 모든 답은 틀립니다. 그러나 주관적인 인상, 개인적 선호, 감정과 관련된 질문들은 다양한 의견을 문제없이 수용할 수 있지요. 우리는 두 영역을 구분해야 합니다. 감정은 과학으로 계산이 되지 않습니다. 하지만 그렇다고 계산할 수 있는 과학이 감정과 전혀 무관하다는 의미는 아닙니다. 유감스럽게도 이것은 굉장히 널리 퍼진 과학에 대한 오해지요.

많은 사람의 머릿속에는 잘못되었으며 상투적인 과학의 이미지가 있습니다. 과학은 냉정하고 정확하게 자연을 숫자로 이루어진 울타리에 가두고, 가능하면 소수점 이하 여러 자리에 이르기까지 꼼꼼한 결과를 도출해 내는 것이라고 상상하지요.

그런 사람들은 '과학'이라고 하면, 흰색 실험복을 입고 분필로 큰 칠판에 이해할 수 없는 기호들을 잔뜩 끼적이는 변덕스러운 노인을 떠올립니다. 신기하게 생긴 유리 용기를 흔들며, 유독한 액체를 이 용기에서 저 용기로 옮기다 무언가가 폭발하거나 적어도 본인의 실험복이 총천연색으로 물드는, 헝클어진 머리의 괴짜 교수를 떠올리기도 합니다. 또는 새로 발견한 나비를 조심스럽게 면도칼을 이용해 부위별로 잘라 낸 다음 해체된 것들을 차례차례 분석하는, 피도 눈물도 없는 듯한 이성적이고 엄격한 연구자를 생각하지요. 이런 별종들은 틀림없이 모두 똑똑한 사람이긴 합니다! 그러나 뭔가 좋아 보이지는 않습니다. 감정이 메말라 보이고 유머도 없을 듯하고, 또는 정신이 없어서 아침에 바지를 입는 것도 잊을 듯한 이미지, 아니면 사회성이 없어서 왠지 사람보다는 책과 함께할 수밖에 없을 듯한 분위기, 이런 냄새를 풍기지 않나요?

이 중에 그 무엇도 맞는 게 없습니다. 정말 다양한 사람이 과학을 합니다. 남녀 불문, 나이 불문. 그중에는 진지한 사람도 있고 웃기는 사람도 있지요. 정확성과 완벽성을 추구하는 사람도 있고, 창조적 카오스를 좋아하는 사람도 있습니다. 누구는 늘 팀으로 일하기를 좋아하고, 누구는 혼자 고즈넉이 연구하는 걸 선호합니다. 모두의 공통점은 단 한 가지, 발견을 즐거워한다는 것입니다. 그 누구도 자신을 괴롭히려고 복잡한 이론에 몰두하지는 않습니다. 단지 공식이 어렵다는 이유로 그 공식과 씨름하지는 않지요. 재미있어서, 알아 가는 기쁨이 좋아서, 깨닫는 것이 멋져서 과학에 빠져듭니다. 과학은 즐거워요.

유감스럽게도 과학에 열광하는 사람은 그리 많지 않습니다. 과학을 잘 모른다고 하여 인생에서 무언가를 놓치고 있다고 느끼는 사람은 별로 없지요. 아직도 수학과 자연 과학을 일반 교양의 범주에 넣지 않는 분위기가 만연합니다. 공식 석상에서 자신이 외국어를 배우는 데에 얼마나 서툰지 드러내고 인정하는 사람은 별로 없습니다. 어릴 적 음악 시간에 피리를 불다가 소리가 안 나서 엄청 고생을 했다는 이유로, 음악은 쓸모없고 지루하다고 이야기하는 사람도 없고요. 하지만 씩 웃으면서 자신은 물리학을 도무지 이해 못하겠고 수학도 어려워서 세무사의 도움 없이는 다섯 자리 수 더하기는 엄두도 못 낸다며, 그런 것이 무슨 자랑거리라도 되는 양 당당하게 말하는 사람은 많습니다.

그러다 보니 때로는 과학의 가치가 그저 기술적 유용성에 불과한 듯한 분위기가 조성됩니다. '과학은 실용적인 작은 발명품들로 귀결되고, 우리가 성실히 돈을 벌면 이런 물품들을 돈 주고 살 수 있어. 그리고 그 편이 경제에 좋아.' 이런 생각이 깔리는 것입니다. '과학 덕분에 잔디를 깎아 주는 로봇이 만들어지고, 리모컨으로 차고 문도 올렸다 내렸다 할 수 있게 되었지. 영리한 사람들이 일생 동안 소재 연구에 힘써서 요즘에는 세탁기 안의 마이크로칩도 점차 싸지고 있잖아.'

의심할 바 없이 맞는 소리입니다. 하지만 과학 연구의 효용성을 그렇게 작은 것들로만 국한시키는 것은 조금 뭣합니다. 대부분의 과학은 사람들이 구입할 수 있는 물품으로는 결코 이어지지 않습니다. 사실 최신 기술로 장난감이 발명되어도, 그것이 우리의 삶을 꾸준히 나아지게 하는지는 이견이 있을 수 있지요. 전자동 커피 머신은 훌륭하지만, 그런 기계가 없다 해도 크게 아쉽지는 않을 것입니다. 아리스토텔레스가 무선 스테레오 헤드셋도 없이 지낸 자신의 삶이 너무 허망

해서 울부짖으며 영면하지는 않았겠지요. 신기술을 동원하여 굳이 필요 없는 도구를 만들어 내는 경우도 많습니다. 별로 간절하지도 않은, 아무도 불편해 하지 않는 문제들을 해결해 준답시고 말입니다.

하지만 몇백 년이 흐르면서 과학은 유행이나 소비주의 풍조와 무관하게 그 누구도 가치를 부인할 수 없는 유용한 것들을 발명했습니다. 음식을 썩혀 버리지 않고 오래 보관할 수 있게 해 주는 냉장고, 이곳저곳 편하게 다닐 수 있도록 하는 현대의 교통수단, 따뜻한 집과 깨끗한 수돗물, 전부 과학 덕분입니다. 현대인들은 1000년 전에 부유한 왕들이 누렸던 것보다 더 많은 사치를 만끽하며 살고 있지요.

현대의 전기 통신 덕에 우리는 다른 대륙에 사는 사람들과도 실시간으로 이야기를 나눌 수 있고, 현대 의학 덕분에 예전 같으면 걸렸을 때 꼼짝 없이 세상과 이별했어야 할 질병들도 치료할 수 있습니다. 우리는 이전 세대보다 더 건강하게, 오래, 양질의 삶을 살아갑니다. 이 모든 것은 순수 기초 과학 연구를 토대로 한 영리한 아이디어에서 비롯되었습니다. 그럼에도 기초 과학을 연구할 때는 그 누구도 여기서 나온 새로운 인식들이 어느 순간에 인류의 삶을 어떻게 개선할지 예측하지 못합니다. 다만, 기초 연구가 이루어지지 않으면 인류의 삶이 더는 좋아질 수가 없으리라는 건 확실하지요.

과학에서 선구적이고 위대한 아이디어는 누군가가 상품을 만들어 부자가 되고 경제 발전을 견인하려 해서 나온 것이 아닙니다. 커다란 목표 없이도, 새로운 발견에 흥미가 있었기 때문에 탄생했지요. 과학의 가장 큰 유익은 지식 그 자체입니다. 아는 것이 언제나 모르는 것보다 낫습니다. 세계를 더 많이 이해할수록 더욱 영리한 결정을 내릴 수 있고, 그를 통해 비로소 진정 자유로운 인간이 될 수 있습니다. 원하는 삶을 사는 것이 바로 자유입니다. 하지만 중요한 지식이 없기에 원하는 삶이 무엇인지도 알지 못한다면, 자유로울 수 없겠지요.

과학은 두려움을 없애 줍니다. 세계를 이해하면 우리는 자연의 무력한 장난감으로 살아가는 삶에서 벗어날 수 있습니다. 우리는 지진을 막을 수는 없지만, 지진이 어떻게 일어나는지를 압니다. 따라서 지진이 났을 때 희생 제물을 바치지 않아서 크툴루가 노했나 봐, 하고 걱정할 필요가 없지요. 우리는 질병을 더이상 운명의 채찍으로 여기지 않고, 어떻게 치료할지를 숙고합니다. 누군가가 자신의 말을 듣지 않을 시 내일 태양이 떠오르지 않을지도 모른다고 엄포를 놓으면, 코웃음을 치며 넘길 수 있습니다.

과학은 음악·문학·회화처럼 아름다움을 만들어 냅니다. 어떤 교향곡도 세상의 굶주림을 끝내지 못하고, 어떤 그림도 병자를 치유하지 못하며, 어떤 시도 추운 데 가면 몸이 꽁꽁 어는 것을 막아 주지 못합니다. 그럼에도 바보가 아닌 이상 예술을 쓸모없다고 생각하는 사람은 없을 것입니다. 과학도 예술과 비슷하게 멋집니다. 세상에 대한 새로운 시각을 열어 주는 새 이론은 음악 작품처럼 우리에게 감동을 선사하지요.

자연을 더 잘 알면, 자연의 아름다움도 더 강하게 다가옵니다. 별이 빛나는 하늘을 올려다 보며 거대한 펄서와 블랙홀, 멀리 있을 외계 행성을 떠올리면, 별들을 그냥 단순한 빛의 점으로 올려다볼 때보다 훨씬 숭고한 기분이 들고, 마음이 몽글몽글해집니다. 예쁜 꽃도 그것이 우리와 동일한 원자로 구성되며 인간을 탄생시킨 것과 같은 진화사의 산물임을 알면, 더욱 놀랍고 아름답게 느껴지지요.

우리 모두가 과학이다

하지만 우리가 과학을 하는 가장 중요한 이유는 아마도 다른 데에 있을 터입니다. 그것은 바로 우리가 과학을 하지 않을 수 없다는 점이지요. 우리는 과학을 할까 말까를 선택할 수 없습니다. '인간이 과연 과학을 해야 하는가?'라는 질문은 물고기가 헤엄치는 게 과연 좋은 생각인지 왈가왈부하는 것과 같습니다. 또는 꿀벌들이 꽃에게로 힘들여 부지런히 날아가는 게 정말 좋은지 고민하는 것과 같지요. 진화는 여러 새를 강력한 부리로 무장시켰고, 새들은 그 부리를 이용해 딱딱한 열매를 깨뜨립니다. 진화는 인간에게 과학적 사고 능력을 주었고, 그로써 우리는 어려운 문제들을 풀어낼 수 있습니다.

물론 모두가 이를 똑같이 잘 해내는 것은 아닙니다. 때로는 논리적인 답을 찾는 과정에서 마구 헤맬 수도 있지요. 벌이 실수로 끈적한 설탕 덩어리에 붙어서 헤어나지 못하는 것처럼요. 하지만 질문하고, 문제를 해결하고, 연구하는 것은 인간에겐 가히 타고나다시피 한 속성입니다. 아주 어린 꼬마들도 아빠가 좋아하는 꽃을 안쪽에서 짓누르면 어떤 느낌이 날지 알고자 합니다("아, 끈적거리네?"). 장난감 비행기를 당근죽 사발에 착륙시키면 어떨지 보고자 하고("오, 이거 괜찮군"), 고양이가 한사코 모자를 쓰지 않으려는 이유가 뭔지 알고자 하지요("아직도 잘 모르겠네. 왜 그러지?"). 우리의 연구 활동에 항상 보람이 있지는 않지만, 연구를 하는 건 불가피한 일입니다.

그 밖에도 진화는 우리에게 함께 긴밀히 협력해서 일하고 연구하는 능력을 부여했습니다. 우리는 자신의 생각을 다른 사람들의 머릿속에 전달할 수 있는 복잡한 언어를 개발했고, 서로 다른 과제를 담당할 수 있는 복잡한 사회 시스템을 구현해 냈습니다. 우리의 친구들은 다시금 다른 사람들과 친하고, 그 사람들에겐 우리가 알지 못하는 또 다른 친구들이 있지요. 온 인류가 우정을 나누고, 협동하고, 생각을 공유하는 너른 망으로 연결되어 있습니다.

여타 생물들은 다릅니다. 보노보들은 상대적으로 작게 무리 지어 살아갑니다. 그 안에서 서로서로 다 알지요. 하지만 넓게 가지를 뻗은 망은 없습니다. 침팬지들의 세계적인 공동체 같은 것도 없습니다. 때를 초월한 소들의 전 지구적 협력 따위는 이루어지지 않고, 서로 다른 늑대 무리들의 글로벌한 나눔 프로젝트도 없고요. 도시의 형성에서 예술과 문화, 현대 과학에 이르기까지 인간 생활을 구성하는 모든 것은 우리가 함께 살아가는 거대한 사회 연결망에 기초합니다. 그런 연결망에서 우리가 실제 조망할 수 있는 부분은 작지만 말이지요.

이런 연결망 안에서 우리는 세계를 아우르는 공동 작업을 통해 과학을 만들어 냅니다. 이것은 우리—전문가들뿐만이 아닌 모두—가 서로 생각을 나눌 때에만 가능합니다. 표와 그래프를 동원하여 연구 결과를 정확하고 과학적인 언어로 발표하는 것으로는 충분하지 않습니다. 커다란 생각에는 커다란 책임이 따릅니다. 즉, 다른 사람들을 이런 아이디어에 참여시켜야 할 도덕적 의무가 생기지요. 똑같은 생각을 더 쉽게 표현할 수 있는데도 그냥 다가가기 힘든 전문 용어들 뒤에 진치는 것은 무책임하며, 아무에게도 그럴 권리가 없습니다. 제아무리 기발한 아이디어라도 이해하는 사람이 단 한 명도 없다면, 무슨 소용이 있겠어요?

인류 전체를 포괄하는 연결망은 정말 구조가 복잡하며, 우리는 상상을 초월하는 특별한 존재입니다. 우주의 대부분은 황량하고 비어 있습니다. 저 바깥 은하 너머 공간에는 흥미로운 것도 없고, 복잡한 것도 없고, 느낄 수 있는 것도 없지요. 그러나 여기 지구에서는 단순한 원자들이 모여서 살아 있는 생명이 만들어졌고, 감정·생각·이성을 가진 존재로 발전했습니다. 그리고 인간의 이성은 온 인류를 포괄하여 함께 생각을 키워 가는 데까지 다다랐습니다.

원자들은 인류의 형태를 빌려 원자에 대해 생각할 수 있게 되었고, 자연 법칙은 인류의 형태를 빌려 자연 법칙을 해독할 수 있게 되었습니다. 우주는 인류의 형태를 빌려 우주의 커다란 비밀을 탐구하는 데에 이르렀지요.

우리 모두 온 인류를 포괄하는 과학의 망에 속하니만큼 다들 여기서 나온 업적들을 자랑스러워해도 될 것입니다. 과학은 우주가 배태한 가장 커다란 모험이며, 우리 모두가 그 모험단원이지요.

모험을 하기 위해 측정기를 갖출 필요는 없습니다. 열린 눈으로 세상을 누비기만 하면 됩니다. 혁명적 이론을 개발할 필요도 없습니다. 그저 영리한 생각을 계속 말하고 다니며, 멍청한 생각은 치워 버리려고 노력하면 되지요. 굳이 천재가 아니어도 좋습니다. 그냥 인간으로서 함께 이야기하고 함께 생각하면 됩니다. 우리의 다음 생각이 우리를 어디로 인도할지는 아무도 모릅니다. 두고두고 영향력을 발휘한 착상, 역사에 길이 남은 정신적 영감, 대단한 진리는 어느 날 '별로 나쁘지 않은데?' 싶은 작은 생각에서 시작되었습니다.

감사의 말

과학을 할 때와 마찬가지로 책을 쓸 때도 영리한 사람들의 네트워크를 의지하는 것이 필수지요. 이 책이 나오기까지 유익한 토론으로, 힘든 교정 작업으로, 수정을 위한 아이디어로 중요한 도움을 준 모든 분께 심심한 감사를 전합니다. 특히 크리스티나 비잔츠, 아르투어 골체프스키, 라인하르트 빙클러, 슈테판 돈자, 레나테 파주레크, 에른스트 아이그너, 테레사 프로판터, 유디트 E. 이너호퍼에게 감사합니다.

옮긴이의 말

 난생처음 엉겁결에 구한 작업실에서 진행한 첫 책이었다. 약간 촉박한 일정이었지만, 내용이 흥미로워 힘든 줄 몰랐다…는 건 거짓말이고, 어쨌든 즐겁게 진행할 수 있었다! 밤이 깊으면 가기 싫어도 집에 가야 했다. 우리 집에는 '샴푸를 먹는 유니콘'(이 책에 등장한다)이 아니라 '인간 밥'을 먹는 강아지가 기다리고 있었으므로.

 과학 이야기 속에서 자꾸만 우리 일상을 돌아보게 해 주는 책이었다. 저자는 책의 서두에서 우리는 세상에 대해 전보다 훨씬 더 많이 알고 있음에도, 말도 안 되는 비상식적인 생각들이 전보다 더 많이 기승을 부린다면서, 이런 시대에 '우리는 무엇을 믿고, 무엇을 알 수 있을까? 이 혼란스러운 세상에서 무엇을 신뢰할까?'를 묻는다.

 그리고는 유클리드, 페아노, 포퍼, 힐베르트, 라마누잔, 라카토슈, 쿤, 뉴턴, 아인슈타인 등 여러 학자의 빛나는 발견에 얽힌 흥미로운 일화들과 더불어 중요한 수학적·과학적 생각들, 과학철학의 굵직한 주제들을 위트 있는 문체로 소개한다. 내용을 따라가다 보면 과학이 걸어온 길을 알게 되고, 자연스레 과학적 사고를 훈련할 수 있다. 아울러 과학이 어떻게 이루어지고, 어떻게 진보하는지를 읽어 나가노라면 과학이 소수의 천재에게 위임된 것이 아니라, 선배들이 축적해 놓은 지식을 토대로 우리 모두가 하나의 커다란 망으로 연결되어 있다는 사실에 든든하고 뿌듯한 마음이 든다.

아주 실질적으로 일상에 자극을 주는 꼭지들도 있다. 더닝 크루거 효과에 대한 부분을 읽으면서는 아는 만큼 보이고 아는 만큼 들리는 이유를 실감할 수 있다. 웨이슨의 카드 테스트에서는 자신의 견해를 뒷받침하는 증거만 끌어모으고, 그것이 틀렸다고 말하는 의견은 귓등으로도 들으려 하지 않으면 무슨 일이 일어나는지를 알 수 있다. 끼리끼리 놀면 왜 '확증 편향'에 빠지는지를 말이다. 통계적 유의미를 다루는 부분에서는 통계를 무턱대고 믿어서는 안 되는 이유를 다시 한번 상기하게 되면서, 일상에서 너무나 자주 통계에 속아 넘어가는 우리 모습을 돌아보게 된다.

책을 읽다 보면 저자가 평소 싫어하는 사람들이 누군지 알 수 있다. 어설프게 알면서 목소리를 높이는 사람들, 지나치게 일반화하는 사람들, 음모론이나 가짜 뉴스로 진실을 호도하는 사람들, 전문가가 아니면서 과학과 싸우려 드는 사람들, 사이비 과학으로 이윤을 취하는 사람들…. 특히 한 분야의 전문가라고 해서 다른 분야에까지 전문가인 줄 스스로 착각해서는 안 된다는 지적, 진정한 전문가와 직감에서 비롯된 논지를 들고나온 사람이 미디어에서 동등한 눈높이로 토론하는 건 한참 불합리하다는 지적은 귀담아들어야 할 듯하다.

한편 저자는 과학, 과학하는 사람들, 과학이 필요한 사람들에 대해서는 무한 애정을 과시한다. 과학하다 실수를 범한 사람들까지 애정 어린 시선으로 감싸 안는다. 애초에 이 책의 원래 부제가 과학에 대한 '사랑 고백'이다. 저자의 과학 사랑이 얼마나 뜨거운지 읽는 사람까지 설레게 만든다. '과학이 얼마나 근사한지 아나요? 과학은 이렇게 멋진 거랍니다. 그리고 이러이러하게 진행되는 거예요. 오랜 세월에 걸쳐 타당성이 입증된 과학은 믿어도 좋답니다'라고 자신 있게 외친다.

외국어나 다른 걸 못하는 것은 부끄러워하면서 과학에 대해 잘 모르는 것은 자랑거리나 되는 것처럼 당당하게 말하는 사람들이 아직도 많다는 저자의 말에 미소가 지어졌다. 우리 사회도 아직 그런 경향이 있지만, 요즘에는 젊은 세대를 중심으로 과학책을 읽는 사람들이 많아지고 있다고 한다. 이런 분위기에 편승해, 좀 더 많은 독자가 과학책을 읽고, 과학적 사고로 무장해서 우리 사회가 더 건강해지면 좋겠다. 저자의 말대로 영리한 생각들은 말하고 다니고, 멍청한 생각들은 치워 버리자.

모든 과정을 자상하게 조율해 준 담당 편집자 강민형 씨, 본문을 세심하게 다루어 준 교열자 강민우 씨에게 심심한 감사를 전한다.

참고문헌

1장

Einstein, Albert: Über die spezielle und die allgemeine Relativitätstheorie; Springer Spektrum (2009). (《상대성의 특수이론과 일반이론》, 필맥, 2012.)

McCausland, Ian: Anomalies in the History of Relativity; Journal of Scientific Exploration, 13, 2, 271 (1999).

Kruger, J., Dunning, D.: Unskilled and unaware of it: how difficulties in recognizing one's own incompetence lead to inflated self-assessments; Journal of personality and social psychology 77 (6) (1999).

태곳적 과학자와 사자 이야기는 에리히 에더(Erich Eder)의 아이디어를 차용했다.

2장 / 3장

Gratzer, Walter: Eurekas and Euphorias: The Oxford book of scientific anecdotes; Oxford University Press (2002). (《위대한 발견의 숨겨진 역사》, 청림출판, 2005.)

Euklid: Die Elemente; Harri Deutsch – Europa-Lehrmittel, 4. Aufl. (2003).

Peano, Giuseppe: Arithmetices principia, nova methodo exposita; Turin (1889).

Dedekind, Richard: Was sind und was sollen die Zahlen?; Braunschweig (1888).

Hilbert, David: Die Hilbertschen Probleme; Harri Deutsch – Europa-Lehrmittel, 4. Aufl. (2007).

Hofstadter, Douglas R.: Gödel, Escher, Bach; Basic Books (1979). (《괴델, 에셔, 바흐》, 까치, 2017.)

Hilbert, David: Über das Unendliche: Math. Ann. 95, 161 (1926).

Kanigel, Robert: The Man Who Knew Infinity: A Life of the Genius Ramanujan; Washington Square Press (1991). (《수학이 나를 불렀다》, 사이언스북스, 2000.)

Russell, Bertrand: The Principles of Mathematics; Cambridge (1903).

Whitehead, A. N., Russell, B.: Principia Mathematica; Cambridge University Press (1910).

Frege, Gottlob: Grundlagen der Arithmetik, II; Verlag Hermann Pohle (1903).

Wang, Hao: Reflections on Kurt Gödel; MIT Press (1990). (《괴델의 삶》, 사이언스북스, 1997.)

4장

Fischer, Ernst P.: Niels Bohr; Siedler (2012).

Heisenberg, Werner: Der Teil und das Ganze; R. Piper & Co. (1969). (《부분과 전체》, 서커스, 2020.)

Sigmund, Karl: Sie nannten sich der Wiener Kreis; Springer Spektrum (2015).

Wittgenstein, Ludwig: Tractatus logico-philosophicus; Suhrkamp (1963). (《논리-철학 논고》, 책세상, 2020.)

Simons, D. J., Levin, D. T.: Failure to detect changes to people during a real-world interaction; Psychonomic Bulletin & Review 5,4 (1998).

Klotz, I.M.: Great Discoveries Not Mentioned in Textbooks: N Rays. In: Diamond Dealers and Feather Merchants; Birkhäuser, Boston, MA (1986).

Nye, M.J.: N-rays: An episode in the history and psychology of science; Historical Studies in the Physical Sciences, 11,1 (1980).

Milne, Iain: Who was James Lind, and what exactly did he achieve; J R Soc Med. 105, 12 (2012).

Lind, James: An Inquiry into the Nature, Causes, and Cure of the Scurvy. In: Buck, C. et al.: The Challenge of Epidemiology; Pan American Health Organisation (1988).

Bryson, Bill: Eine kurze Geschichte von fast allem; Goldmann (2005). (《거의 모든 것의 역사》, 까치, 2020.)

Wallwitz, Georg von: Meine Herren, dies ist keine Badeanstalt; Berenberg (2017).

6장

Wiltsche, Harald A.: Einführung in die Wissenschaftstheorie; Vandenhoeck & Ruprecht (2013).

Russell, Bertrand: Philosophie des Abendlandes; Piper (2004). (《러셀 서양철학사》(제3판), 을유문화사, 2020.)

Goodman, Nelson: A Query on Confirmation; The Journal of Philosophy, 43, 14 (1946).

Hosiasson-Lindenbaum, Janina: On Confirmation; The Journal of Symbolic Logic, 5, 4 (1940).

Popper, Karl: Logik der Forschung; Springer-Verlag Wien (1935). (《과학적 발견의 논리》, 고려원, 1994.)

Wason, Peter C.: Reasoning about a rule; Quarterly Journal of Experimental Psychology, 20,3 (1968).

Wason, Peter C.: On the failure to eliminate hypotheses in a conceptual task; Quarterly Journal of Experimental Psychology, 12 (1960).

Lakatos Imre: Proofs and Refutations; Cambridge University Press (1976). (《수학적 발견의 논리》, 아르케, 2001.)

Keutsch, F. N., Saykally, R. J.: Water clusters: Untangling the mysteries of the liquid, one molecule at a time, PNAS 98,19 (2001).

7장

Kuhn, Thomas. S.: Die Struktur wissenschaftlicher Revolutionen; Suhrkamp (1976). (《과학혁명의 구조》(제4판), 까치, 2013.)

Chalmers, A. F.: Wege der Wissenschaft; Springer-Verlag Berlin Heidelberg (1986).

Rechenberg, Helmut: Werner Heisenberg - Die Sprache der Atome; Springer-Verlag Berlin Heidelberg (2010).

Bond, Elijah J.: Toy or Game, US-Patent No. 446,054 (1891).

Kopernikus, Nikolaus: De revolutionibus orbium coelestium; Nürnberg (1543). (《천체의 회전에 관하여》, 서해문집, 1998.)

Newton, Isaac: Philosophiae Naturalis Principia Mathematica; London (1687). (《프린키피아 제1~3권》, 교우사, 1998~1999.)

Einstein, Albert: Die Grundlage der allgemeinen Relativitätstheorie; Annalen der Physik, 4, 49 (1916).

Einstein, Albert: Zur Elektrodynamik bewegter Körper; Annalen der Physik und Chemie, 17 (1905).

Planck, Max: Vom Relativen zum Absoluten. In: Roos H., Hermann A. (Hg.): Vorträge, Reden, Erinnerungen; Springer-Verlag Berlin Heidelberg (2001).

Gallavotti, Giovanni: Quasi periodic motions from Hipparchus to Kolmogorov; arXiv:chao-dyn/9907004 (1999).

Wisniak, Jaime: Phlogiston: The rise and fall of a theory, Indian Journal of Chemical Technology, 11 (2004).

Adam, T. et al.: Measurement of the neutrino velocity with the OPERA detector in the CNGS beam; Journal of High Energy Physics 2012, 93 (2012).

8장

Wickert, Johannes: Albert Einstein; Rowohlt Taschenbuch Verlag (1972).

Laughlin, Robert B.: A different Universe; Basic Books (2005). (《새로운 우주》, 까치, 2005.)

9장

Bohannon, J. et al.: Chocolate with high Cocoa content as a weight-loss accelerator; International Archives of Medicine, (S.I.) 8, 55 (2015).

OFFICE, Editorial: Retraction notice on „Chocolate with high Cocoa content as a weight-loss accelerator"; International Archives of Medicine, (S.I.) 8 (2015).

Schoenfeld, J. D., Ioannidis J. PA.: Is everything we eat associated with cancer? A systematic cookbook review; The American Journal of Clinical Nutrition, 97, 1 (2013).

옮긴이 **유영미**

연세대학교 독문과와 동 대학원을 졸업했으며, 전문 번역가로 활동하고 있다. 인문, 과학, 사회과학, 에세이 등 다양한 분야의 책을 번역했다. 옮긴 책으로는 《100개의 별, 우주를 말하다》를 비롯하여 《왜 세계의 절반은 굶주리는가》, 《부분과 전체》 《무자비한 알고리즘》 《약의 과학》 《청소년을 위한 이야기 과학사》 등이 있다. 《스파게티에서 발견한 수학의 세계》로 2001년 과학기술부 인증 우주과학도서 번역상을 받았다.

우리에겐 과학이 필요하다

초판 1쇄 발행   2022년 2월 28일
초판 2쇄 발행   2022년 5월 13일

지은이 • 플로리안 아이그너
옮긴이 • 유영미

펴낸이 • 박선경
기획/편집 • 이유나, 강민형, 오정빈, 지혜빈
교정교열 • 강민우
마케팅 • 박언경, 황예린
표지 디자인 • THISCOVER
디자인 제작 • 디자인원(031-941-0991)

펴낸곳 • 도서출판 갈매나무
출판등록 • 2006년 7월 27일 제395-2006-000092호
주소 • 경기도 고양시 일산동구 호수로 358-39 (백석동, 동문타워 I) 808호
전화 • 031)967-5596
팩스 • 031)967-5597
블로그 • blog.naver.com/kevinmanse
이메일 • kevinmanse@naver.com
페이스북 • www.facebook.com/galmaenamu

ISBN 979-11-91842-15-9/03400
값 18,000원

• 잘못된 책은 구입하신 서점에서 바꾸어드립니다.
• 본서의 반품 기한은 2027년 2월 28일까지입니다.